广东南岭虫霉原色图志

贾春生　著

科学出版社
北　京

内 容 简 介

虫霉既是控制害虫种群数量的重要自然因子，也是研究生物协同进化的理想材料。本书是中国第一部虫霉原色图志，共有两章：第一章主要介绍虫霉的形态特征、虫霉的生物学、虫霉的生态学、虫霉在害虫防治中的应用、虫霉的分类与鉴定、虫霉的采集与观察、虫霉的分离及虫霉的世界分布；第二章采用国际最新的虫霉分类系统，系统地介绍广东南岭虫霉的种类。全书配有图片400余幅。

本书既可作为生物学、微生物学、菌物学、植物保护学、森林保护学、生物防治学研究与教学工作者的学习用书，也可作为卫生防疫部门和菌物爱好者的参考用书。

图书在版编目(CIP)数据

广东南岭虫霉原色图志/贾春生著. —北京：科学出版社，2023.11

ISBN 978-7-03-076925-1

Ⅰ. ①广… Ⅱ. ①贾… Ⅲ. ①南岭－虫霉目－图集 Ⅳ. ①Q949.323.4-64

中国国家版本图书馆CIP数据核字（2023）第213519号

责任编辑：李 莎 / 责任校对：马英菊

责任印制：吕春珉 / 封面设计：东方人华平面设计部

科学出版社出版

北京东黄城根北街16号

邮政编码：100717

http://www.sciencep.com

北京中科印刷有限公司 印刷

科学出版社发行 各地新华书店经销

*

2023年11月第 一 版 开本：787×1092 1/16

2023年11月第一次印刷 印张：10 3/4

字数：254 000

定价：140.00元

（如有印装质量问题，我社负责调换〈中科〉）

销售部电话 010-62136230 编辑部电话 010-62138978-2046（BN12）

前　言

PREFACE

本书中的“广东南岭”地理范围包括广东省韶关市全境（23° 53′～25° 31′ N，112° 53′～114° 45′E），位于广东省北部、南岭山脉中段南麓，面积约 1.84 万 km^2，森林覆盖率达 74.4%。该地区已建立广东南岭国家级自然保护区、车八岭国家级自然保护区、罗坑鳄蜥国家级自然保护区及丹霞山世界地质公园等各级各类自然保护地 105 个，是中国亚热带常绿阔叶林代表性分布区，生物多样性丰富，是我国具有国际意义的陆地生物多样性关键地区之一。

根据最新的真菌分类系统，虫霉属于捕虫霉门 Zoopagomycota 虫霉亚门 Entomophthoromycotina，其分布广泛，从南北两极到赤道，从高山、湖泊到田野乃至沙漠都有分布。绝大多数虫霉为昆虫或极少数其他节肢动物的专性病原真菌，具有生长发育速度快、主动强力发射孢子、寄主专化性、操控寄主行为、能引发害虫流行病等生物学特性，在害虫生物防治、科学研究及新药发现等方面具有重要价值。虫霉对同翅目、双翅目和鳞翅目害虫种群的调控作用显著，其作用远超子囊菌门肉座菌目的球孢白僵菌 *Beauveria bassiana* 和金龟子绿僵菌 *Metarhizium anisopliae* 等昆虫病原真菌。美国从日本引进舞毒蛾噬虫霉 *Entomophaga maimaiga* 防治森林食叶害虫舞毒蛾 *Lymantria dispar* 是生物防治范例之一，这种方法被引入东欧后也获得了成功。虫霉科真菌具有高度寄主专化性，如斯魏霉属 *Strongwellsea* 只侵染蝇类、团孢霉属 *Massospora* 只侵染蝉、突破虫霉 *Entomophthora erupta* 只侵染盲蝽科 Miridae 昆虫，而蝇虫霉 *Entomophthora muscae* 每种基因型都只局限于一种寄主。这种寄主专化性使利用虫霉防治害虫时不会危害非目标生物，非常安全。

关于病原微生物操控寄主行为机理的研究一直没有明显进展，主要原因是缺少合适的模式生物系统。2017 年，美国加利福尼亚大学伯克利分校和哈佛大学的学者们成功建立了黑腹果蝇 *Drosophila melanogaster*-蝇虫霉 *Entomophthora muscae* 模式系统，可以充分利用黑腹果蝇强大的分子和神经生物学工具箱，揭示病原微生物操控寄主行为的机理。

蝉团孢霉 *Massospora cicadina* 侵染蝉后产生精神活性化合物卡西酮（cathinone）、赛洛西宾（psilocybin），其中前者之前只发现于巧茶 *Catha edulis* 中，后者仅发现于裸盖菇属 *Psilocybe* 蘑菇中，即发现了这两种在药理学上非常重要的次生代谢物新的生物合成途径，因此虫霉可以成为药理学发展的重要前沿领域。

作者长期从事森林昆虫病原真菌调查研究工作，2003 年到广东省工作后，发现广东省虫霉资源比较丰富，但少有人关注，只有中山大学王立臣教授在 20 世纪 90 年代初记载了 4 种虫霉，即灯蛾噬虫霉 *Entomophaga aulicae*、蝗噬虫霉 *Entomophaga grylli*、变

绿虫瘴霉 *Furia virescens* 及一种未定名的干尸霉 *Tarichium* sp.，鉴于此，作者开始将研究重点从肉座菌目昆虫病原真菌转移到虫霉。虫霉调查研究范围覆盖了韶关市全域，调查的生境包括森林、农田、湿地、河流、湖泊及城市的公园和绿地等。作者对农林生态系统中控制害虫作用显著的一些虫霉进行了比较详细的调查，目的是了解其发生动态，为害虫生物防治提供科学依据。从 2003 年开始，作者每年都深入森林和农田等生境进行调查，对于虫霉多样性丰富的生境，每季度至少调查一次，在虫霉高发季节对交通便利的生境会大幅增加野外调查次数。作者在没有调查研究团队和任何项目经费支持的情况下，坚持不懈地开展虫霉调查研究工作长达 13 年，2016 年终于获得广东省自然科学基金的资助，顺利完成调查工作。作者在近 20 年的虫霉调查研究中，采集了 2000 余号标本，拍摄了近 80 000 张虫霉生态图片和显微图片。

虫霉不像虫生真菌中的虫草及白僵菌和绿僵菌等为人们所熟知。公众一般对它们十分陌生，即使一些从事昆虫病原真菌研究的人员也对它们知之甚少。撰写本书的目的是让更多的人认识和了解虫霉，特别是昆虫病原虫霉，从而有效利用它们。本书是作者近 20 年虫霉调查研究结果的总结，记载了广东南岭昆虫病原虫霉 3 科 10 属 43 种，这些虫霉占中国已发现的昆虫病原虫霉种数的 60.6%。这表明广东南岭地区具有很高的虫霉物种多样性，可能是中国虫霉亚门真菌的一个重要分布中心。因此，作者建议加强对该地区虫霉资源的保护与利用研究。

最后，感谢韶关学院刘发光和马崇坚两位教师在虫霉野外调查中给予的协助，特别感谢广东始兴南山省级自然保护区在虫霉标本采集方面给予的帮助。此外，还要特别感谢广东省自然科学基金（项目基金编号：2016A030307041）的资助。

限于作者学识和水平，书中难免存在不足之处，敬请读者批评指正。

作　者

2022 年 2 月

目　录

CONTENTS

1

虫霉概论

1.1 虫霉的形态特征

1.1.1 原生质体

原生质体（protoplast）是存在于活的寄主体内的缺壁虫霉细胞，多见于噬虫霉属 *Entomophaga*、虫霉属 *Entomophthora*、团孢霉属和斯魏霉属虫霉中。舞毒蛾噬虫霉、灯蛾噬虫霉和蝗噬虫霉侵入寄主后，在寄主血腔内以原生质体形式快速繁殖，直到寄主死亡前不久，细胞壁开始再生，形成菌丝段（Hajek，1999）。

1.1.2 菌丝段

菌丝段（hyphal body）是存在于垂死的寄主体内的多态性菌丝，具有细胞壁，并具有种属专化性，是虫霉的重要分类特征之一。菌丝段最终发育成为分生孢子梗、假囊状体、假根和休眠孢子。例如，堪萨斯噬虫霉 *Entomophaga kansana* 的菌丝段多呈球形或椭圆形（图 1.1）；普朗肯虫霉 *Entomophthora planchoniana* 的菌丝段呈椭圆形或短杆状（图 1.2）；库蚊虫霉 *Entomophthora culicis* 和大孢巴科霉 *Batkoa major* 的菌丝段呈短菌丝状（图 1.3 和图 1.4）；墓地虫疫霉 *Erynia sepulchralis* 的菌丝段呈蝌蚪状（图 1.5）。

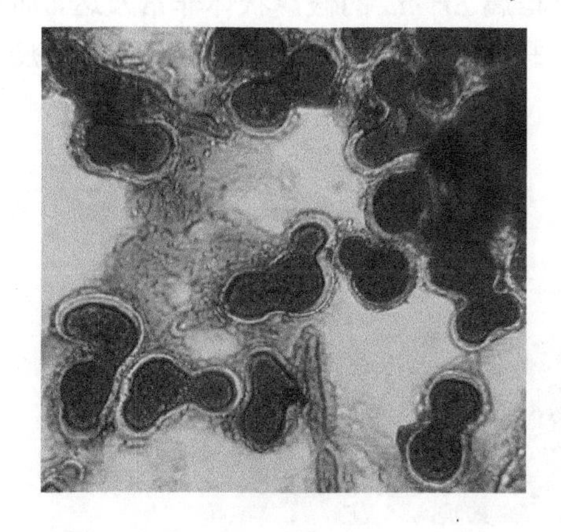

图 1.1　堪萨斯噬虫霉的菌丝段（400×）

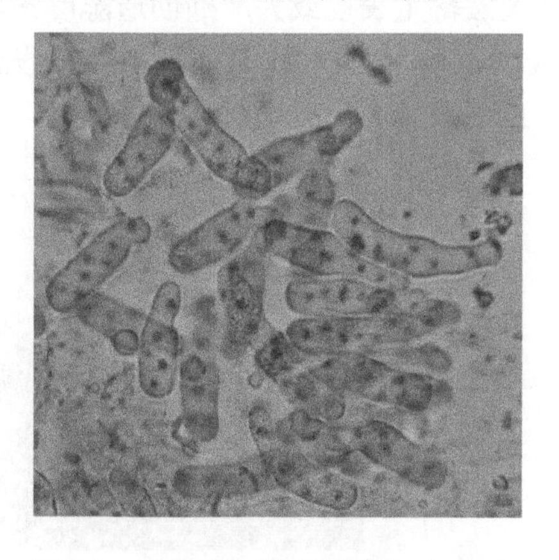

图 1.2　普朗肯虫霉的菌丝段（400×）

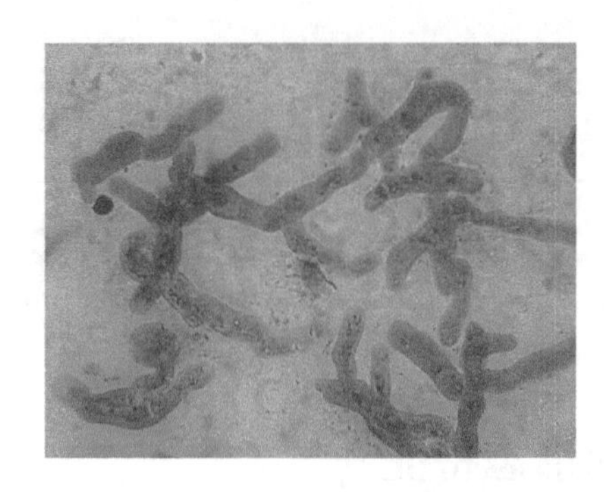

图 1.3 库蚊虫霉的菌丝段（400×）

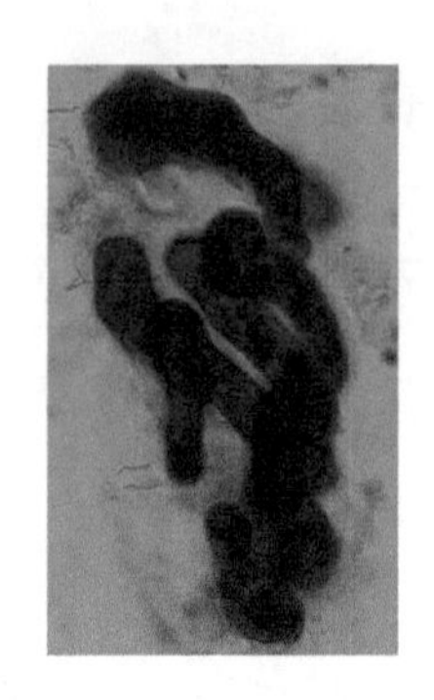

图 1.4 大孢巴科霉的菌丝段（400×）

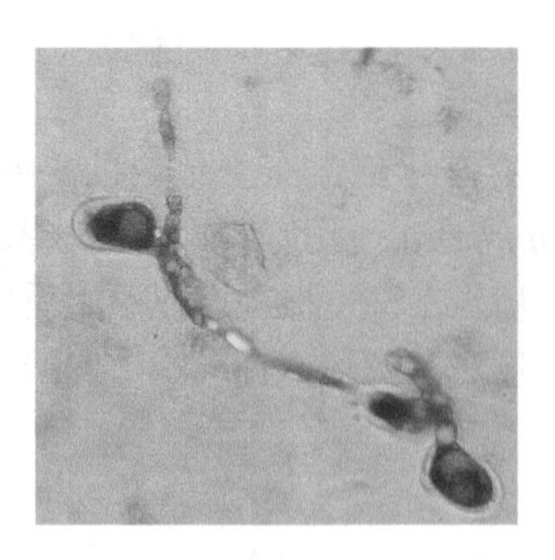

图 1.5 墓地虫疫霉的菌丝段（400×）

1.1.3 假囊状体

假囊状体（cystidium）耸立于子实层之上，向端部逐渐变细，多呈柱状或锥状（图 1.6～图 1.12）。目前学界对假囊状体的功能尚不完全清楚，一般认为假囊状体有助于分生孢子梗突破寄主表皮或为产孢创造湿度条件。虫疫霉属 *Erynia* 的假囊状体非常发达，而耳霉属 *Conidiobolus* 和虫霉属则不存在假囊状体。假囊状体的直径长度被用于区分虫疫霉属和虫瘴霉属 *Furia*。

图 1.6 弯孢虫疫霉的假囊状体（200×）

图 1.7 摇蚊虫疫霉的假囊状体（200×）

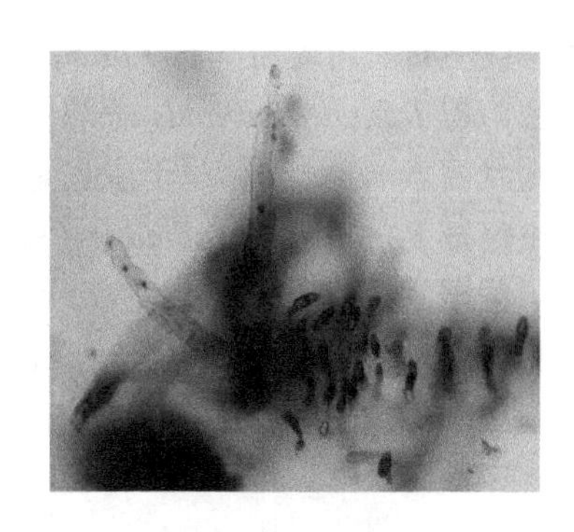

图 1.8 墓地虫疫霉的假囊状体（200×）

图 1.9 布伦克虫疠霉的假囊状体（400×）

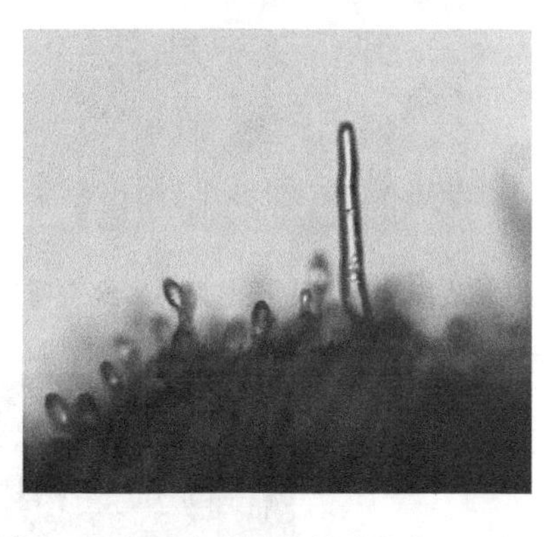

图 1.10 新蚜虫疠霉的假囊状体（400×）

图 1.11 广东虫疠霉的假囊状体（200×）

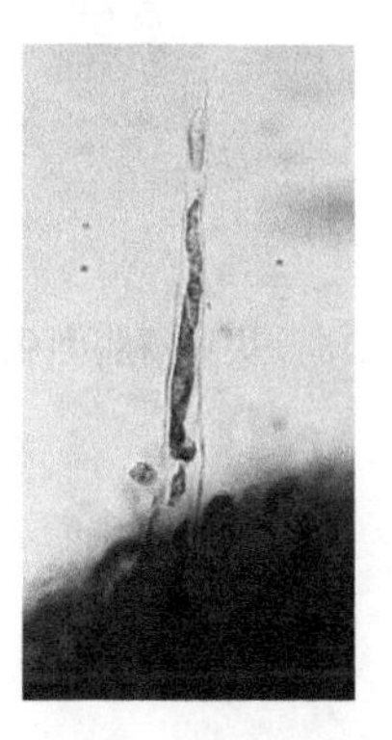

图 1.12 双翅虫疠霉的假囊状体（400×）

1.1.4 假根

假根（rhizoid）是在寄主临死前出现于寄主腹面的一类特化的菌丝，其作用是将寄主固定于基物上。假根是最早从虫体内生长出来的虫霉结构。除噬虫霉属和新接霉属 *Neozygites* 外，昆虫病原虫霉的所有属都具有假根。假根有 2 种基本类型：①单菌丝型，如库蚊虫霉、新蚜虫疠霉 *Pandora neoaphidis*、广东虫疠霉 *Pandora guangdongensis* 和毛蚊虫疠霉 *Pandora bibionis* 等的假根（图 1.13～图 1.18）；②复合型（由一束菌丝聚合成假根状菌索），一般存在于虫瘟霉属 *Zoophthora* 及干尸霉属 *Tarichium* 的少数种中，如根虫瘟霉 *Zoophthora radicans*（图 1.19）。

假根的末端常扩展成盘状或分枝状特化结构，被称为固着器（holdfast）。固着器可以将寄主牢牢地固定于基物上。假根的直径和末端的形态被用于区分虫疫霉属、虫瘴霉属和虫疠霉属 *Pandora*（Humber，1989）。

图 1.13　从摇蚊腹面生长出来的库蚊虫霉假根

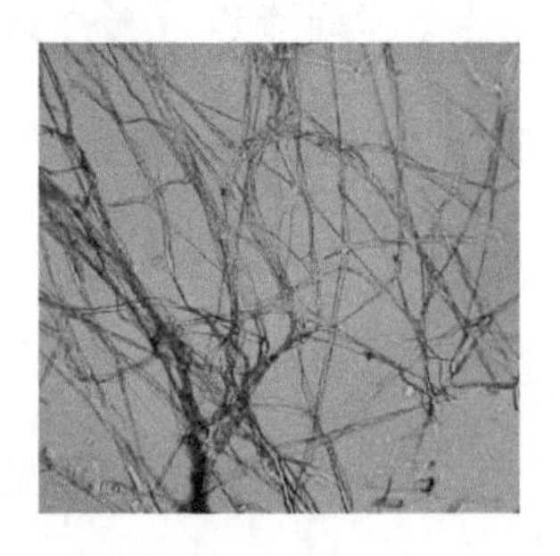

图 1.14　库蚊虫霉假根（400×）

图 1.15　从菜蚜腹面生长出来的新蚜虫疠霉假根（箭头指示盘状固着器，400×）

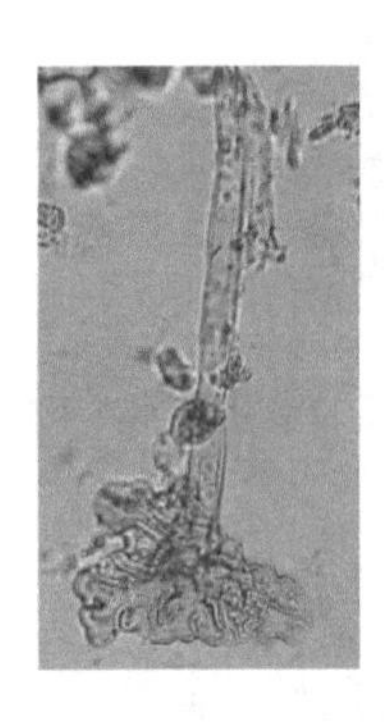

图 1.16　新蚜虫疠霉假根（200×）

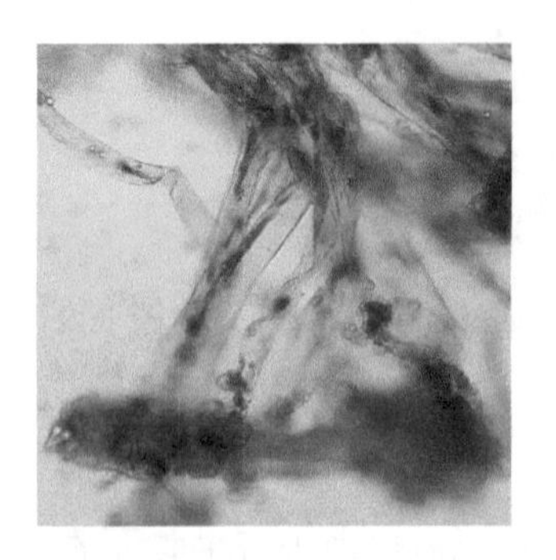

图 1.17　广东虫疠霉假根（200×）

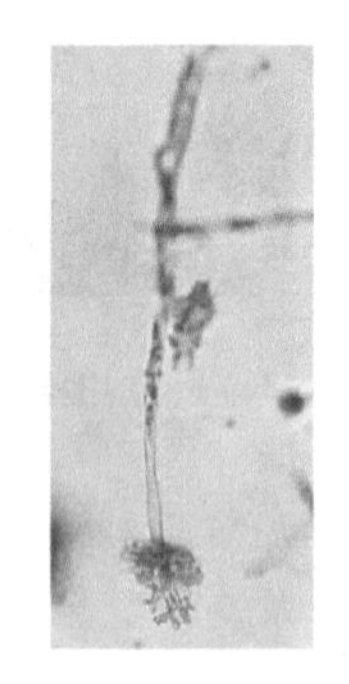

图 1.18　毛蚊虫疠霉假根（100×）

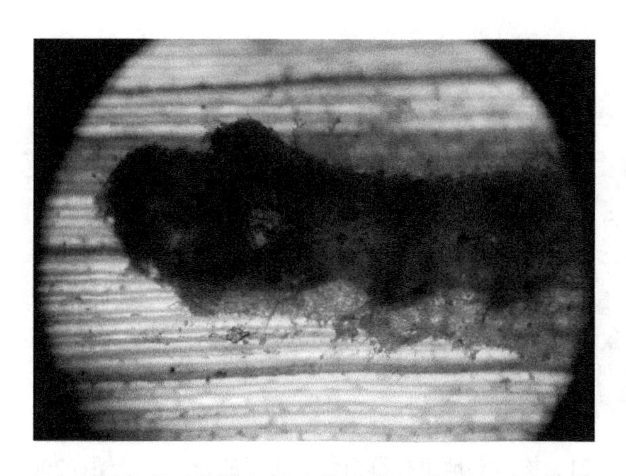

图 1.19　从稻纵卷叶螟腹部长出的密集的根虫瘟霉假根（40×）

1.1.5　分生孢子梗

分生孢子梗（conidiophore）是产生初生分生孢子（primary conidia）的特化菌丝。虫霉的分生孢子梗密集排列在一起，在寄主体表形成浓密的子实层（图 1.20 和图 1.21）。一些低等虫霉的分生孢子梗简单，多呈棒状，如巴科霉属 *Batkoa*、噬虫霉属和虫霉属等（图 1.22～图 1.24）；较高等的虫霉的分生孢子梗顶端分枝，多呈掌状，在每个分枝上形成一个产孢子细胞，在其上产生一个初生分生孢子，如虫疫霉属和虫疠霉属等（图 1.25～图 1.27）。将分生孢子梗的直径与假囊状体、假根的直径进行对比，可区分虫疫霉属、虫瘴霉属和虫疠霉属。

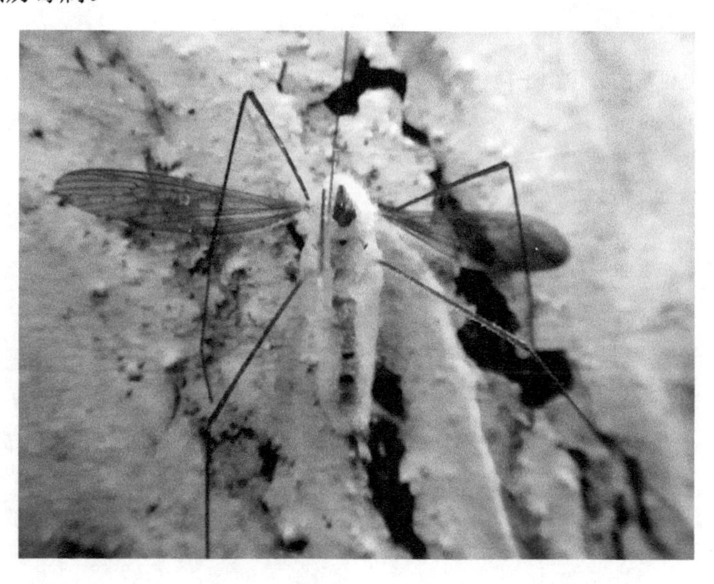

图 1.20　墓地虫疫霉在大蚊体表形成白色子实层

图 1.21　构成墓地虫疫霉白色子实层的分生孢子梗（200×）

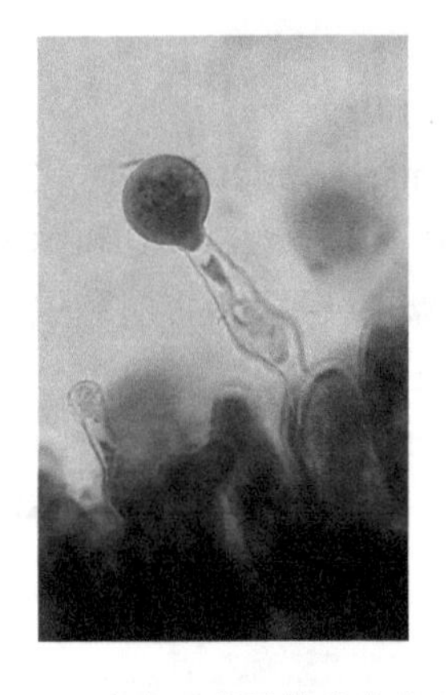

图 1.22　尖突巴科霉的分生孢子梗（400×）

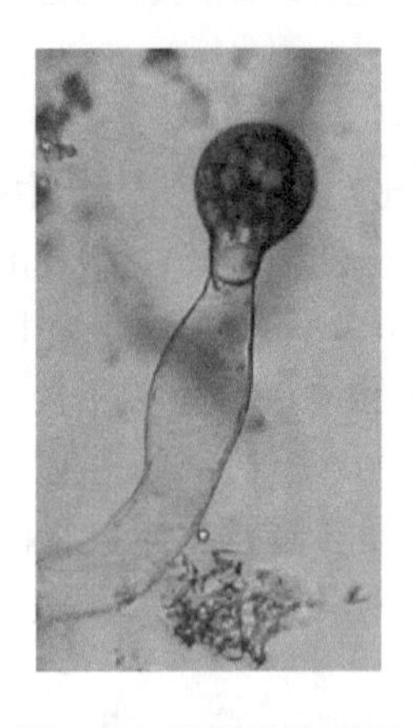

图 1.23　堆集噬虫霉的分生孢子梗（400×）

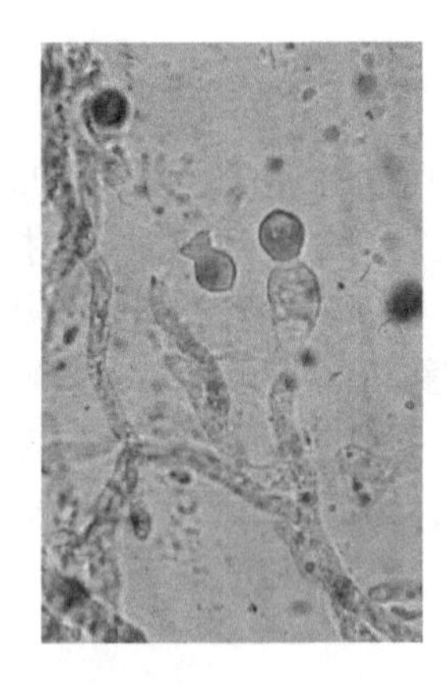

图 1.24　普朗肯虫霉的分生孢子梗（400×）

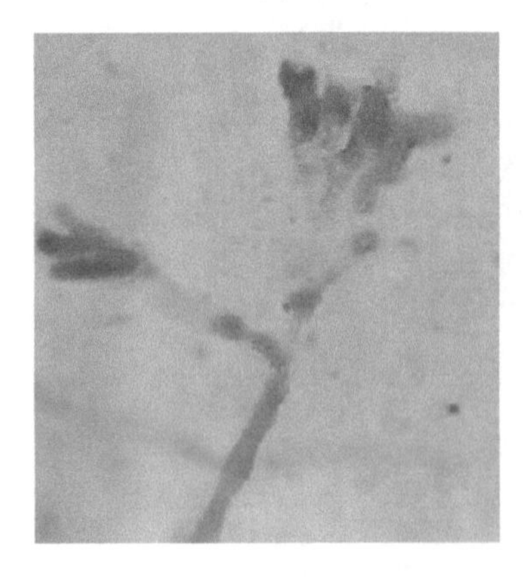

图 1.25　摇蚊虫疫霉的分生孢子梗（400×）

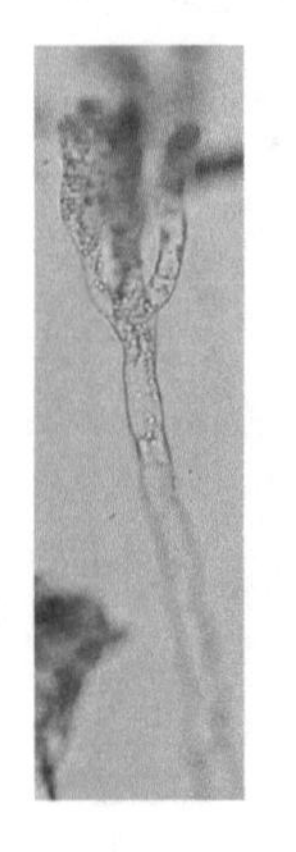

图 1.26　卵孢虫疫霉的分生孢子梗（400×）

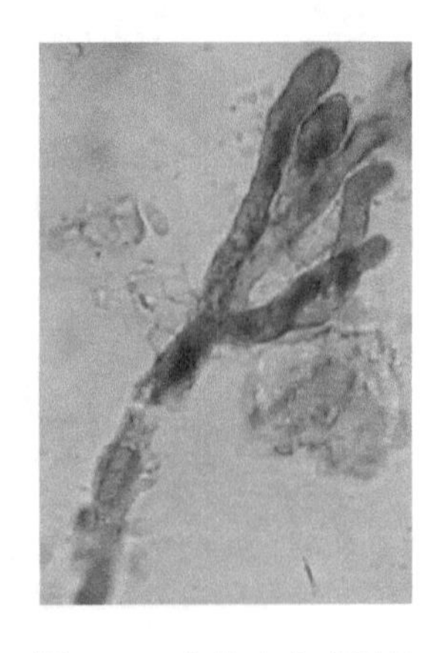

图 1.27　布伦克虫疠霉的分生孢子梗（400×）

1.1.6 初生分生孢子

初生分生孢子产生于分生孢子梗的顶端，能主动向外发射分生孢子。初生分生孢子形态多样，主要有球形（图 1.28 和图 1.29）、梨形（图 1.30 和图 1.31）、钟罩形（图 1.32）、卵圆形（图 1.33）、椭圆形（图 1.34）、香蕉形（图 1.35）、锥形（图 1.36）、梭形（图 1.37）和圆柱形（图 1.38）等。

侵染水生昆虫的虫疫霉属种类（如锥孢虫疫霉 *Erynia conia*、根孢虫疫霉 *Erynia rhizospora* 和襀翅虫疫霉 *Erynia plecopteri*）除了产生气生初生分生孢子外，还可产生水生初生分生孢子。水生初生分生孢子呈冠状，具有 3～4 分枝，不能主动发射孢子，需要通过水流被动扩散。推测气生初生分生孢子可能侵染寄主的陆生阶段（即成虫），而水生初生分生孢子侵染寄主的水生阶段（即幼虫或蛹）（Descals et al.，1981；Descals and Webster，1984）。

初生分生孢子是绝大多数虫霉的侵染单元。每个初生分生孢子都由孢子主体和乳突两部分构成（图 1.39），有的虫霉的初生分生孢子乳突比较明显，如巴科霉属和噬虫霉属的虫霉。测量初生分生孢子长度时，要将乳突包括在内。初生分生孢子的形状和大小是虫霉形态学分类鉴定的重要标准。

初生分生孢子从分生孢子梗发射出去后，如果其部分或全部外壁与内壁分离，则称为双囊壁（bitunicate），如虫疫霉属、虫瘴霉属、虫疠霉属和虫瘟霉属的虫霉（图 1.40～图 1.43）。巴科霉属和噬虫霉属的初生分生孢子只有一层壁，称为单囊壁（unitunicate）（图 1.44～图 1.46）。

从虫霉属分生孢子梗发射出去的初生分生孢子，一旦降落，就会在周围形成一个黏性原生质环，这是虫霉属初生分生孢子的独有特征（图 1.47）。

比较低等的虫霉的初生分生孢子具有 2 个至多个细胞核，如耳霉属、噬虫霉属和虫霉属等虫霉（图 1.48～图 1.51）；比较高等的虫霉的初生分生孢子一般只含有 1 个细胞核，如虫疫霉属、虫疠霉属和虫瘟霉属等虫霉（图 1.52～图 1.54）。初生分生孢子的细胞核数量是区分属种的依据之一，其细胞核须经染色才可见。标准的细胞核染色使用乳酚乙酸地衣红（lactophenol-aceto-orcein，LPAO）。

此外，初生分生孢子内还含有 1 个至多个大小不等的液泡（图 1.40 和图 1.46）。

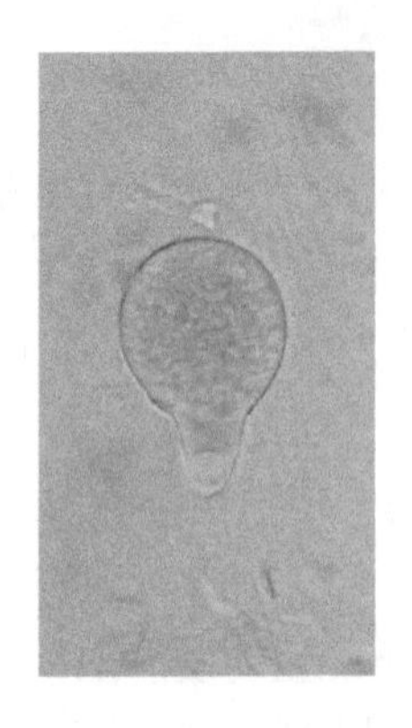

图 1.28　冠耳霉的初生分生孢子（400×）

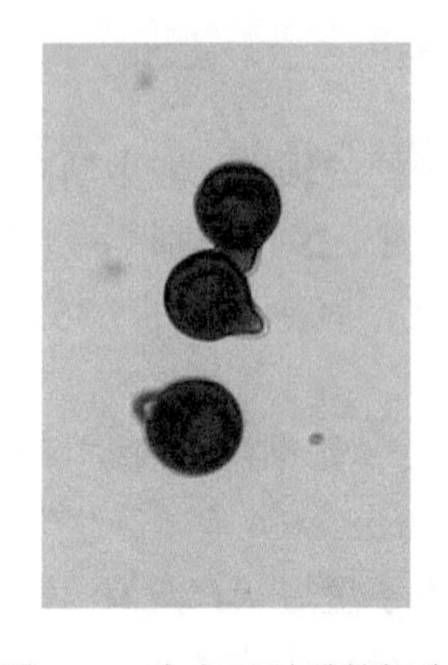

图 1.29　尖突巴科霉的初生分生孢子（400×）

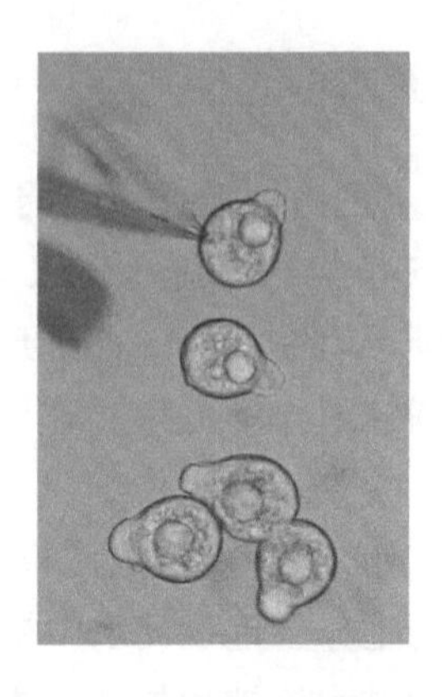

图 1.30　堆集噬虫霉的初生分生孢子（200×）

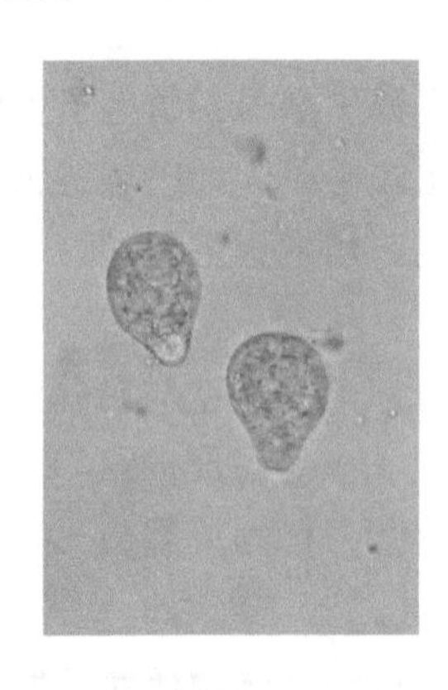

图 1.31　蝗噬虫霉的初生分生孢子（400×）

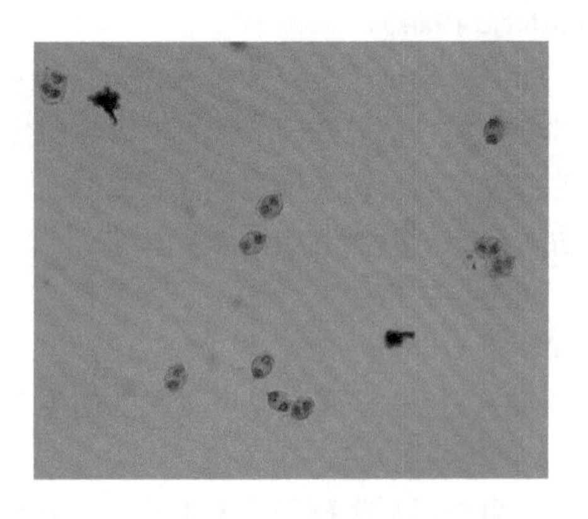

图 1.32　库蚊虫霉的初生分生孢子（400×）

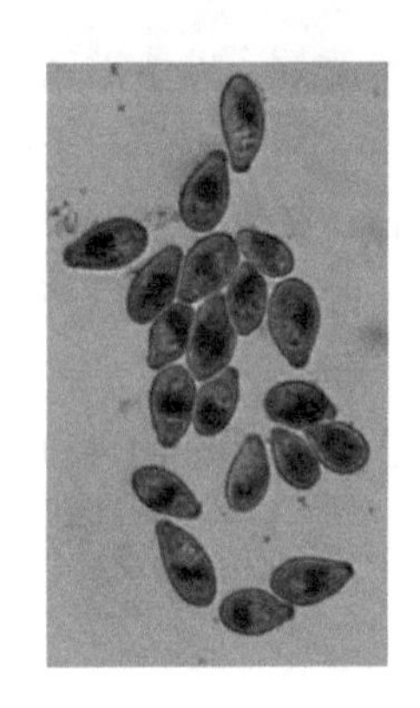

图 1.33　布伦克虫疠霉的初生分生孢子（400×）

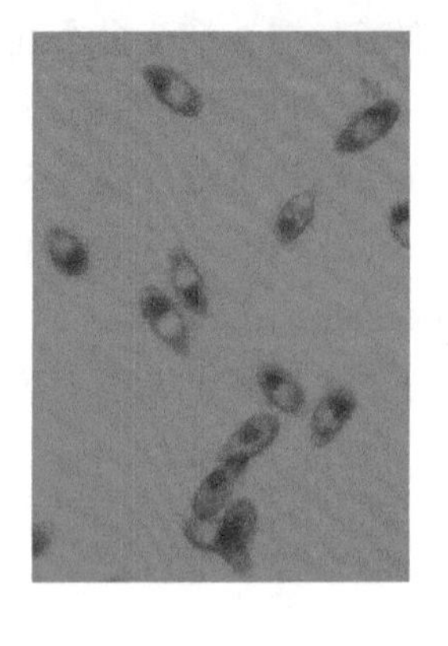

图 1.34　新蚜虫疠霉的初生分生孢子（400×）

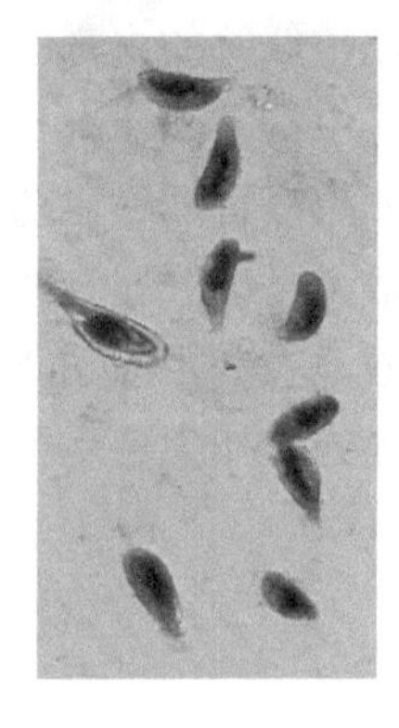

图 1.35　弯孢虫疫霉的初生分生孢子（400×）

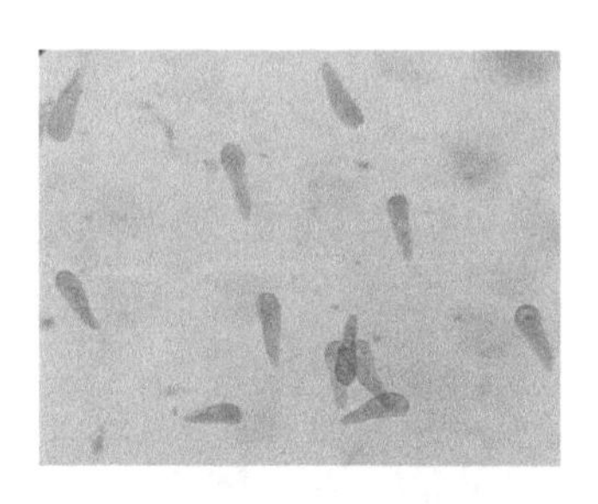

图 1.36 摇蚊虫疫霉的初生分生孢子（400×）

图 1.37 墓地虫疫霉的初生分生孢子（400×）

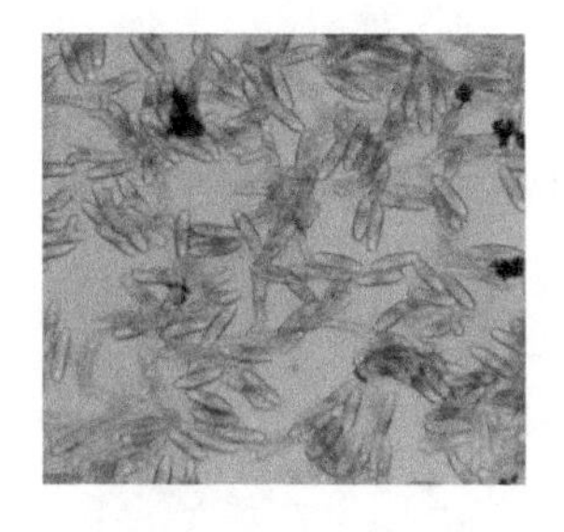

图 1.38 根虫瘟霉的初生分生孢子（400×）

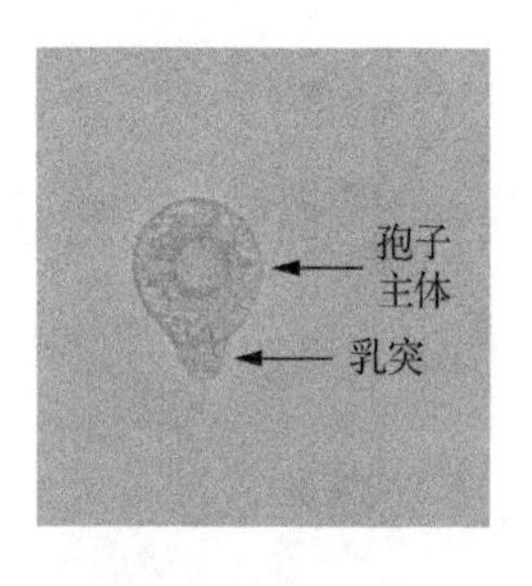

图 1.39 堆集噬虫霉的初生分生孢子结构（400×）

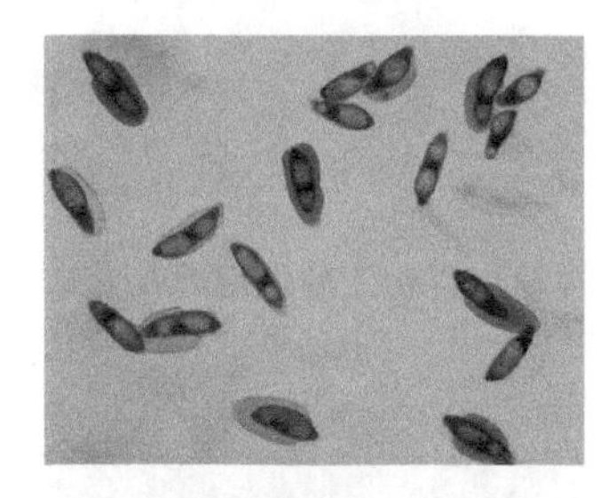

图 1.40 墓地虫疫霉的初生分生孢子（400×）

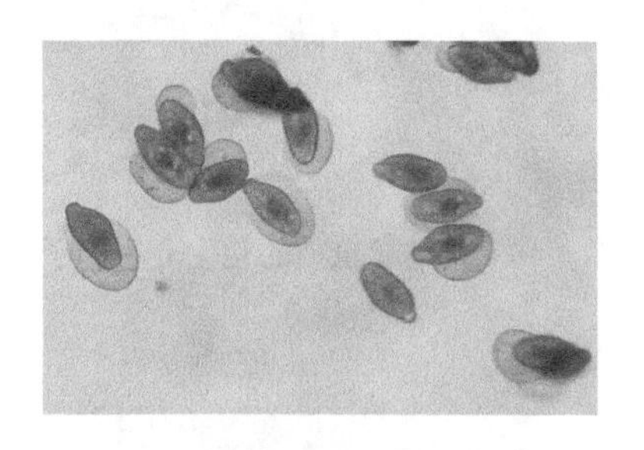

图 1.41 美洲虫瘴霉的初生分生孢子（400×）

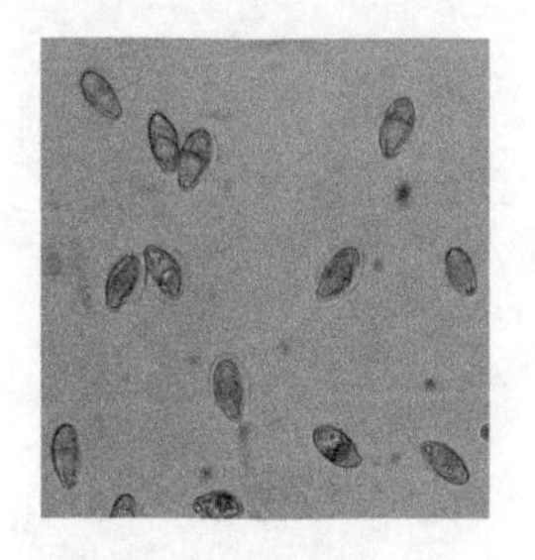

图 1.42 新蚜虫疠霉的初生分生孢子（400×）

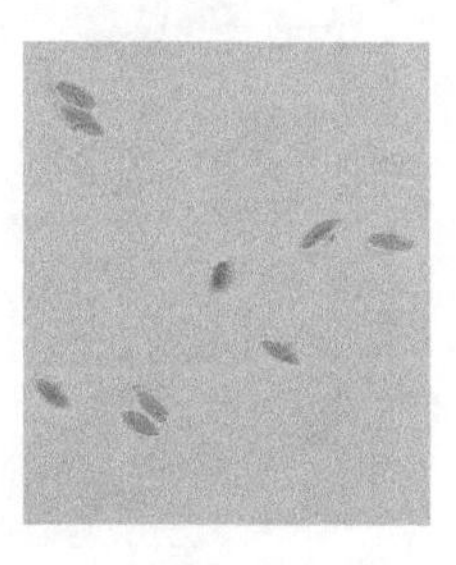

图 1.43 矛孢虫瘟霉的初生分生孢子（400×）

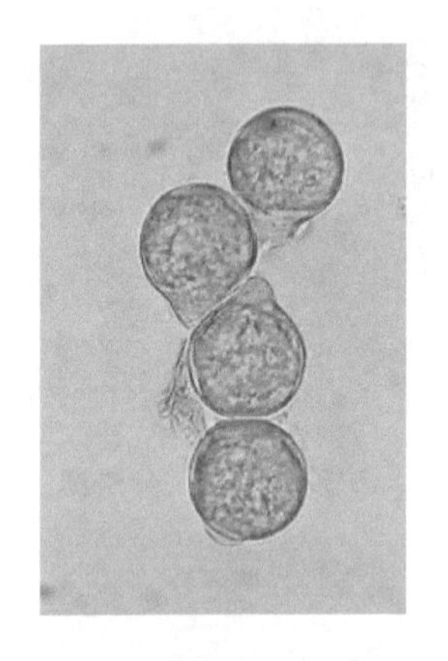

图 1.44　尖突巴科霉的初生分生孢子（400×）

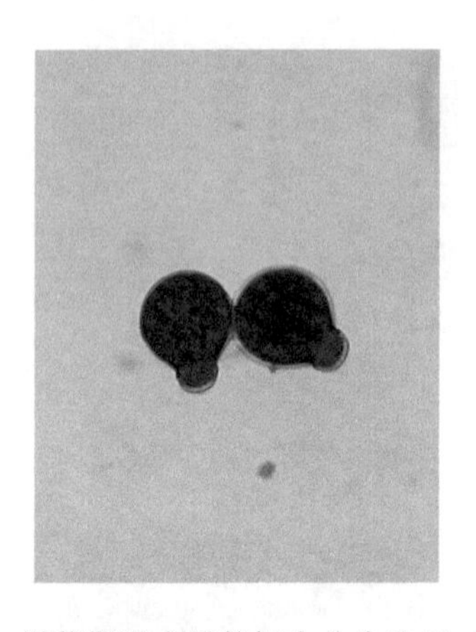

图 1.45　堪萨斯噬虫霉的初生分生孢子（400×）

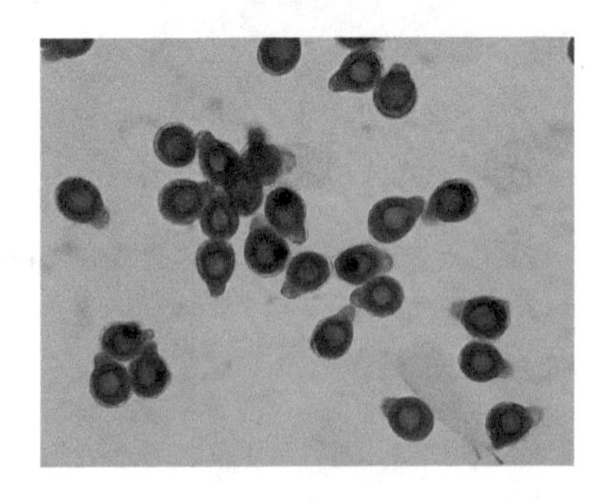

图 1.46　堆集噬虫霉的初生分生孢子（200×）

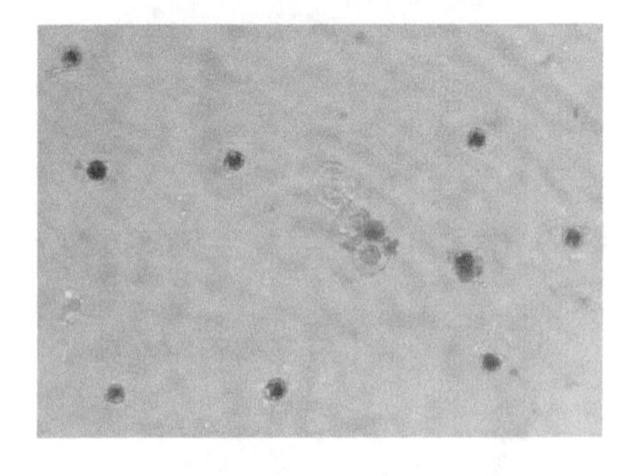

图 1.47　库蚊虫霉初生分生孢子周围的原生质环（400×）

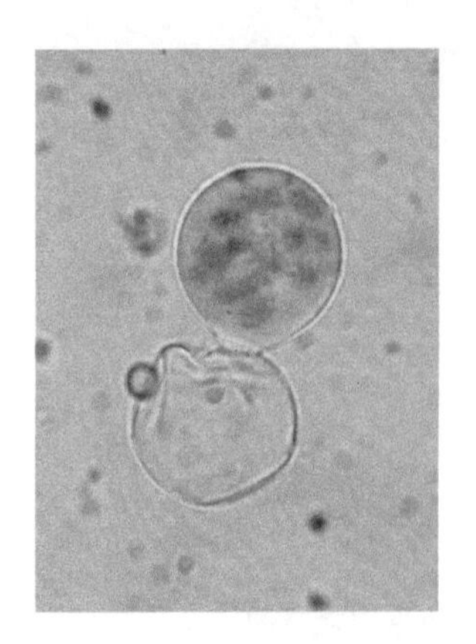

图 1.48　暗孢耳霉的初生分生孢子（400×）

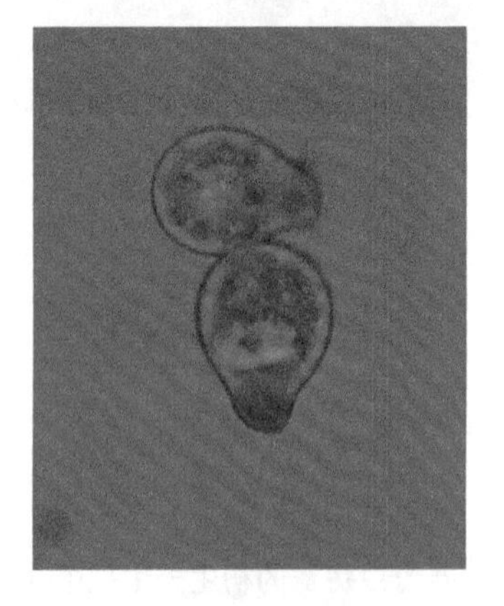

图 1.49　堆集噬虫霉的初生分生孢子（400×）

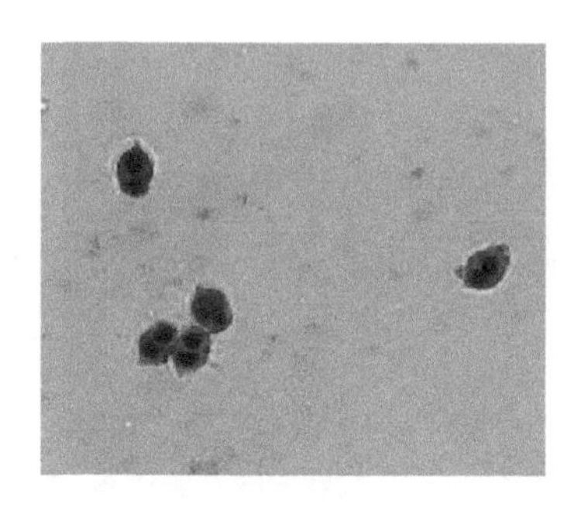

图 1.50　库蚊虫霉的初生分生孢子（400×）

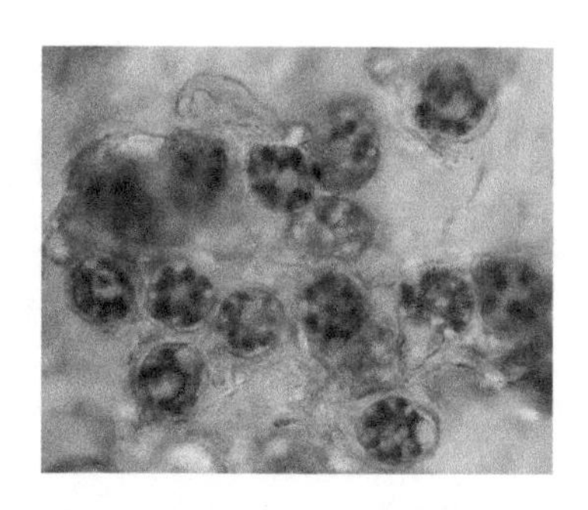

图 1.51　菲氏虫霉 *Entomophthora ferdinandi* 的初生分生孢子（400×）

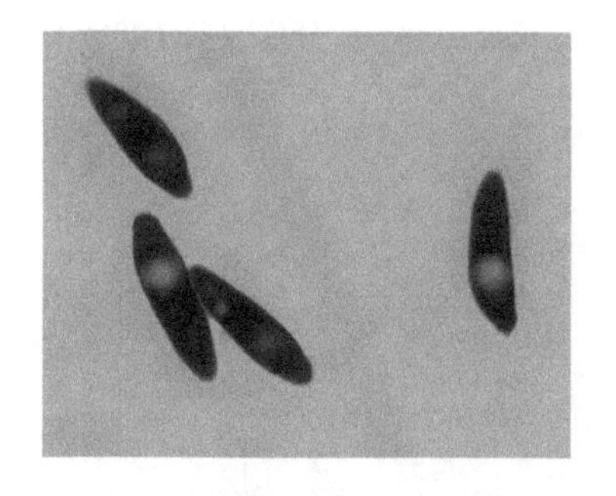

图 1.52　墓地虫疫霉的初生分生孢子（400×）

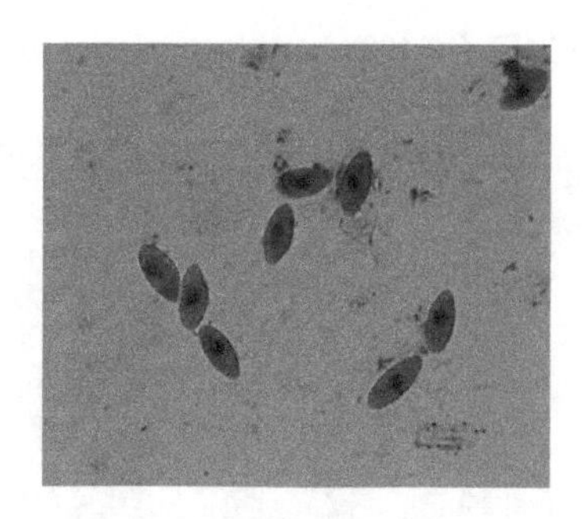

图 1.53　新蚜虫疠霉的初生分生孢子（400×）

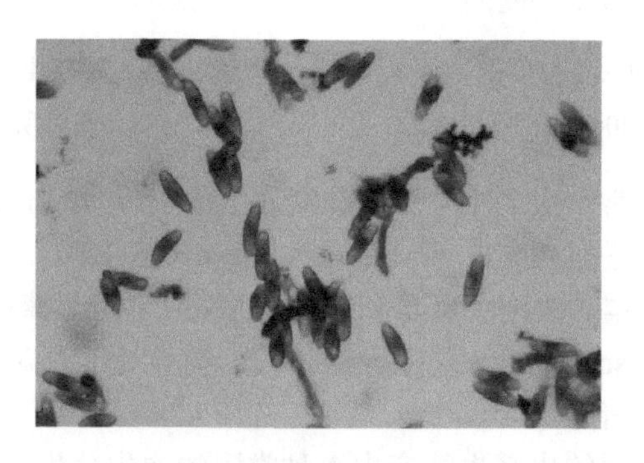

图 1.54　安徽虫瘟霉的初生分生孢子（400×）

1.1.7　次生分生孢子

次生分生孢子（secondary conidia）是产生于初生分生孢子芽管（又称次生分生孢子梗）上的分生孢子。除团孢霉属的虫霉外，其他虫霉都能产生次生分生孢子。大多数虫霉只产生一种类型的次生分生孢子，其形态与初生分生孢子相似，但相对短小（图 1.55～图 1.59）。

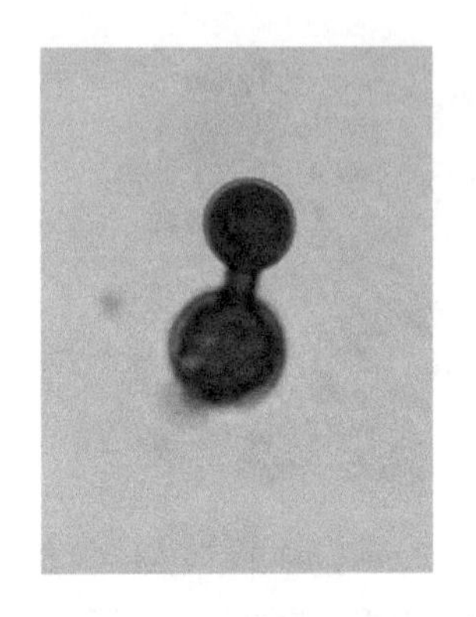

图 1.55　尖突巴科霉的次生分生孢子（400×）

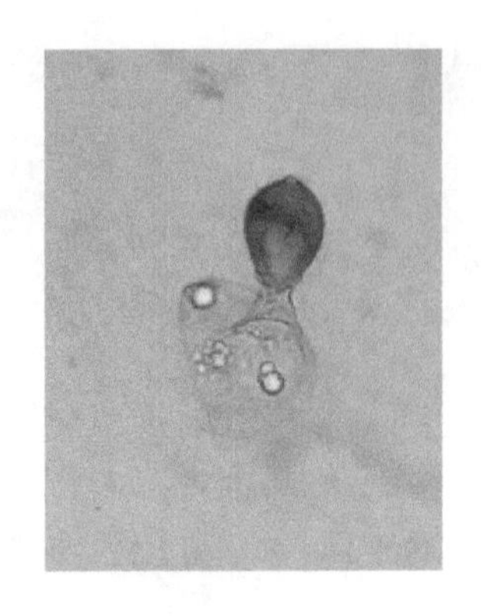

图 1.56　堆集噬虫霉的次生分生孢子（400×）

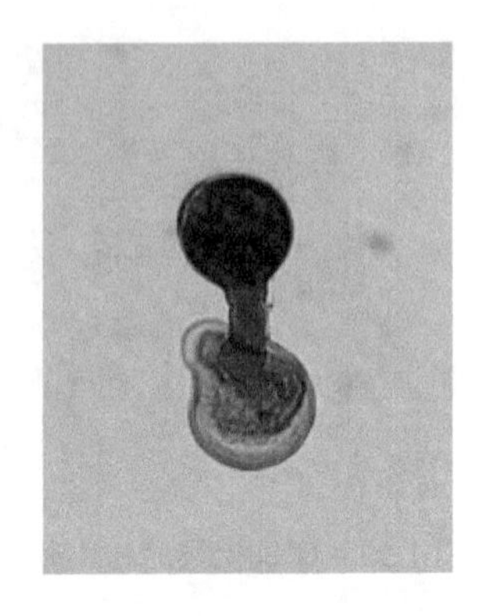

图 1.57　堪萨斯噬虫霉的次生分生孢子（400×）

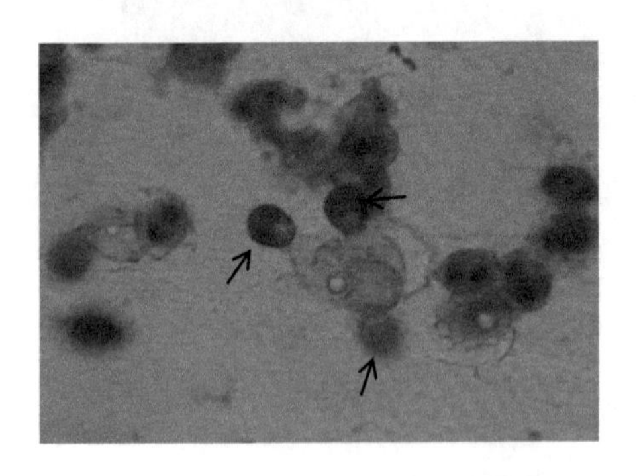

图 1.58　库蚊虫霉的次生分生孢子（箭头所示，400×）

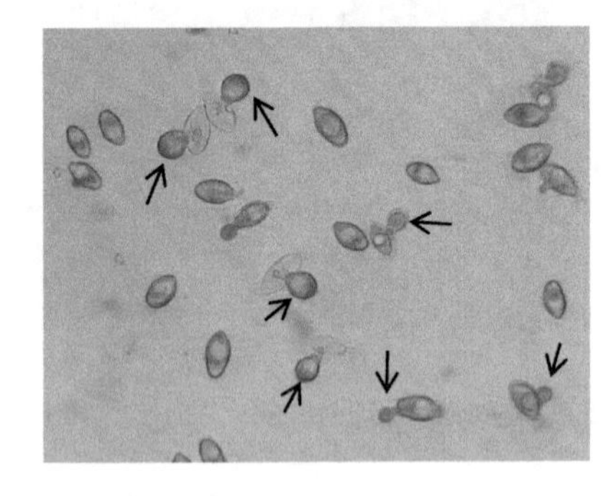

图 1.59　新蚜虫疠霉的次生分生孢子（箭头所示，300×）

虫疫霉属的虫霉通常产生2种类型的次生分生孢子：一种与初生分生孢子形态相似；另一种则呈近球形，如弯孢虫疫霉 *Erynia curvispora*（图 1.60）。但部分侵染水生昆虫的虫霉种类（如锥孢虫疫霉、根孢虫疫霉和襀翅虫疫霉）的水生初生分生孢子可产生放射状的次生分生孢子（Descals and Webster，1984）。学界对于放射状次生分生孢子在水中的传播和侵染功能尚不清楚。

虫瘟霉属和新接霉属的虫霉也能产生 2 种类型的次生分生孢子：一种与初生分生孢子形态相似（图 1.61）；另一种为香蕉形、杏仁形、梭形和矛形等形态，产生于长而纤细的分生孢子梗上，被称为毛梗分生孢子（capilliconidium）（图 1.62）。毛梗分生孢子顶端具有一个黏性小球，可以使其附着于寄主体表，靠近毛梗分生孢子基部的分生孢子梗常常弯曲。

在某些虫霉中，初生分生孢子和次生分生孢子分别以扩散和侵染的形式发挥各自的作用，如根虫瘟霉和佛罗里达新接霉 *Neozygites floridana* 的毛梗分生孢子具有侵染性；而锥孢虫疫霉只有球形次生分生孢子具有侵染性（Hywel-Jones and Webster，1986）。

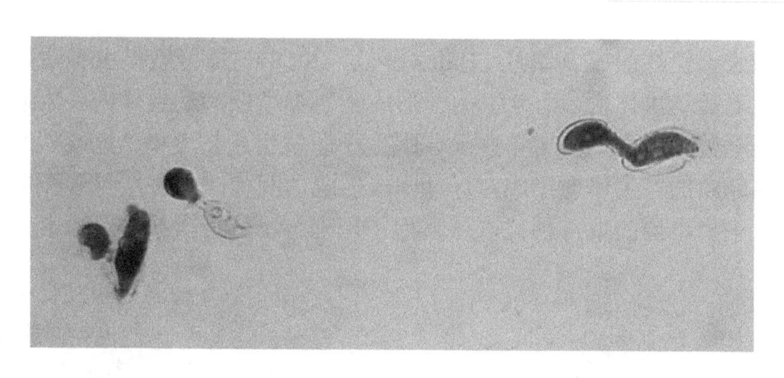

图 1.60 弯孢虫疫霉的 2 种次生分生孢子（400×）

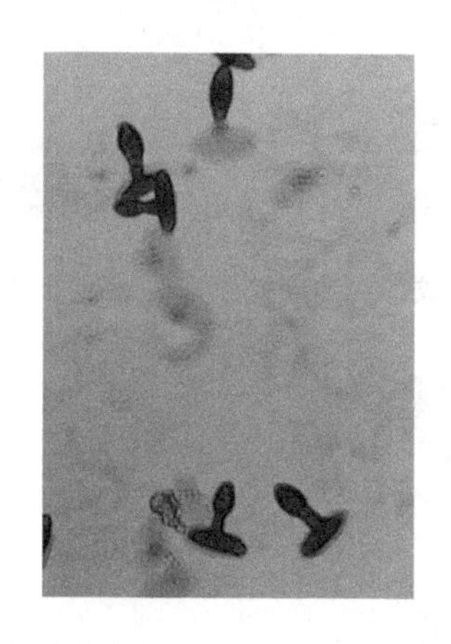

图 1.61 安徽虫瘟霉 *Zoophthora anhuiensis* 的次生分生孢子（400×）

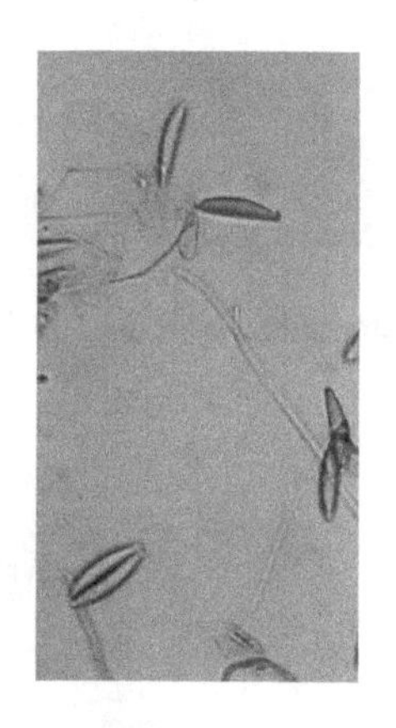

图 1.62 矛孢虫瘟霉的毛梗分生孢子（400×）

1.1.8 休眠孢子

休眠孢子（resting spore）绝大多数为球形，无色透明，细胞壁厚，这些特点有助于其克服不良环境条件（图 1.63～图 1.65）。虫霉休眠孢子一般包括 2 种类型：①拟接合孢子（azygospore），未经菌丝段或菌丝接合，直接在菌丝段或菌丝中部或顶端出芽而成；②接合孢子（zygospore），由 2 个菌丝段或菌丝接合形成有性休眠孢子。多数虫霉在其发生后期只形成 1 种类型的休眠孢子，但枯叶蛾虫瘴霉 *Furia gastropachae* 在野外寄主体内形成接合孢子，在室内寄主体内则形成拟接合孢子（Filotas et al.，2003）。

尽管虫霉休眠孢子的形成方式可能不同，但所形成的休眠孢子形态相似。休眠孢子和分生孢子一般分别形成于同种寄主的不同个体中，且形成休眠孢子的寄主尸体与形成分生孢子的寄主尸体往往处于不同的地点或位置，甚至处于寄主的不同发育阶段或同一发育阶段的不同时期。例如，被变绿虫瘴霉侵染的一点黏虫 *Mythimna unipuncta*，形成分生孢子的寄主死于羊茅属植物的茎上，平均离地高度 67cm，而形成休眠孢子的寄主则死于地表。水虫疫霉 *Erynia aquatica* 的分生孢子形成于伊蚊 *Aedes* spp.的幼虫和蛹上，而休眠孢子形成于伊蚊的成虫体内（Hajek et al.，2018）。舞毒蛾噬虫霉的休眠孢子主要形成于舞毒蛾老龄幼虫体内，而分生孢子形成于舞毒蛾低龄幼虫体内。休眠孢子是舞毒蛾噬虫霉的唯一越冬形式，第二年春天休眠孢子萌发引起初侵染（Hajek et al.，2018）。休眠孢子多在越冬的寄主体内形成，有时体内形成休眠孢子的寄主外观无明显症状，需要解剖确认。干尸霉属的虫霉种类以休眠孢子形态特征为分类依据。

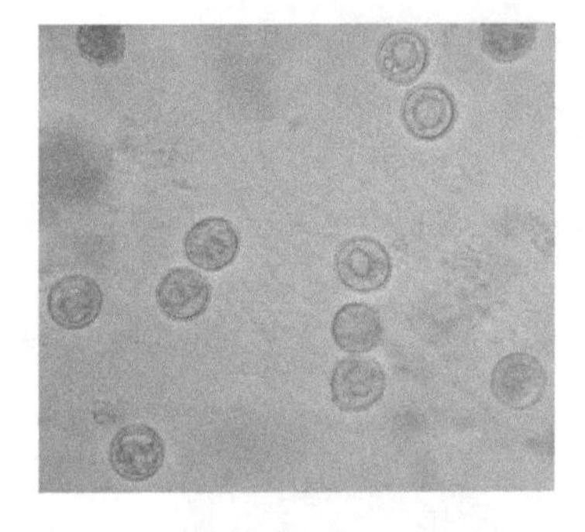

图 1.63　蝗噬虫霉的休眠孢子（400×）

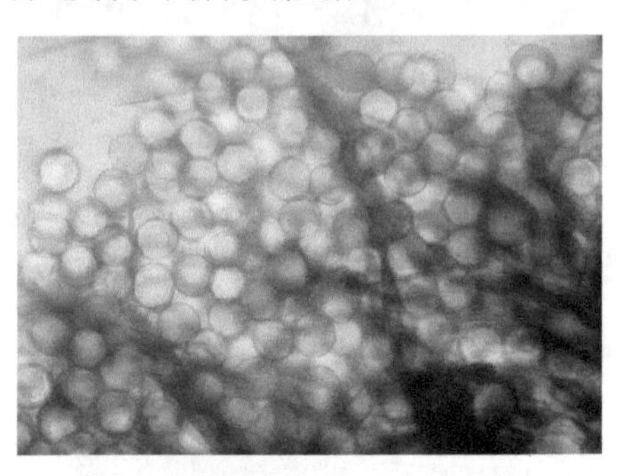

图 1.64　摇蚊体内的库蚊虫霉休眠孢子（400×）

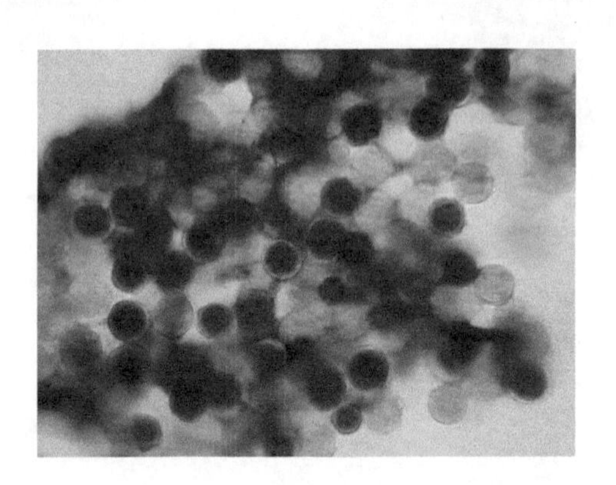

图 1.65　稻纵卷叶螟幼虫体内近成熟的根虫瘟霉休眠孢子（400×）

1.2 虫霉的生物学

1.2.1　虫霉的寄主

绝大多数虫霉侵染节肢动物门动物，其中主要是昆虫。据 Keller（2007b）统计，在 185 种已知的虫霉中，有 176 种虫霉侵染昆虫纲，有 9 种虫霉侵染蛛形纲（7 种虫霉侵染螨类，2 种虫霉侵染长奇盲蛛科 Phalangiidae 蜘蛛）；而侵染昆虫纲的虫霉主要侵染双翅目、同翅目、鳞翅目和鞘翅目昆虫，其中仅侵染前两目昆虫的虫霉就达 108 种，约占虫霉总数的 60%，其余侵染半翅目、膜翅目、直翅目、革翅目、𫌀翅目、缨翅目和弹尾目等昆虫。此外，在美国和加拿大还发现一种侵染马陆的虫霉 *Arthrophaga myriapodina*（Hodge et al.，2017）。

1.2.2 虫霉在寄主体内的生长

虫霉突破寄主表皮侵入寄主后，以菌丝段或原生质体方式在寄主血腔内增殖和扩散。许多虫霉以无细胞壁的原生质体方式进行增殖，这有利于逃避寄主的免疫反应（Butt et al.，1996）。蝇虫霉是家蝇 *Musca domestica* 的专性病原真菌，在寄主体内以原生质体方式生长，不产生任何毒素，其细胞核数量随着侵染时间的增加呈逻辑斯谛曲线增长，即蝇虫霉在寄主体内呈指数增长，直到可用的营养资源耗尽达到寄主被杀死后的"极限容量"。这种增长模式明显不同于产生毒素的绿僵菌属 *Metarhizium* 和白僵菌属 *Beauveria*，它们直到寄主死亡时还尚未达到最大生长量和产孢量（Hansen and De Fine Licht，2017）。当虫霉完全充满寄主血腔、阻断血液循环、寄主即将死亡时，虫霉开始分泌酶来消解寄主的器官。在寄主死亡后，原生质体获得细胞壁，开始穿透寄主表皮产孢，或在寄主体内形成厚壁的休眠孢子。绝大多数虫霉都可以侵染寄主整个身体，并且在寄主死亡后才开始产孢；但团孢霉属、斯魏霉属及虫霉属的突破虫霉的侵染（贾春生，2011c），仅限于寄主腹部，在寄主还存活时即可产孢。

1.2.3 虫霉的生殖

（1）虫霉的无性生殖

虫霉的无性生殖是通过分生孢子梗产生初生分生孢子，在每个分生孢子梗顶端只产生 1 个初生分生孢子，在分生孢子成熟后，一般通过乳突外翻将其向外发射出去。

（2）虫霉的有性生殖

虫霉的有性生殖是通过菌丝段接合形成接合孢子，但由单个菌丝段形成的拟接合孢子也被认为是有性孢子，在虫霉中一般将接合孢子或拟接合孢子都称为休眠孢子。一些虫霉至今尚未被发现形成休眠孢子。学界对于虫霉的有性生殖目前尚不完全清楚。

1.2.4 虫霉的生活史

虫霉通常侵染昆虫的幼虫和成虫，侵染由分生孢子附着于寄主体表开始。附着后的分生孢子立即萌发，并通过酶解和机械压力共同作用穿透寄主表皮，在寄主体腔内以菌丝段或原生质体形式快速增殖。当寄主即将死亡时，菌丝段立即开始形成分生孢子梗。分生孢子梗通过机械压力由内向外穿透寄主表皮，然后产生初生分生孢子。初生分生孢子被发射到空气中，如果遇到合适的寄主，则可以开始新的侵染，即再侵染；如果未遇到合适寄主，则初生分生孢子将产生次生分生孢子甚至三生或四生分生孢子，直至遇到合适的寄主或自身营养耗尽为止。

在温带地区，形成休眠孢子的虫霉的生活史一般包括分生孢子阶段和休眠孢子阶段。前者的功能主要是利用适宜的环境条件快速进行再侵染，扩大种群；而后者的功能是为了种群的生存。这类虫霉包括舞毒蛾噬虫霉（Hajek et al.，2018）、萤拟虫疫霉 *Eryniopsis lampyridarum*（Steinkraus et al.，2017）和蝉团孢霉等。舞毒蛾噬虫霉的初侵染源是越冬后的休眠孢子，在 25℃时舞毒蛾噬虫霉分生孢子接种舞毒蛾 4 龄幼虫至少 4h 才可以成功侵染，成功侵染的中位时间为 8.69h。舞毒蛾噬虫霉在最适发育温度（20℃）条件下，4.8d 可侵染致死舞毒蛾 4 龄幼虫（Hajek et al.，1995）。每头幼虫尸体可向外发射 2.12×10^5 个分生孢子（Hajek et al.，1993）。在 25～30℃条件下，棉蚜 *Aphis gossypii* 被弗雷生新接霉 *Neozygites fresenii* 侵染后 3～4d 内死亡（Steinkraus et al.，1993）。新蚜虫疠霉侵染的蚜虫在死后 2h 内开始产孢。在 18～20℃条件下，大多数孢子于 24～36h 内产生。蝉团孢霉的休眠孢子可以在土中休眠 13 年或 17 年，直到下一次周期蝉 *Magicicada* spp.出现，它被认为是生活史最长的真菌。蝉团孢霉侵染的每头十七年蝉 *Magicicada septendecim* 的雄蝉可以产生 1.0×10^6（SE=1.8×10^5，标准误差）个休眠孢子。目前，学界对大多数虫霉的生活史尚不完全清楚。

1.2.5 虫霉初生分生孢子的释放节律

虫霉初生分生孢子释放存在明显的时间节律，一般都是夜间开始释放，在黎明时分达到高峰，此时温度较低、湿度较高，有利于孢子存活、萌发及侵染。例如，新蚜虫疠霉和蝇虫霉孢子释放的高峰在黎明前后（Wilding，1970）；野外空气中的弗雷生新接霉分生孢子数量在凌晨 1 时至 5 时达到峰值（Steinkraus et al.，1996）。虫霉孢子的这种自然释放节律，一般被认为与光信号有关，如冠耳霉 *Conidiobolus coronatus* 在光照或黑暗条件下均可产孢，但在光照条件下的产孢量比黑暗条件下多，而蛙生蛙粪霉 *Basidiobolus ranarum* 在黑暗条件下几乎不产孢（Callaghan，1969）。但是，Aoki（1981）在 0L∶24D、24L∶0D 和 12L∶12D 3 种光照条件下，对侵染甘蓝夜蛾 *Mamestra brassicae* 的灯蛾噬虫霉孢子释放节律进行研究发现，该菌的孢子释放节律与光周期无关，均在夜间集中释放孢子。虫霉初生分生孢子的功能主要是扩大侵染，其释放节律必然与寄主日活动规律有关，如受萤拟虫疫霉侵染的三斑突花萤 *Chauliognathus pensylvanicus* 成虫在死亡 16h（即第二天的凌晨 1 时至 4 时）后，分生孢子梗才突破寄主表皮而外现，7 时开始释放孢子（Steinkraus et al.，2017），其释放孢子的时间较上述虫霉晚，这是因为其寄主三斑突花萤白天才出来在花上活动，此时释放孢子更有利于侵染。

虫霉孢子释放节律涉及对寄主死亡时间的操控问题。舞毒蛾噬虫霉多在凌晨 2 时至 8 时从舞毒蛾幼虫尸体内向外释放孢子（Hajek and Soper，1992）。被侵染的舞毒蛾幼虫主要在下午死亡，只有这样，才可以使虫霉在夜间产孢，尽管不是在同一天（Nielsen and Hajek，2010）。被夜蛾虫疠霉 *Pandora gammae* 分生孢子侵染的大豆尺蠖 *Pseudoplusia includens* 在 18 时至 22 时死亡，60%以上死于 20 时至 21 时，而大豆田上空中的分生孢子数量在午夜后达到峰值（Newman and Carner，1974）。

1.2.6 虫霉初生分生孢子的发射距离与发射数量

在家蝇尸体上，蝇虫霉和实蝇虫霉 *Entomophthora schizophorae* 的初生分生孢子最大发射距离为 8.75mm，但大部分初生分生孢子的发射距离<3.75mm，当家蝇尸体附着于垂直表面（类似于野外被侵染后死亡时的体位）时，腹部背面的初生分生孢子发射距离比侧面的初生分生孢子更远。实蝇虫霉 4h 发射出 2410.5 个初生分生孢子，显著高于蝇虫霉，这或许是因为实蝇虫霉初生分生孢子相对较小，可以从同样大小的寄主尸体中产生更多的孢子（Six and Mullens，1996）。新蚜虫疠霉初生分生孢子的水平发射距离为 2～11mm，但最大发射距离通常为 6～9mm，并且半数以上初生分生孢子的发射距离>5mm。从同种蚜虫不同生物型（有翅型和无翅型）或不同种蚜虫的尸体上发射出的分生孢子水平扩散模式差异不大。蚜虫体重与分生孢子发射型不显著相关，但温度对分生孢子从豌豆蚜 *Acyrthosiphon pisum* 背部发射的距离有显著影响，在 18℃时的发射距离（8.3～9.2mm）大于 10℃（1.7～5.5mm）或 25℃（5.2～6.8mm）时的发射距离。豌豆蚜尸体上的新蚜虫疠霉分生孢子垂直发射距离为 2～8mm，最大发射高度不受温度影响，但在 18℃时平均高度较高，半数孢子可以发射到约 3.5mm 的高度。估计新蚜虫疠霉分生孢子发射速度约为 8m/s。该研究表明从蚜虫尸体发射的分生孢子大部分通过气流扩散（Hemmati et al.，2001）。

在 25℃恒温条件下，佛罗里达新接霉侵染致死的番茄叶螨 *Tetranychus evansi* 尸体能够发射出 2000 个以上初生分生孢子（Wekesa et al.，2010）。蚜虫种类和同种蚜虫不同生物型（有翅型和无翅型）对虫霉发射的分生孢子数量具有显著影响。当 3 种无翅蚜虫尸体被置于垂直高度 0cm 处时，豌豆蚜发射的孢子数量最多（38 737 个），麦长管蚜 *Sitobion avenae* 次之（15 608 个），荨麻小无网蚜 *Microlophium carnosum* 发射的孢子数量最少（13 628 个）（Hemmati et al.，2001）。室内观察发现，每头野外棉叶蝉巴科霉 *Batkoa amrascae* 侵染的棉叶蝉尸体在黑暗中平均发射 26 372 个孢子，平均产孢时间为 29h；在全光照中平均发射 5290 个孢子，平均产孢时间为 33h。每头室内侵染的棉叶蝉尸体在黑暗中平均发射 3373 个孢子，在全光照中平均发射 4447 个孢子，但两者平均产孢时间均为 28h（Subere，2003）。每头叶象虫瘟霉 *Zoophthora phytonomi* 侵染致死的苜蓿叶象 *Hypera postica* 幼虫可以产生 10^7 个分生孢子或 10^6 个休眠孢子（Harcourt et al.，1990）。

Ruiter 等（2019）通过构建一种仿生软炮，首次模拟了蝇虫霉分生孢子的发射机制，根据在空气阻力下计算的发射物飞行轨迹，预测穿过产孢蝇尸周围的边界层所需的最小孢子直径约≥10μm。这证实了蝇虫霉初生分生孢子的尺度（约 27μm），既大到足以穿过边界层，又小到（<40μm）可被气流抬升。此外，蝇虫霉初生分生孢子会形成一个次生分生孢子梗，以与初生分生孢子相同的发射方式，发射出一个高侵染性的次生分生孢子。虫霉初生分生孢子的发射距离与发射数量对于虫霉的传播和流行病的发生具有重要意义。

1.2.7 虫霉的传播

（1）虫霉的远距离传播

1）迁飞寄主传播。Matsui 等（1998）从太平洋上空捕获的 1 头稻飞虱中分离出飞虱虫疠霉 *Pandora delphacis*，这预示了虫霉随飞虱迁飞而传播的可能性。陈春和冯明光（2002）通过空中诱集桃蚜 *Myzus persicae*，发现了桃蚜迁飞性有翅蚜携带传播新蚜虫疠霉、安徽虫瘟霉、普朗肯虫霉和弗雷生新接霉的证据。他们进一步研究后认为，麦蚜的虫霉流行病可能主要借助有翅蚜的迁飞定植而异地传播（陈春和冯明光，2003）。

2）空气传播。Elkinton 等（1991）根据 1989～1990 年的调查数据推断，舞毒蛾噬虫霉在 1 年中扩散了 100km 以上，但 Hajek 等（1996）通过野外释放后再取样的方法，发现舞毒蛾噬虫霉 1 年的扩散距离仅为 350m。从舞毒蛾噬虫霉侵染致死的舞毒蛾幼虫尸体发射到空气中的分生孢子，可以随着气流进行远距离传播（Hajek et al.，1999）。Elkinton 等（2019）通过野外研究发现，舞毒蛾噬虫霉引起的舞毒蛾幼虫周死亡率与前一周空气中分生孢子沉降情况呈正相关，并且舞毒蛾噬虫霉分生孢子主要来自 1～2km 内的舞毒蛾种群。Steinkraus 等（1996）对棉蚜的一种重要病原真菌弗雷生新接霉进行研究发现，在弗雷生新接霉流行期间，棉田上空的初生分生孢子密度达到 58 327 个/m^3。在后续研究中发现，在流行病期间，当健康的棉蚜夜晚暴露于棉田上空的空气中 8h 时，在棉田中部有 48.1%的蚜虫被侵染，在棉田边界外的下风 10m 和 100m 处分别有 34.8%和 24%的蚜虫被侵染，在棉田边界外逆风 10m 处有 17.4%的蚜虫被侵染，实验期间空气中的初生分生孢子密度峰值在凌晨 00:15 为 90 437 个/m^3。如此高比例的蚜虫在夜间被侵染，显示了虫霉在流行期间传播给健康寄主的效率（Steinkraus et al.，1999）。

（2）虫霉的近距离传播

1）虫霉的自然扩散。从荨麻小无网蚜尸体发射出的新蚜虫疠霉分生孢子，在空气中被动扩散，可以使距离荨麻 1m 内的豌豆蚜或麦无网长管蚜 *Metopolophium dirhodum* 被侵染，侵染率分别为 4%～33%和 3%（Ekesi et al.，2005）。

2）寄主种内及种间的传播。Fekih 等（2019）的研究显示，谷物的重要害虫麦长管蚜和禾谷缢管蚜暴露于新蚜虫疠霉侵染致死的麦长管蚜尸体后，新蚜虫疠霉对麦长管蚜侵染率为 80%，对禾谷缢管蚜侵染率为 66%；而暴露于普朗肯虫霉侵染致死的麦长管蚜尸体后，普朗肯虫霉对麦长管蚜侵染率为 68%，对禾谷缢管蚜侵染率为 48%。这表明在野外不同种类蚜虫之间可以相互传播虫霉，但在同种蚜虫之间传播虫霉成功率更高。

3）天敌昆虫及捕食螨的传播。在室内将接种了新蚜虫疠霉的七星瓢虫 *Coccinella septempunctata* 成虫释放到豌豆蚜种群中，可以引起豌豆蚜种群 10%被侵染，这表明七星瓢虫成虫可以传播新蚜虫疠霉（Pell et al.，1997）。室内研究还表明，七星瓢虫对豌豆蚜产孢尸体的取食，减少了新蚜虫疠霉的产孢量，但七星瓢虫成虫的存在使新蚜虫疠霉向健康蚜虫的传播效率显著提高（Roy et al.，1998）。野外研究进一步证实了七星瓢虫对新蚜虫疠霉的传播（Roy et al.，2001）。在荨麻、矢车菊、蚕豆或百脉根上觅食的七星瓢虫成虫可将新蚜虫疠霉分生孢子传播到蚕豆植株上的豌豆蚜中，造成 2%～13%的蚜虫被侵染（Ekesi et al.，2005）。异色瓢虫 *Harmonia axyridis* 或七星瓢虫的存在明显地提高了新蚜虫疠霉的传播效率，21%的蚜虫被新蚜虫疠霉侵染，而对照组中只有 4%的蚜虫被侵染（Wells et al.，2011）。半闭弯尾姬蜂 *Diadegma semiclausum* 的存在显著地提高了根虫瘟霉对小菜蛾 *Plutella xylostella* 幼虫的侵染率（Furlong and Pell，1996）。在麦长管蚜群体中，如果存在产孢的麦长管蚜尸体，那么蚜茧蜂 *Aphidius rhopalosiphi* 会显著提高新蚜虫疠霉对麦长管蚜的侵染率（Fuentes-Contreras et al.，1998）。Furlong 和 Pell（1996）的研究表明，半闭弯尾姬蜂雌蜂未能直接从产孢的小菜蛾幼虫尸体向健康的小菜蛾幼虫传播根虫瘟霉分生孢子，但是由于寄生蜂的存在，迫使小菜蛾幼虫为逃避天敌而增加了移动距离，增加了接触根虫瘟霉分生孢子的机会，进而提高了根虫瘟霉对小菜蛾的侵染率。这相当于寄生蜂对虫霉分生孢子的间接传播。将捕食螨智利小植绥螨 *Phytoseiulus persimilis* 引入二斑叶螨 *Tetranychus urticae* 种群后，显著提高了佛罗里达新接霉对二斑叶螨的侵染率。但对捕食螨和佛罗里达新接霉的各种研究表明，捕食螨不大可能直接传播佛罗里达新接霉，更有可能的是二斑叶螨为了躲避智利小植绥螨捕食而增加了它们自身接触侵染性毛梗分生孢子的机会，从而提高了佛罗里达新接霉对二斑叶螨的侵染率（Trandem et al.，2016）。

4）食腐昆虫传播。丝光褐林蚁 *Formica fusca* 可以传播蝗噬虫霉的分生孢子和休眠孢子。野外实验发现，丝光褐林蚁的存在可以明显提高蝗噬虫霉对透翅土蝗 *Camnula pellucida* 的侵染率（Kistner et al.，2015）。

5）水传播。水传播是指侵染水生昆虫的虫霉种类（如锥孢虫疫霉、根孢虫疫霉和襀翅虫疫霉）的水生初生分生孢子及其产生的放射状次生分生孢子在水中的传播。但学界对于放射状次生分生孢子在水中的传播和侵染功能尚不清楚（Descals and Webster，1984）。土壤中的蝗噬虫霉休眠孢子可以随土壤进行水传播（Carruthers et al.，1997）。

（3）虫霉的性传播

被蝉团孢霉侵染的十七年蝉，即使被严重侵染的腹部已经部分脱落，暴露出大块侵染性孢子团，也可以继续飞行和交配（Soper et al.，1976；White and Lloyd，1983）。在蝉交配季节，蝉团孢霉在成虫之间的性传播率很高（Soper et al.，1976）。水平传播的休眠孢子形成的芽分生孢子也能侵染蝉，但只有不到 10%的新出现成虫被侵染，而在蝉交配季节的后期，性传播导致 65%的雄蝉被侵染（Lloyd et al.，1982；Robert and Webberleyet，2004）。蝉团孢霉 I 期侵染的蝉（即分生孢子侵染的雄蝉）甚至可以诱使正常、未受侵染的雄蝉与之交配，从而增加分生孢子的传播机会（Cooley et al.，2018）。与未被蝇虫霉或实蝇虫霉侵染的雌性家蝇相比，被侵染致死的雌性家蝇更容易吸引雄性家蝇，当雄蝇试图与这些腹部膨大、产孢的雌蝇尸体交配时就会被侵染，这有利于分生孢子传播（Møller，1993；Zurek et al.，2002；Roy et al.，2006）。研究发现，佛罗里达新接霉的性传播也是虫霉重要的传播方式之一（Trandem et al.，2015）。

1.2.8 虫霉的越冬

目前已知虫霉以 3 种方式越冬。①休眠孢子。例如，舞毒蛾噬虫霉在舞毒蛾的老龄幼虫尸体内产生休眠孢子，随着尸体从树干脱落或分解，休眠孢子被释放到森林土壤中，并在土壤中越冬（Hajek and Wheeler，1998）。萤拟虫疫霉也以休眠孢子形式在土壤表面或土壤中越冬。蝗噬虫霉和库蚊虫霉在寄主成虫体内以休眠孢子形式越冬（李增智，2000；贾春生和洪波，2011）。②被侵染致死的寄主尸体内部的虫霉结构，如菌丝段或类似结构。Klingen 等（2008）研究发现在挪威的冬天（最低温度-15.3℃），佛罗里达新接霉以半潜伏菌丝体侵染的形式在越冬的二斑叶螨雌螨体内存活。因此，只要气候条件允许，它就开始发育、产孢，引起初侵染。③以低侵染水平在越冬寄主昆虫种群内缓慢传播，如实蝇虫霉（Eilenberg et al.，2013）。

1.2.9 虫霉的侵染源

虫霉越冬的休眠孢子、菌丝段及被侵染的昆虫是第二年的初侵染来源。农田周围的非农生境中的虫霉是农田中虫霉种群建立或重建的重要侵染来源。Keller 和 Suter（1980）观察到，在草地中栖息的非害虫蚜虫是邻近农田的新蚜虫疠霉和暗孢耳霉 *Conidiobolus obscurus* 的重要来源，可降低农田蚜虫的虫口密度。同样，Powell 等（1986）发现，由新蚜虫疠霉、普朗肯虫霉和暗孢耳霉引起的侵染，在栖息着以农田杂草为寄主的非害虫蚜虫种类的农田边缘更常见。室内研究显示，非农生境中的荨麻小无网蚜对新蚜虫疠霉敏感，是新蚜虫疠霉的重要种库之一（Ekesi et al.，2005）。保护这些非农生境对于发挥虫霉的生防作用非常重要。

1.2.10 虫霉对寄主的操控

（1）虫霉对寄主行为的操控

虫霉侵染改变寄主行为最常见的表现是寄主的“登高”行为，如被蝗噬虫霉侵染的蝗虫会爬到其所栖息的草木顶部而死，这被认为有利于蝗噬虫霉孢子的形成和传播。被叶象虫瘟霉侵染致死的苜蓿叶象（Harcourt et al.，1990）、被灯蛾噬虫霉侵染的鳞翅目幼虫（Yamazaki et al.，2004）、被蝇虫霉侵染的家蝇等蝇类（Maitland，1994）及被蚁虫疠霉 *Pandora formicae* 侵染的多栉蚁 *Formica polyctena* 和红褐林蚁 *Formica rufa* 也存在这种“登高”行为（Boer，2008；Małagocka et al.，2015）。长期以来，人们对于这种“登高”行为的发生机理并不清楚。Elya 等（2017）利用他们构建的蝇虫霉-果蝇模式系统研究发现，寄主“登高”行为是由于蝇虫霉在侵染早期就入侵了果蝇的神经系统，直接导致寄主果蝇行为改变。因为果蝇的生理、遗传和分子背景十分清楚，所以利用蝇虫霉-果蝇模式系统将会很快在寄主行为操控机制的研究上取得进展（Elya et al.，2018）。但也有人曾推测这种行为可能与感染蝇虫霉的一种正链 RNA 病毒有关（Coyle et al.，2018）。为了揭示虫霉操控寄主传播孢子的分子机理，Małagocka 等（2015）对从被蚁虫疠霉侵染的多栉蚁"登高"死亡至产孢阶段的有关虫霉形态重建、破坏寄主表皮的酶类及涉及虫霉快速生长、分生孢子梗形成和产孢的酶类进行了分析比较，发现与表皮破裂或细胞增殖及细胞壁重建相关的酶表达发生了变化，特别是在类枯草杆菌丝氨酸蛋白酶和类胰蛋白酶转录本中。蝉团孢霉侵染的十七年蝉表现出了更加异常的行为：蝉团孢霉Ⅰ期侵染的蝉即分生孢子侵染的雄蝉，对同种其他雄蝉的求偶鸣声，可以产生与雌蝉接受求偶同样的反应（振动双翅），这种异常反应可以诱使正常、未受侵染的雄蝉与之交配，从而增加分生孢子的传播机会。被侵染雄蝉的这一异常交配行为是由蝉团孢霉为了自身利益所操控的（Cooley et al.，2018）。Boyce 等（2019）应用代谢组学初步揭示了蝉团孢霉操控雄蝉进行这一异常交配行为的生物化学机理：蝉团孢霉侵染雄蝉后产生了精神活性化合物卡西酮［一种之前只发现于巧茶中的苯丙胺（amphetamine）类生物碱］或赛洛西宾［一种之前仅发现于蘑菇中的色胺（tryptamine）类生物碱］。这些化合物的发现，不仅为团孢霉操控寄主提供了化学证据，还为新药开发提供了新的途径。关于虫霉侵染对寄主其他行为的影响可以参考 Roy 等（2006）的综述。

（2）虫霉对寄主死亡时间的操控

健康的甘蓝夜蛾幼虫白天隐藏于土中，傍晚出来活动，而被灯蛾噬虫霉侵染后，大部分幼虫于午后从土中出来，爬到植物上部。14 时死亡的幼虫最多，其次是 18 时，这 2 个时间点死亡的幼虫虫数占绝大多数，从 22 时至次日 6 时死亡的幼虫虫数逐渐减少，但到 10 时死亡的幼虫虫数又开始增加（Aoki，1981）。类似现象也发生于被舞毒蛾噬虫霉侵染的舞毒蛾幼虫中，被侵染的幼虫绝大多数（84.5%）死于 14～22 时，死亡高峰出现于 14 时或 18 时（Nielsen and Hajek，2010）。叶象虫瘟霉侵染的苜蓿叶象幼虫通常于傍晚死亡，到了深夜体表被密集生长的分生孢子梗所覆盖，每个分生孢子梗顶端着生一个分生孢子，当环境中有足够湿度时，分生孢子被主动发射出来，降落到紫花苜蓿的冠层中，或者随气流扩散到附近的田地中（Harcourt et al.，1990）。通过对寄主死亡时间的操控，虫霉可以获得更好的产孢环境。在室内 15℃和 16L∶8D 条件下，被新蚜虫疠霉侵染的豌豆蚜、被近藤虫疠霉 *Pandora kondoiensis* 侵染的苜蓿无网蚜 *Acyrthosiphon kondi* 及被暗孢耳霉侵染的苜蓿无网蚜等蚜虫死亡高峰均在 14 时左右，但野外新蚜虫疠霉侵染的豌豆蚜于 14～20 时死亡，死亡高峰时间为 16～20 时（Milner et al.，1984）。Steinkraus 等（2017）通过对 2 头萤拟虫疫霉侵染的三斑突花萤成虫的侵染过程的观察发现，在早晨临近死亡之前，垂死的花萤用上颚附着在花朵上。16h 之后（即第二天 1～4 时），分生孢子梗才突破寄主表皮而外现，7 时开始产孢。白天出来在花上进行取食和交配活动的花萤就会被侵染。

1.2.11 虫霉对寄主的选择性

1）对寄主体型的选择。在常见于中欧奶牛牧场的黄粪蝇 *Scathophaga stercoraria* 自然种群中，大型雄性个体的交配优势非常明显，同时大型雌性个体也具有生殖优势，即正选择（Jann et al.，2000；Blanckenhorn et al.，2003；Honek，1993）。但是 1993～2009

年长达 15 年的野外种群监测发现，黄粪蝇体长几乎减少了 10%（Blanckenhorn，2015）。进一步研究发现，黄粪蝇死于粪蝇虫霉 *Entomophthora scatophagae* 侵染的概率随着黄粪蝇体长的增加而增加，即在野外大型雄性个体通常所显现的交配优势被真菌侵染所抵消（Blanckenhorn，2017）。

2）对寄主侵染部位的选择。绝大多数虫霉都可以侵染寄主整个身体，但团孢霉属、斯魏霉属及虫霉属的突破虫霉的侵染（贾春生，2011c），仅限于寄主腹部，可以让寄主继续存活，并传播分生孢子。

3）对寄主性别的选择。突破虫霉在苜蓿盲蝽 *Adelphocoris lineolatus* 种群中，只侵染雌虫（Ewen，1966），但在黑肩绿盲蝽 *Cyrtorhinus lividipennis* 种群中，被侵染成虫的性别比为 1∶1，前者为植食性昆虫，后者为捕食性昆虫。该菌通过选择性侵染前者雌虫，可以有效控制苜蓿盲蝽种群数量，而该菌不改变后者种群性别比，可减少对寄主种群的严重冲击（贾春生，2011c）。库蚊虫霉侵染的摇蚊雌雄性别比为 2.9∶1（贾春生和洪波，2011）。萤拟虫疫霉对雌性和雄性三斑突花萤成虫的侵染率分别为 19.6%和 21.2%，无显著差异（$\chi^2 = 0.1734$，$P = 0.6770$；χ^2 为卡方值，P 为概率）（Steinkruas et al.，2017）。斯魏霉属主要侵染雌蝇（Humber，1976），1978～1984 年在苏格兰南部捕获的被绝育斯魏霉 *Strongwellsea castrans* 侵染的甘蓝地种蝇 *Delia radicum* 和萝卜地种蝇 *Delia floralis* 几乎全部为雌蝇（Lamb and Foster，1986）。被虎秽蝇斯魏霉 *Strongwellsea tigrinae* 侵染的虎秽蝇成虫的雌雄性别比为 7∶2，而被针孢斯魏霉 *Strongwellsea acerosa* 侵染的壳秽蝇成虫的雌雄性别比为 52∶2（Eilenberg et al.，2020）。锥孢虫疫霉 *Erynia conica* 几乎只侵染媚蚋 *Simulium verecundum*、带蚋 *S. vittatum* 和尖吻蚋 *S. rostratum* 的雌蚋（Nadeau et al.，1994），通常其侵染的雌蚋死亡后腹部充满卵，该菌通过限制寄主产卵减少了蚋种群数量（Nadeau et al.，1994；Hywel-Jones and Ladle，1986）。蝉团孢霉在分生孢子时期对周期蝉雄蝉和雌蝉的侵染率分别为 71%和 29%，差异显著（$\chi^2 = 3.98$，$df = 1$，$P = 0.046$；df 为自由度）（Duke et al.，2002）。

4）对寄主发育阶段的选择。心步甲虫疫霉 *Erynia nebriae* 侵染短颈心步甲虫 *Nebria brevicollis* 成虫，而心步甲虫瘴霉 *Furia zabri* 则侵染玉米距步甲虫 *Zabrus tenebrioides* 幼虫（Keller and Hülsewig，2018）。突破虫霉可以侵染黑肩绿盲蝽的若虫和成虫（贾春生，2011c），根虫瘟霉可以侵染小菜蛾的幼虫和成虫，但以侵染幼虫为主（贾春生，2010b）。布伦克虫疠霉 *Pandora blunckii* 侵染小菜蛾幼虫和蛹（贾春生，2010c）。蝇虫霉只侵染蝇类成虫。舞毒蛾噬虫霉只侵染舞毒蛾幼虫。在阿根廷圣菲省的露地茄子和温室辣椒中，新蚜虫疠霉、根虫瘟霉和普朗肯虫霉对若蚜和成蚜的侵染率差异显著，对若蚜的侵染率分别比对有翅和无翅成蚜高 1.8 倍和 1.4 倍（Manfrino et al.，2014）。蝗噬虫霉可以侵染透翅土蝗若虫和成虫，但若虫对虫霉更敏感（Kistner and Belovsky，2013）。

1.2.12 虫霉的寄主专化性

虫霉生活史与其寄主生活史密切相关。绝大多数虫霉都是专性寄生真菌，只侵染亲缘关系较近的寄主类群，在某些情况下甚至仅侵染一种寄主，如此高的寄主专化性意味着这些真菌强烈地依赖它们的寄主（Eilenberg et al.，2013）。斯魏霉属虫霉只侵染蝇类，团孢霉属虫霉只侵染蝉，突破虫霉只侵染盲蝽科昆虫。舞毒蛾噬虫霉对鳞翅目昆虫具有侵染专化性（Soper et al.，1988；Vandenberg，1990）。Hajek 等（1995a）以被侵染寄主死亡后舞毒蛾噬虫霉能否在其表面或内部产孢作为侵染成功与否的标准，对 10 个总科 78 种鳞翅目幼虫进行生物测定，在供试的 10 个总科中有 7 个总科可被侵染，35.6%的被侵染幼虫尸体产孢，唯一始终表现出高度敏感性的是毒蛾科 Lymantriidae（有 4 种昆虫供试），舞毒蛾即属于此科。Hountondji 等（2002）对木薯 *Manihot esculenta* 田中的 2 种捕食螨和 5 种昆虫接种木薯单爪螨新接霉 *Neozygites tanajoae* 毛梗分生孢子后，处理组的绝大多数供试昆虫和捕食螨的体表上未见萌发的毛梗分生孢子附着，并且所有供试捕食螨和昆虫体内也均未发现木薯单爪螨新接霉的菌丝段，而对照组的木薯单爪螨新接霉对木薯单爪螨 *Mononychellus tanajoa* 的侵染率为 73%～94%，这表明木薯单爪螨新接霉对木薯单爪螨具有很强的寄主专化性，对非目标昆虫和捕食螨类安全。未见木薯单爪新接霉侵染供试的 2 种捕食螨（阿里波近盲走螨 *Typhlodromalus aripo* 和棍棒真绥螨 *Euseius fustis*）及 2 种叶螨（二斑叶螨和棉花小爪螨 *Oligonychus gossypii*），这表明木薯单爪螨新接霉对木薯单爪螨具有高度专化性，目前尚不知道它能否侵染其他寄主（Delalibera et al.，2004；Agboton et al.，2009）。在自然条件下，锥孢虫疫霉侵染尖吻蚋而不侵染丽蚋 *Simulium decorum*。研究表明，锥孢虫疫霉的侵染性次生分生孢子（球形次生分生孢子）可以在寄主尖吻蚋的翅上萌发，形成附着胞和侵入钉，而在非寄主丽蚋上，孢子萌发较晚，且不能形成附着胞和侵入钉（Nadeau et al.，1996）。

Jensen 等（2001）研究发现，来自家蝇、甘蓝地种蝇、虎秽蝇 *Coenosia tigrina* 和单薄须泉蝇 *Pegoplata infirma* 的蝇虫霉菌株各属于不同的基因型，即蝇虫霉每种基因型都局限于一种寄主，这表明它们具有高度的寄主专化性。但来自同一科寄主的菌株并不比来自不同科寄主的菌株更相似。例如，来自虎秽蝇（蝇科 Muscidae）的菌株与来自甘蓝地种蝇（花蝇科 Anthomyiidae）的菌株的相似性大于来自家蝇（蝇科）的菌株，这表明蝇虫霉寄主专化性存在于亚科或属级水平。Becher 等（2018）通过生测发现，蝇虫霉对其自然寄主家蝇的侵染死亡率（62.9%）明显高于对入侵种斑翅果蝇 *Drosophila suzukii* 的侵染死亡率（27.3%），并且病亡的家蝇产生的分生孢子更多。

与非专性昆虫病原真菌冠耳霉进行系统发育比较，发现蝇虫霉中海藻糖酶基因家族发生扩张。昆虫血淋巴中的主要糖类是海藻糖，有效的糖利用对蝇虫霉向专性致病菌进化可能非常重要（De Fine Licht et al.，2017）。Eilenberg 和 Jensen（2018）利用来自双翅目 4 科 15 种共 29 头蝇类的斯魏霉属的内转录间隔区（internal transcribed spacer，ITS）Ⅱ序列构建了斯魏霉属虫霉的最大简约法（maximum parsimony，MP）系统发育树，结果显示斯魏霉属的每种基因型仅发现于一种蝇类或少数近缘种蝇类中。侵染花蝇科 7 种蝇类的斯魏霉属虫霉的基因型为一个单系类群，而侵染蝇科 4 种蝇类的基因型形成 4 个分支，厕蝇科 Fanniidae 的 3 种蝇类均被同种斯魏霉基因型侵染。这表明斯魏霉属已经高度适应它们的寄主（即具有高度的寄主专化性），并与之协同进化。在生物防治中，应用具有较高的寄主专化性的虫霉，可以减少对非目标种的不利影响。

1.2.13 虫霉对寄主的致病性

在 28℃、12L∶12D 和 90%～100%相对湿度（RH）条件下，巴西木薯单爪螨在接种佛罗里达新接霉毛梗分生孢子 48h 后开始出现死亡，每头接种 6 个和 8 个毛梗分生孢子的叶螨分别在接种 57.1h 和 62.9h 后全部死亡，而每头接种 1 个、2 个和 4 个毛梗分生孢子的叶螨分别于接种后 89.4h、77.5h 和 69.0h 达到 88.9%、96.0%和 96.4%的死亡率。可见，接种量对致死时间有显著影响，接种剂量越小，侵染致死率越低，死螨开始出现的时间越晚，致死时间也越长（George et al.，1997）。在供试的 25 个新接霉属菌株（来自巴西和贝宁木薯单爪螨的木薯单爪螨新接霉 *Neozygites tanajoae* 23 株及来自巴西和哥伦比亚二斑叶螨的佛罗里达新接霉 2 株）对木薯单爪螨的生测中，有 22 个木薯单爪螨新接霉菌株对木薯单爪螨的致死率>90%，只有 1 个木薯单爪螨新接霉菌株和 2 个佛罗里达新接霉菌株的致死率<50%。10 个株菌平均致死中时间 LT_{50}<5d。在致死率>50%的菌株中 LT_{50}>6d 的只有贝宁 BIN26 菌株。产自巴西的 6 个木薯单爪螨新接霉菌株对叶螨的致死速度比来自贝宁的木薯单爪螨新接霉 BIN35 菌株更快，这表明菌株对虫霉致死时间和致死率具有显著影响。

在利用注射方法对舞毒蛾 3 龄幼虫进行的生测中，来自中国、日本、希腊、俄罗斯和美国的舞毒蛾噬虫霉 6 个菌株中，除日本的 01JP4-11-1 菌株外，都对来自日本、俄罗斯、希腊和美国的舞毒蛾幼虫具有很强的致病性，对舞毒蛾的致死率为 90%～100%。供试菌株对舞毒蛾幼虫的致死时间分别为 3.9d（希腊舞毒蛾品系/日本菌株 03JP5-1-2）、(5.3±0.1) d（美国舞毒蛾品系/俄罗斯菌株 99RU1-1-1）。在大多数生测中，舞毒蛾 3 龄幼虫都于 2d 内死亡，偶尔有 3～4d 死亡的，在某些情况下甚至 1d 内死亡。舞毒蛾噬虫霉菌株和舞毒蛾品系对致死时间没有显著的交互作用，且舞毒蛾品系对致死时间的影响也不显著，但舞毒蛾噬虫霉菌株对致死时间具有显著影响。在分生孢子浴法生测实验中，除舞毒蛾品系对致死时间影响显著外，其余生测结果与采用注射方法的生测结果类似（Nielsen et al.，2005）。

2013 年进行的生测结果表明，来自克罗地亚的舞毒蛾噬虫霉对意大利大多数舞毒蛾种群具有显著的影响。用含有休眠孢子的土壤和分生孢子浴 2 种方法对意大利撒丁岛的舞毒蛾 4 龄幼虫进行生测，分生孢子浴法的幼虫死亡率为 88%，含有休眠孢子土壤的方法的幼虫死亡率为 28%，差异显著。2014 年的生测结果表明，来自西西里、卡拉布里亚和撒丁岛的舞毒蛾 4 龄幼虫的死亡率分别为 37.9%、31.7%和 20.9%，差异显著。来自托斯卡纳和威内托的舞毒蛾死亡率为 3.1%和 0，差异不显著。舞毒蛾的地理来源对致死时间的影响显著，来自撒丁岛的舞毒蛾致死时间最短，为 5.3d。撒丁岛、西西里、卡拉布里亚和托斯卡纳的被侵染致死幼虫产孢比例分别为 12.5%、11.2%、12.4%和 0，前三地幼虫产孢比例差异不显著，但都与托斯卡纳的幼虫产孢比例差异显著（Contarini et al.，2016）。新蚜虫疠霉对麦长管蚜和禾谷缢管蚜的 LT_{50} 分别为 5.0d（4.3～5.7d）和 5.9d（5.1～6.7d）。普朗肯虫霉对麦长管蚜的 LT_{50} 为 4.9d（4.1～5.7d）（Fekih et al.，2019）。但 Dromph 等（2002）发现新蚜虫疠霉对有翅型麦长管蚜的毒力比对无翅型麦长管蚜更强，即有翅型麦长管蚜对虫霉更敏感。这种敏感性是很重要的，因为被侵染的有翅型蚜虫可以在田间传播虫霉，并可以通过冬季寄主蚜虫群体向田野传播虫霉，引发蚜虫流行病。陈春和冯明光（2003）认为，麦蚜的虫霉流行病可能主要借助有翅蚜的迁飞定植而异地传播。

1.2.14 寄主对虫霉的防御

（1）寄主通过提高体温抑制虫霉侵染

在家蝇被蝇虫霉侵染的最初几天，它们会寻觅 40℃以上的高温环境以抑制虫霉侵染。通过进一步的研究发现，如果家蝇在接种蝇虫霉后不久即暴露于高温下，则其存活时间延长（Watson et al.，1993）。Kalsbeek 等（2001）发现，在农家谷仓阴凉位置捕获的被侵染家蝇多数在 2d 内死亡，但从有阳光照射的地方捕获的被侵染家蝇于 6～8d 后死亡，通过野外标记释放实验也发现新被侵染的家蝇多聚集在谷仓中的加热灯周围。

透翅土蝗通过晒太阳可让体温比周围环境温度高 10～15℃，若虫和成虫都倾向于在 40℃左右进行体温调节，这是它们的发育最佳温度。长期暴露在 35℃以上对蝗虫有益，因为此温度对于蝗噬虫霉（美国致病型Ⅰ型）传播不利。在 35℃恒温下，蝗噬虫霉的原生质体在组织培养基中几乎不生长或完全不生长。在恒温下进行的体内研究证实，蝗噬虫霉的生存和发育温度上限约为 35℃。然而，在自然界中，这些生物暴露在波动的温度下。进一步的体外研究表明，在 40℃下每天仅培养 2h，蝗噬虫霉原生质体的存活和发育受到显著影响；而在 40℃下每天培养 8h，蝗噬虫霉原生质体几乎完全受到抑制。体内培养研究显示，随着每天暴露于 40℃下的时间增长，蝗噬虫霉的潜伏期延长，蝗虫染病死亡率下降。将被侵染的蝗虫置于 25～30℃的环境中，并允许其在阴凉和向阳的区域之间自由活动，让其通过正常的晒太阳活动提高体温。与未晒太阳的对照组相比，晒太阳的蝗虫几乎完全消除了蝗噬虫霉病。少数晒太阳后死于蝗噬虫霉侵染的个体，其存活时间也明显长于未晒太阳的被侵染个体。

（2）寄主通过免疫系统抑制虫霉侵染

昆虫不具有脊椎动物的获得性免疫，只能依赖天然免疫抵抗细菌、真菌和病毒等病原生物的侵染。天然免疫主要包括体液免疫和细胞免疫。体液免疫是指通过体液中的多酚氧化酶和抗菌肽等蛋白对病原生物起免疫作用；细胞免疫是指由血细胞参与的吞噬和包被等反应。昆虫免疫反应主要发生在体壁、中肠和血腔中（苑胜垒等，2016）。关于昆虫对真菌的防御研究，主要集中于白僵菌和绿僵菌，涉及虫霉的研究很少。当从小菜蛾幼虫血淋巴中分离的 β-1,3-葡聚糖结合蛋白与根虫瘟霉菌丝裂解液共存时，能激活幼虫血淋巴中的酚氧化酶原（ProPO），使酚氧化酶（PO）活力显著高于该菌原生质体裂解液所激活的 PO 活性，即 β-1,3-葡聚糖结合蛋白只有特异性地识别根虫瘟霉细胞壁中的 β-1,3-葡聚糖，才能激活小菜蛾幼虫血淋巴中的 ProPO。昆虫病原真菌的一个显著特征是其细胞壁富含 β-1,3-葡聚糖，这些糖通常很容易被昆虫的免疫系统识别，并做出细胞免疫反应。但是许多虫霉入侵寄主后常以原生质体的形式在寄主血腔内大量繁殖。由于原生质体缺乏细胞壁，可逃避寄主的免疫识别（刘青娥等，2004）。

在果蝇遗传参考面板（drosophila genetic reference panel，DGRP）的 20 个品系中，对蝇类专性病原真菌蝇虫霉的抗性存在显著差异。果蝇对蝇虫霉的抗性与对寄主广泛的金龟子绿僵菌 Ma549 的抗性呈正相关（$r = 0.55$；r 为相关系数），这表明蝇类具有广谱（非特异性）抗性。对 Ma549 的抗性高于平均水平的果蝇品系大多对蝇虫霉产生交互抗性。然而，对 Ma549 敏感的果蝇品系对蝇虫霉表现出全方位的抗性，这表明果蝇种群对 Ma549 和蝇虫霉的特异抗性机制和通用防御机制存在差异。研究者试图解释果蝇品系间抗病性变异的平衡（trade-off），但果蝇对蝇虫霉抗病能力的增加（或减少）与抗氧化应激、饥饿应激和睡眠指数的增加（或减少）并不一致。这些病原菌是寄主选择的动力因子，反映在来自野生群体的抗病遗传变异中（Wang et al.，2020）。

（3）寄主对虫霉的化学防卫

离体实验证明，红秋麒麟蚜体内的红色聚酮类色素具有抑制暗孢耳霉菌丝生长的生物活性，这被认为是蚜虫抗病原真菌侵染的一类化学防卫物质（Mitsuyo et al.，2018）。

（4）寄主社会性免疫行为

社会性昆虫共享物理空间，互动频繁，为病原菌传播创造了有利条件，最终可能造成种群崩溃，这一压力导致所谓社会免疫力的出现，即社会性昆虫（如蚂蚁）除个体本身对病原菌具有抗性外，还存在社会性免疫行为，后者可能更重要。例如，健康的多栉蚁工蚁会竭力移除蚁巢附近被蚁虫疠霉侵染的多栉蚁尸体，每天可移除多达 80%的尸体，以保护蚁巢的安全（Małagocka et al.，2017，2019）。

1.2.15 虫霉对寄主昆虫信息素生产及其响应的影响

被根虫瘟霉侵染的小菜蛾雄蛾对合成性信息素的响应在被侵染 2d 后显著降低，在被侵染 3d 后对合成性信息素完全没有响应。被暴露性信息素侵染的雌蛾在被侵染 3d 后数量显著减少（Reddy et al.，1998）。被新蚜虫疠霉侵染的豌豆蚜比未被侵染的蚜虫产生更多的报警信息素，而被球孢白僵菌侵染的蚜虫比未被侵染的蚜虫产生较少的报警信息素（Roy et al.，2005）。被新蚜虫疠霉侵染的豌豆蚜对蚜虫报警信息素的响应弱于未被侵染的蚜虫，随着侵染的进展，无响应的蚜虫数量增加。将被新蚜虫疠霉侵染 2～3d 的豌豆蚜从蚕豆上移除后，它们不能再返回到蚕豆植株的上部定植（Roy et al.，1999）。Zurek 等（2002）研究了蝇虫霉对家蝇性信息素的主要成分（顺 9-二十三碳烯）和其他表皮层碳氢化合物（正二十三烷、正二十五烷、顺二十七碳-9-烯）及其对年轻（7d）和

成年（18d）未交配过的雌蝇的总碳氢化合物的影响，结果表明，蝇虫霉侵染的年轻雌蝇在表皮层表面积累的性信息素和其他碳氢化合物明显少于未被侵染的年轻雌蝇，而被侵染的成年雌蝇的表皮层碳氢化合物不受虫霉侵染的影响。

1.2.16 虫霉的挥发性有机化合物

虫疠霉属和巴科霉属虫霉菌丝中的挥发性有机化合物主要为脂肪酸、酯类和萜烯类，不含有酮和醇类。它们各含 4 种脂肪酸，其中共同含有 3 种饱和脂肪酸（C10:0、C12:0、C14:0），总含量均>90%，明显高于肉座菌目的金龟子绿僵菌（67.24%）、黄绿绿僵菌 *Metarhizium flavoviride*（76.24%）、玫烟色棒束孢 *Isaria fumosorosea*（54.02%）、被多瑙河被毛孢 *Hirsutella danubiensis*（24.70%）和球孢白僵菌（78.62%）。虫疠霉属虫霉不含酯类，巴科霉属虫霉的酯含量也较低（3.70%），主要是脂肪酸甲酯（FAME C16:0、FAME C16:1、FAME C18:1、FAEE C18:1）。虫疠霉属虫霉只含有 1 种萜烯，即鲨烯（0.30%）；而巴科霉属虫霉含有 1 种倍半萜，即 β-金合欢烯。虫疠霉属 *Pandora* 虫霉只含有 1 种醛，即己醛（0.19%）；而巴科霉属虫霉含有己醛、十一醛、3-甲基丁醛、苯甲醛和邻苯乙醛 5 种醛类，总含量为 3.28%（Bojkea et al.，2018）。可见，虫霉释放的挥发性有机化合物种类和量的种间差异较大，其脂肪酸含量显著高于肉座菌目昆虫病原真菌。

1.2.17 虫霉的流行病

虫霉发育速度快，可以利用短暂的有利环境条件引发害虫流行病，显著降低害虫种群数量，有时甚至造成害虫种群崩溃，对害虫种群的控制作用极为显著。深刻认识虫霉流行病发生规律，有助于在生产实践中创造有利于害虫流行病发生和发展的条件，充分发挥其对害虫的自然控制作用，减少化学农药的使用。

（1）森林害虫虫霉流行病

关于舞毒蛾噬虫霉的最初记载来自东亚地区。日本很早就有关于舞毒蛾噬虫霉在日本舞毒蛾种群中引发流行病的报道（Hajek，1999）。1972 年 6 月，日本昆虫病理学家青木襄児去考察不久前发生了舞毒蛾噬虫霉流行病的日本东北部落叶松林，发现原本应该郁郁葱葱的森林已大半落叶，残留树叶变为黄褐色，走入林中映入眼帘的是满树干上木乃伊一样的舞毒蛾幼虫尸体，几乎所有尸体都头部朝下。舞毒蛾幼虫尸体头宽 2～5.5mm，体长约 10cm，应该是老龄幼虫。不仅在落叶松上，在林内的杂木树桩上也布满了舞毒蛾幼虫尸体，林内没有发现任何活虫，之后考察的其他 2 处落叶松林也一样。采集木乃伊化的尸体带回室内镜检发现，虫体内充满了大量细胞壁加厚的休眠孢子（Aoki，1974；青木襄児，1998）。1989 年 6 月 9 日，在美国康涅狄格州威尔顿的阔叶混交林中首次发现了被舞毒蛾噬虫霉侵染的舞毒蛾幼虫。当时舞毒蛾种群的数量较上年增长迅速，大部分幼虫都处于第 4 龄。6 月 19 日，在该州西南部的许多舞毒蛾危害地区，发现了数以千计的死亡和垂死的 4 龄和 5 龄幼虫。被舞毒蛾噬虫霉侵染致死的幼虫通常头部朝下，用腹足附着在树干下部。一些幼虫还以倒“V”形垂挂在树皮上，这是感染核型多角体病毒（nucleopolyhedrosis virus，NPV）的特征，但与被虫霉杀死的幼虫不同的是，它们没有挂在小树枝或树叶上。新近被该菌侵染致死的幼虫体软，好像也感染了核型多角体病毒，但它们的表皮更有弹性、不容易破裂，体内通常充满菌丝体、未成熟休眠孢子及少量成熟休眠孢子的混合物。旧的尸体侧扁，呈黑色，通常体内形成休眠孢子。有时，一些尸体被发现覆盖着灰绿色天鹅绒状的、由分生孢子梗形成的子实层。这些尸体通常来自温度和湿度较高、隐蔽的小环境。6～11 月，在树干上可以发现被侵染的舞毒蛾幼虫尸体，而 9～11 月收集的尸体通常木乃伊化，充满了成熟的休眠孢子（Andreadis and Weseloh，1990）。之后舞毒蛾噬虫霉不断在北美洲传播，成为舞毒蛾最重要的自然控制因子（Hajek，1999）。

2014 年 5 月和 2015 年 5 月降雨频繁，月平均气温约为 20℃。2015 年夏初（5～6 月）和 2016 年夏初（5～6 月），在塞尔维亚西南部的土耳其栎 *Quercus cerris*、无梗花栎 *Quercus petraea* 和摩西亚山毛榉 *Fagus moesiaca* 林中，在棕尾毒蛾 *Euproctis chrysorrhoea* 暴发的高峰阶段，发生了灯蛾噬虫霉流行病，在树上发现了大量死亡的棕尾毒蛾 4～6 龄幼虫。这 2 年连续发生灯蛾噬虫霉流行病，减轻了 2016 年棕尾毒蛾危害（Tabakovic-Tosic et al.，2018）。灯蛾噬虫霉在中国分布广泛，常在森林中引起鳞翅目幼虫流行病，是昆虫种群重要的自然调节因子（李增智，2000；贾春生和刘发光，2010）。

入侵桐蝽 *Thaumastocoris peregrinus* 是桉树的重要害虫，原产于澳大利亚，目前已遍布欧洲、美洲、非洲及中东地区。在巴西桉树林的桐蝽科害虫中发生了根虫瘟霉流行病，该菌侵染若虫和成虫，在所调查的 7 个样地中最高侵染率可达 100%，其中 3 个样地的低害虫密度与根虫瘟霉高侵染率有关。该虫霉可能在桐蝽科害虫的种群调控中发挥重要作用（Mascarin et al.，2012）。

（2）草原及牧场害虫虫霉流行病

1）草原蝗虫流行病。广泛发生于世界各地，在亚洲、非洲、欧洲、大洋洲、北美洲和南美洲都有相关报道（Carruthers et al.，1997；Latchininsky et al.，2003）。2010～2011 年，每年的 6～7 月，在中国新疆阿勒泰地区的冲乎尔和贾登峪草原蝗虫中都会发生蝗噬虫霉流行病，2011 年 7 月中旬观察到的两地最高侵染率>50%，初夏最低侵染率也超过了 16%。2010 年贾登峪草原虫霉流行面积约为 1.8km^2，2011 年扩大到近 2.0km^2。被侵染蝗虫密度与蝗虫总密度高度正相关（$r = 0.981$）。此外，该虫霉的初侵染可以在相当低的蝗虫种群密度下发生，约为 1 头/m^2，对调查区域的蝗虫种群起着重要的调节作用（Zhang et al.，2018）。蝗噬虫霉流行病（图 1.66）在韶关各地比较常见，但似乎多为散发。

2）牧场沫蝉流行病。*Deois*、*Mahanarva* 和 *Notozulia* 3 属沫蝉是热带美洲牧草的主要害虫，全世界每年因沫蝉造成的损失可能达到 8.4 亿～21 亿美元（Tompson，2004）。沫蝉若虫栖息于土壤中，且产生泡沫，难以被化学杀虫剂控制。因此，1998 年 1 月 22 日至 2 月 9 日在巴西圣保罗州平达莫尼扬加巴牧场开展了沫蝉虫霉发生调查及其生防潜力评价工作。调查发现，在危害臂形草属 *Brachiaria* 牧草的沫蝉 *Deois schach* 种群中，发生虫瘴霉属 *Furia* 流行病的概率高达 80%，可造成沫蝉种群崩溃。巴科霉属流行病在象草沫蝉 *Mahanarva fimbriolata* 种群中以地方病水平发生，侵染率 <10%。虫瘴霉属虫霉不但对沫蝉侵染率高，而且在人工培养基中比巴科霉属虫霉生长快、产孢多，显示出良好的生防潜力（Leite，2002）。

图 1.66 蝗噬虫霉流行病

3）苜蓿叶象流行病。苜蓿叶象是北美洲紫花苜蓿 *Medicago sativa* 及一些近缘豆科植物的毁灭性入侵害虫。叶象虫瘟霉可侵染苜蓿叶象幼虫，是苜蓿叶象种群的重要自然控制因子，可将苜蓿叶象种群控制在经济允许水平之下（Harcourt et al.，1984；DeGooyer et al.，1995）。叶象虫瘟霉于 1973 年在加拿大安大略省首次被发现，目前已扩展到美国东半部地区和加利福尼亚州。1984～1985 年，在美国伊利诺伊州紫花苜蓿田叶象虫瘟霉流行病高峰期，该病对苜蓿叶象幼虫的侵染率为 80%～100%，导致田中苜蓿叶象种群崩溃（Morris et al.，1996）。1990～1992 年，在美国艾奥瓦州中部和中南部 4 个地点发现叶象虫瘟霉。在为期 3 年的调查中，共观察到 6 次叶象虫瘟霉流行病（侵染率>50%），其中 5 次与当地降水量高于平均降水量有关。首发流行病是在 1991 年 1 月 1 日之后，9℃以上积温大于 168～207℃。1991 年 3 月 30 日至 5 月 28 日，该地区平均降水量为 3.6～7.0mm/d，促进了虫霉流行病的流行，使 4 个调查地点的幼虫总数减少了 15%～61%。1992 年 5 月下旬至 6 月上旬，在这 4 个地点的处于衰退中的苜蓿叶象幼虫种群中发生了虫霉流行病（侵染率<50%）。尽管降水量低于平均水平，但是艾奥瓦州中部仍发生了虫霉流行病（Giles et al.，1994）。1996～1998 年，在弗吉尼亚州所有调查地区均发现了叶象虫瘟霉，在所调查的 187 块紫花苜蓿田中，有 82.5%的田块存在虫霉。在调查期间，所调查地区的叶象虫瘟霉平均侵染率为 19.6%。1997 年该地区降水多、苜蓿叶象种群密度高，为叶象虫瘟霉的流行提供了最佳条件，使流行病侵染率>50%（Kuhar et al.，1999）。寄主密度、降水量和湿度是决定叶象虫瘟霉流行的关键因素（Radcliffe and Flanders，1998）。

4）牧场中牛的叮咬、吸血蝇类及其他相关蝇类流行病。为了解牛蝇中虫霉流行病的发生情况及它们的生防潜力，1997～1998 年，Steenberg 等（2001）在丹麦牧场开展的为期 2 年的调查，1997 年夏末牧场附近奶牛场的家蝇种群中蝇虫霉或实蝇虫霉的侵染率为 7%～56%；1998 年 7 月末至 8 月中旬，除蝇虫霉外，还在 4 个调查地点发现了美

洲虫瘴霉 *Furia americana*，但其侵染率较低。此外，1997 年 7～9 月在黄粪蝇中，粪蝇虫霉侵染率较高，8 月末至 9 月初达到侵染高峰（54%）。

（3）农业害虫虫霉流行病

1）蚜虫和叶螨虫霉流行病。新接霉属虫霉主要侵染蚜虫和叶螨。在玉米、大豆、棉花和花生田里，当处于有利的天气条件下时，新接霉属虫霉在二斑叶螨种群中发生流行病，成为导致叶螨种群数量下降的主要因素，侵染率高达 80%～100%（Boykin et al.，1984；Carner and Canerday，1970；Smitley et al.，1986；Klubertanz et al.，1991；Dick and Buschman，1995）。在草莓田，佛罗里达新接霉对二斑叶螨侵染率高达 90%（Mietkiewski et al.，1993，2000；Nordengen and Klingen，2006；Klingen et al.，2007）。1989 年和 1990 年，在美国阿肯色州棉蚜种群中发生了弗雷生新接霉流行病，导致棉蚜种群数量显著减少（Steinkraus et al.，1991）。Steinkraus 等（1995）报道，弗雷生新接霉流行病在阿肯色州棉田中大面积流行，1992 年平均侵染率为 50%，1993 年为 14%。当弗雷生新接霉在棉蚜种群中侵染率达到 15%时，蚜虫种群密度开始下降，5～16d 后下降至低水平，田间蚜虫初始密度越高，下降越快（Hollingsworth，1995）。

木薯单爪螨新接霉在委内瑞拉、巴西和哥伦比亚引起危害木薯的叶螨属 *Mononychellus* 种群暴发流行病。同样，在巴西，佛罗里达新接霉流行病显著地降低了保护地番茄叶螨的种群数量（Duarte et al.，2009），而且即使在番茄叶螨种群密度较低（<10 头/3.14cm^2）的情况下，佛罗里达新接霉的侵染率仍保持在 50%以上。

在阿根廷的有机莴苣田，新蚜虫疠霉对黑茶藨子长管蚜 *Nasonovia ribisnigri* 侵染率为 56.6%（Scorsetti et al.，2010）。在阿根廷圣菲省的茄子种植田中，新蚜虫疠霉和根虫瘟霉对桃蚜的最高侵染率为 45.5%。在危害温室辣椒的蚜虫种群中，新蚜虫疠霉和普朗肯虫霉对桃蚜等蚜虫的最高侵染率达到 98.1%（Manfrino et al.，2014）。

在广东省韶关市，冬春两季菜蚜种群中周年发生的新蚜虫疠霉流行病（图 1.67），对菜蚜种群具有明显的控制作用。

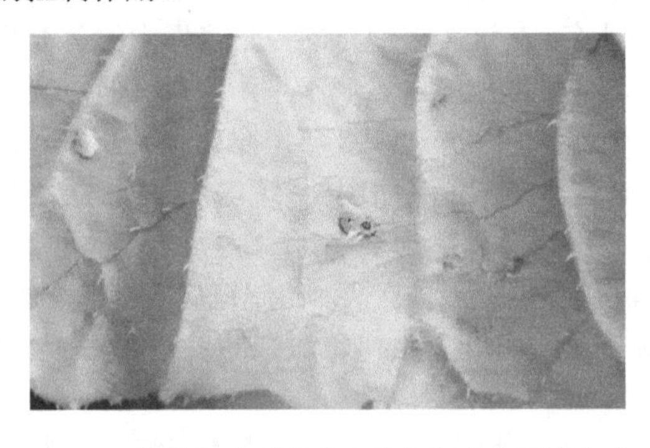

图 1.67　在菜蚜种群中发生的新蚜虫疠霉流行病

2）蔬菜害虫小菜蛾虫霉流行病。在菲律宾吕宋北部种植的十字花科植物上，小菜蛾经常被布伦克虫疠霉和/或根虫瘟霉侵染。这两种虫霉对幼虫和蛹的侵染率分别都为

97%和 95%。侵染率主要取决于田间幼虫和蛹的密度及田间有效的初始接种量。流行病发展曲线符合猎物-捕食者关系的一般规律，存在约 2 周的时滞，在小菜蛾种群密度开始下降时达到峰值（Riethmacher et al.，1992）。

1990 年 3 月，在广州郊区的程介豆瓣菜（西洋菜）田中，发生了布伦克虫疠霉流行病，对小菜蛾幼虫侵染致死率为 95%（吕利华等，2000）。1997 年 3～4 月，在深圳市龙岗十字花科蔬菜种植区的小菜蛾种群中发生布伦克虫疠霉流行病，对小菜蛾 1～2 龄、3 龄、4 龄幼虫和蛹的侵染死亡率分别为 93.1%、95.0%、92.7%和 33.3%。该菌田间流行病的发生，往往是在临近蔬菜收获期或小菜蛾虫口密度足够大时（吕利华等，2000）。

2009 年 3～4 月，在广东省蔬菜田的小菜蛾种群中发生了根虫瘟霉和布伦克虫疠霉流行病。调查发现，根虫瘟霉主要侵染小菜蛾 3～4 龄幼虫及成虫，对小菜蛾幼虫和成虫的侵染率分别为 22.0%和 8.0%（图 1.68）（贾春生，2010b）。布伦克虫疠霉侵染小菜蛾的幼虫和蛹，侵染率分别为 17%和 3.6%（贾春生，2010c）。

图 1.68 蔬菜田发生的小菜蛾根虫瘟霉流行病

根虫瘟霉和布伦克虫疠霉是侵染小菜蛾的 2 种重要昆虫病原真菌，它们分布广泛，在野外经常同时发生，是小菜蛾种群的主要自然控制因子。

3）水稻害虫虫霉流行病。在广东省韶关市，根虫瘟霉主要侵染稻纵卷叶螟 3～5 龄幼虫，对它们的侵染率分别为 2.71%、24.32%和 72.97%。在 10～11 月，根虫瘟霉可持续引发稻纵卷叶螟幼虫高强度流行病（图 1.69），侵染率高达 95%。该菌以休眠孢子越冬，成为次年稻纵卷叶螟幼虫流行病的初侵染源。因此，根虫瘟霉是稻纵卷叶螟幼虫的有效自然控制因子（贾春生和洪波，2012）。安徽、浙江和福建等省的稻区经常发生飞虱虫疠霉流行病（李增智，2000）。广东省韶关市稻田中的褐飞虱和白背飞虱种群中常年发生飞虱虫疠霉和大孢巴科霉流行病，这 2 种流行病对稻飞虱种群具有比较明显的控制作用（图 1.70）（贾春生，2011b）；秋季在麦长管蚜种群中经常发生新蚜虫疠霉流行病（图 1.71）。在印度，稻田中根虫瘟霉对稻纵卷叶螟的侵染率也非常高（Ambethgar，1996，2002）。

图 1.69　稻纵卷叶螟中发生的根虫瘟霉流行病

图 1.70　稻田中发生的飞虱虫疠霉流行病

图 1.71　麦长管蚜种群中发生的新蚜虫疠霉流行病

（4）茶园害虫虫霉流行病

在云南茶区，根虫瘟霉侵染茶小贯小绿叶蝉 *Empoasca onukii* 的成虫和若虫，其流行病发生于 5～12 月，高峰期为 7 月，此时也是寄主茶小贯小绿叶蝉的发生高峰期（臧穆和罗亨文，1976）。1987 年夏，在四川苗溪茶场茶叶科学研究所不施药的茶园，当茶小贯小绿叶蝉虫口密度上升到 87 头/100 叶时，根虫瘟霉大量发生，5d 后虫口密度下降到 15 头/100 叶；至 9 月，当虫口密度达到 46.7 头/100 叶时，连续降雨 10d 后，虫口密度下降到 3 头/100 叶（王朝禹和谭远碧，1989）。1980 年和 1981 年，在日本埼玉县茶叶研究所的施用杀虫剂而未施用杀菌剂的茶园的茶小贯小绿叶蝉种群中，发生了根虫瘟霉的流行病。该菌侵染茶小贯小绿叶蝉成虫和若虫，至 1980 年 9 月下旬对若虫的侵染死亡率高达 40.7%（石川巌，2015）。在 1980 年 9 月下旬和 1981 年 10 下旬分别观察到茶小贯小绿叶蝉尸体含有发育中的休眠孢子。

在日本东京都茶园，根虫瘟霉是茶长卷蛾 *Homona magnanima* 幼虫和蛹的主要死亡因子之一（木曽雅昭和塩野輝雄，1987；茅洪新和国見裕久，1991）。1982～1986 年，在安徽及毗邻的江苏和浙江等省的茶园中，茶尺蠖种群中发生了根虫瘟霉流行病，在 9 月第 5 代幼虫盛期幼虫病死率达 90%以上，该菌对茶尺蠖种群具有显著的控制作用，减少了茶园农药的使用（李增智等，1988，1989）。1988 年 9～10 月，在平均气温 21.6℃（18～26℃）、相对湿度 85%（70%～96%）时，在安徽郎溪县茶园中根虫瘟霉广泛流行，末代茶尺蠖幼虫病死率达 90%左右，这有效地控制了茶尺蠖对秋茶的危害，并降低了次年第 1 代、第 2 代茶尺蠖种群数量（陈棣华等，1990）。

在日本埼玉县的茶园，小孢新接霉 *Neozygites parvispora* 于 6～10 月发生，侵染茶黄蓟马 *Scirtothrips dorsalis* 幼螨和成螨，对茶黄蓟马的侵染率最高达 32.1%。该菌于 8 月或 9 月下旬在茶叶背面的茶黄蓟马尸体中形成休眠孢子（石川巌，2010）。

巴拉圭茶木虱 *Gyropsylla spegazziniana* 是巴拉圭冬青 *Ilex paraguariensis* 的主要害虫。根虫瘟霉可引发巴拉圭茶木虱流行病，侵染率高达 90%以上（Alves et al.，2009；Sosa-Gómez et al.，1994）。

（5）果树害虫虫霉流行病

斑衣蜡蝉 *Lycorma delicatula* 原产于中国、越南。2014 年，它在美国东南部的宾夕法尼亚州被发现，目前种群密度很高，后来又逐渐扩散到美国东部的 6 个州，对当地农林业尤其是葡萄种植业造成严重威胁。2018 年 10 月 9 日，在宾夕法尼亚州一个邻近苹果园的林地，斑衣蜡蝉成虫种群中发生了由大孢巴科霉和球孢白僵菌 2 种真菌引发的流行病，其中以前者为主，死亡的蜡蝉遍布林地，绝大多数蜡蝉死在臭椿 *Ailanthus altissima* 树上或周围其他树及葡萄藤上，少数死在地面上。几乎所有死于树干上的蜡蝉（97%）都是由大孢巴科霉侵染致死的，而死于地面的蜡蝉中有 51%也是由大孢巴科霉侵染致死的。在调查的全部染病蜡蝉中，被大孢巴科霉侵染的占 73%，而被球孢白僵菌侵染的仅占 27%。这种流行病发生在大多数雌虫产卵之前，由于大量的雌虫死亡，只有 12 个卵块被发现。这 2 种昆虫病原真菌为美国的入侵害虫防控带来了新希望（Clifton et al.，2019）。

（6）食用菌害虫虫霉流行病

1983 年在美国加利福尼亚州北部的一个小型菇厂，发现了高山虫瘴霉 *Furia montana*（=*Erynia montana*）侵染苹果厉眼蕈蚊 *Lycoriella mali*（Betterley 和陈荣，1992）。1989 年 2～5 月，在福建三明、南平等地的蘑菇房的黄足菌蚊 *Phoradonta flavipes* 种群中，伊萨卡虫瘴霉 *Furia ithacensis*（=*Erynia ithacensis*）是控制菇蚊种群的主要生物因子。在该虫霉流行的高峰期（4 月），流行病的发生程度和相对湿度关系非常密切：RH=80%是流行病发生的起点；当 RH 为 80%～90%时，菇蚊的病死率维持在低频度（约 20%）水平；当 RH>90%时，菇蚊的病死率可达 30%以上（Huang et al.，1992）。

（7）卫生害虫虫霉流行病

蝇虫霉是一种常见的虫霉，可在许多双翅目蝇类寄主中引起致命的流行病。2011 年 3 月 17 日至 2012 年 5 月末，在美国北卡罗来纳州达勒姆市的地种蝇属 *Delia* 和秽蝇属 *Coenosia* 的蝇类中发生了蝇虫霉流行病。每天可采集 3～200 头被侵染的蝇。被侵染的蝇用喙牢牢地附着在植物上，并用足抱住草茎，蝇尸靠近植物的顶端，通常距地面 10～

70cm，翅向外展开，头部向上或向下，腹部抬高。这种体位及附着于植物顶端被认为有利于虫霉孢子释放与传播（Gryganskyi et al.，2013）。

2015 年 2 月中旬，在巴西中部戈亚斯州卡瓦尔坎特市附近的垃圾场，连续几天在大头金蝇 *Chrysomya megacephala* 种群中发生了泡泡虫疠霉 *Pandora bullata* 流行病，染病死亡的尸体异常密集，在腹部节间膜处形成特征性的白色至淡褐色条带。2 个月后，在这些蝇体内发现了少量细胞壁表面具有瘤状突起的休眠孢子。这是该菌在南美洲被发现的首次记录，引起人们对将虫霉用于蝇类生物防治的兴趣（Montalva et al.，2016a）。

每年春天，堆集噬虫霉 *Entomophaga conglomerata* 会在韶关市的农田及森林等生境的致倦库蚊 *Culex pipiens quinquefasciatus* 种群中发生，最高侵染率近 100%，是致倦库蚊的重要自然控制因子（图 1.72）（贾春生，2010d）。2006 年，库蚊虫霉对摇蚊的侵染率从 1 月的 28.5%提高到 4 月的 90.2%，达到最高并持续 1 个月，但自 6 月开始侵染率急剧下降，到 7 月侵染率降为 0 并持续 2 个月，自 10 月开始侵染率又缓慢地增加，至 12 月增加到 27.9%。2006～2009 年，库蚊虫霉对摇蚊的侵染率分别为 95.2%、94.8%、93.5%和 95.7%，年度间侵染率差异不显著（贾春生和洪波，2011）。2010 年 5 月 31 日，在韶关市芙蓉山脚下的大头金蝇种群中发生尖突巴科霉 *Batkoa apiculata* 流行病。病死的蝇附着于树叶下面或几头一起死于树枝上。流行病持续将近 2 周，几乎消灭了整个大头金蝇种群（图 1.73）。

图 1.72　致倦库蚊种群中发生的堆集噬虫霉流行病

图 1.73　大头金蝇种群中发生的尖突巴科霉流行病

（8）社会性昆虫虫霉流行病

蚁虫疠霉是虫霉目中罕见的侵染社会性昆虫的虫霉种类，分布于欧洲大部分地区。近年来，学者对其侵染过程和发生流行规律进行了比较详细的观察和研究（Boer，2008；Małagocka et al.，2017）。被蚁虫疠霉侵染后的红褐林蚁行为表现如下。

1）被侵染的红褐林蚁工蚁大约在死亡的前一天变得行动迟缓，动作不协调。

2）红褐林蚁爬到蚁巢上面或周围的沙生薹草 *Carex arenaria* 等植物上，它们在叶片上的运动无规律且不协调；触角向叶片两侧伸展，通常非常灵活的足有规律地从叶子上滑落，上颚不断地张合。

3）当红褐林蚁爬到叶片的顶端时，好像害怕掉下来一样，向下爬行大约 8cm，转身再向上爬行，如此不断往复，但不会回到地面或蚁丘。

4）在某一时刻，在叶片顶端下面几厘米的地方，红褐林蚁用上颚咬住叶片，将虫体固着在叶片上，通常头部朝上，几个小时后死亡。

5）虫体固着后数小时，蚁虫疠霉的假根从虫体胸部和颈部的腹板节间部分伸出，进一步将蚂蚁牢牢地固着在叶片上。

6）在 1～2d 内，白色毛皮状真菌出现在虫体腹部的节间处，稍后出现在胸部和头部触角基部附近（Boer，2008）。

2011 年，在丹麦的一个云杉和山毛榉混交林中，蚁虫疠霉流行病发生且高峰出现在夏末和秋初。10 月 10 日，蚁巢表面的工蚁染病率高达 38%。从夏末到秋季，含有休眠孢子的蚂蚁尸体比例不断增加，这表明休眠孢子是该菌的主要越冬形式。

（9）极地昆虫虫霉流行病

2010～2011 年夏，在西格陵兰岛康克鲁斯瓦格（Kangerlussuaq）附近（66° 6′35″N，50° 22′12″W）的北极大陆苔原地带，东风夜蛾 *Eurois occulta* 种群发生了根虫瘟霉流行病，显著降低了东风夜蛾老龄幼虫种群数量。幼虫大规模死亡开始于 6 月中下旬，染病死亡的幼虫呈黑色，头部朝下附着在植被上部，胸足和腹足紧紧抱着草茎（Avery and Post，2013）。

（10）其他昆虫流行病

每年 9～10 月，美国阿肯色州的三斑突花萤成虫经常被萤拟虫疫霉侵染。临近死亡前，花萤用上颚紧紧咬住尖苞联毛紫菀 *Symphyotrichum pilosum* 的花朵，在 15～22h 后，死亡的花萤鞘翅竖起，并展开后翅。1996 年，从开花的卷舌菊属植物上采集活萤和死萤共 446 头（雄性 281 头，雌性 165 头）带回室内，于 27℃下单独保湿培养 8d，共有 90 头花萤被萤拟虫疫霉侵染，总侵染率为 20.2%，其中雄性侵染率为 19.6%，雌性侵染率为 21.2%。57%被侵染的花萤产生分生孢子，23%被侵染的花萤产生休眠孢子，余下的 20%被侵染的花萤体内含有菌丝段。被侵染的花萤产生分生孢子或休眠孢子，但绝不会在同一花萤中同时产生这 2 种孢子（Steinkraus et al.，2017）。

在广东省韶关市稻田中，突破虫霉和广东虫疠霉常年发生（图 1.74 和图 1.75），侵染黑肩绿盲蝽的成虫和若虫，在晚稻田对黑肩绿盲蝽最高侵染率分别为 33.1%和 27.4%

（贾春生，2011c；贾春生和洪波，2013）。

图 1.74　黑肩绿盲蝽种群中发生的突破虫霉流行病

图 1.75　黑肩绿盲蝽种群中发生的广东虫疠霉流行病

在德国森林中的短颈心步甲虫成虫种群中发生了极为罕见的心步甲虫疫霉流行病，这是该虫霉自 1893 年被描述后的首次再现。值得关注的是，该流行病是在日间温度 2～14℃、夜间温度-2～-12℃的低温条件下发生的（Keller and Hülsewig，2018）。

1.3 虫霉的生态学

生物和非生物因素对虫霉的生长发育、侵染、传播及生存具有重要影响。影响虫霉的生物因素包括植物、寄主、昆虫天敌、重寄生真菌、共生细菌和病毒等；影响虫霉的非生物因素包括温度、湿度、光照、pH 值和化学农药等。

1.3.1　虫霉的病毒

Coyle 等（2018）发现了一种感染蝇虫霉的病毒，将其称为虫霉病毒 Entomophthovirus，这是一种形成衣壳的正链 RNA 病毒，属于小 RNA 病毒目传染性软腐病病毒科 Iflaviridae。该病毒的 2 个近缘种此前被描述为双翅目昆虫病毒，但 Coyle 等基于从野生双翅目昆虫中提取的 RNA 组装的转录组中存在的病毒基因组，证实它们也是感染蝇虫霉的病毒。

Coyle 等还在蝇虫霉侵染的家蝇和甘蓝种蝇的 RNA 测序数据中发现了该病毒。虫霉病毒随着蝇虫霉在蝇类中传播。Nibert 等（2019）利用公开的转录组数据鉴别出了 8 个与蝇虫霉菌株相关的新线粒体病毒 *Mitovirus*。线粒体病毒是一种简单的 RNA 病毒，在寄主线粒体中进行复制，常被发现于系统发育比较高等的真菌（球囊菌门、毛霉亚门、担子菌门和子囊菌门）及植物中。到目前为止，作为系统发育中最基础的真菌，蝇虫霉是捕虫霉门中第一种体内含有线粒体病毒的真菌。Nibet 等不仅在每个新的线粒体病毒序列中都发现了多个 UGA（Trp）密码子，还在蝇虫霉转录组数据新组装的线粒体核心基因编码序列中发现了多个 UGA（Trp）密码子，这说明 UGA（Trp）密码子在蝇虫霉线粒体中并不罕见，线粒体病毒 *Mitovirus* 在这些基础真菌中的存在可能影响这些病毒的进化。目前对这些病毒的感染、传播及与蝇虫霉的关系等尚不清楚。

对虫霉病毒的研究有助于我们发现更多的病毒种类，厘清目前所发现的昆虫病毒，揭示虫霉寄主特异行为的机理。

1.3.2 虫霉的重寄生真菌

重寄生真菌（mycoparasite）在肉座菌目昆虫病原真菌中比较常见，如寄生凹孢 *Syspastospora parasitica*、细脚棒束孢 *Isaria tenuipes* 和蝉棒束孢 *Isaria cicadae* 等昆虫病原真菌（Lee and Nam，2000；Posada et al.，2004；张胜利等，2021）。Hajek 等（2013）首次在虫霉目中发现重寄生真菌，即寄生于舞毒蛾噬虫霉休眠孢子的半球状哥德纳壶菌 *Gaertneriomyces semiglobifer*。在室内，该菌对休眠孢子的寄生率可达 90%以上。根据以往对舞毒蛾噬虫霉休眠孢子在土壤中存续的研究（Hajek et al.，2004），推测休眠孢子在土壤中数量衰减可能与半球状哥德纳壶菌或其他重寄生真菌有关。舞毒蛾噬虫霉以休眠孢子形式在土壤中越冬（Hajek and Wheeler，1998）。舞毒蛾噬虫霉重寄生菌的发现，有助于阐明舞毒蛾噬虫霉流行病的发生动态。Castrillo 和 Hajek（2015）利用休眠孢子诱获和分子生物学技术，在森林土壤中发现 4 种疑似舞毒蛾噬虫霉休眠孢子的重寄生真菌，其中 1 种为子囊菌，另外 3 种为腐霉菌。目前的研究表明，在虫霉中可能广泛存在重寄生真菌。

1.3.3 虫霉间的相互作用

（1）不同虫霉间的相互作用

根虫瘟霉和布伦克虫疠霉是作用于小菜蛾的 2 种重要病原真菌，主要侵染小菜蛾幼虫，经常同时发生于小菜蛾种群中（Riethmacher et al.，1992；Riethmacher and Kranz，2000；贾春生，2010b，2010c）。这 2 种虫霉之间很可能发生相互作用，影响它们对小菜蛾的田间防治效果。因此，对它们相互作用的了解不但具有重要的生态学意义，而且有助于科学指导小菜蛾生物防治。室内研究表明，在 2 种虫霉的毒力比较中，孢子浓度大的虫霉在竞争中均胜出，因此大多数被侵染死亡的小菜蛾只产生一种虫霉的分生孢子（Guzmán-Franco et al.，2009）。Zamora-Macorra 等（2012）通过对小菜蛾同时接种根虫瘟霉和布伦克虫疠霉 2 种虫霉发现，与单独接种 1 种虫霉相比，同时接种 2 种虫霉对幼虫侵染率比单独接种时显著降低。接种顺序影响最终结果，最后接种的虫霉总是比先接种的虫霉侵染率高。此外，Sandoval-Aguilar 等（2015）对小菜蛾幼虫同时接种根虫瘟霉和布伦克虫疠霉的实验结果显示，只接种 1 种虫霉时小菜蛾的被侵染率最高；当同时接种 2 种虫霉时，大多数幼虫只被 1 种虫霉侵染，被共同侵染的幼虫不超过 20%，且仅发生于 2 种虫霉同时接种或两者接种间隔时间≤8h 时。当根虫瘟霉后接种时，它对小菜蛾的侵染率高于布伦克虫疠霉，侵染率与 2 种虫霉接种时间间隔无关。这 2 种虫霉接种时间间隔和接种顺序只在共同接种期间影响彼此的存活。Guzmán-Franco 等（2011）首次利用定量聚合酶链反应（quantitative polymerase chain reaction，qPCR）技术证实，在只接种根虫瘟霉的幼虫中，在整个侵染过程中根虫瘟霉的 DNA 数量不断增加，而在和布伦克虫疠霉共同接种的幼虫中，根虫瘟霉开始时生长速率快，但到寄主死亡时，已被布伦克虫疠霉有效地排除。

（2）同虫霉不同菌株间的相互作用

1）根虫瘟霉菌株间的体外相互作用。当将根虫瘟霉的 4 个供试菌株（NW386、NW250、ARSEF1699 和 ARSEF6003）中的每 2 个菌株同时接种于同一培养皿中培养时，没有出现拮抗现象。生长速率快的菌株通常菌落直径更大，但菌株之间几乎互不侵犯。8d 后，所有培养皿中的 2 个菌株的菌落均互有接触，但两菌落之间有清晰的界限（Morales-Vidal，2013）。

2）根虫瘟霉菌株间的体内相互作用。将在体外培养中表现出相互影响的 2 个菌株（NW250 和 NW386）同时接种小菜蛾 3 龄幼虫时，接种时孢子浓度大的菌株侵染的幼虫多于其竞争对手，同时被 2 个菌株侵染的幼虫仅出现于 2 个菌株孢子接种浓度都较高时。当 2 个菌株接种浓度都较低时，只有 NW250 菌株能成功侵染幼虫（Morales-Vidal，2013）。

1.3.4 虫霉与昆虫天敌的关系

目前保护性生物防治是生物防治研究和应用的重要方向之一，为了充分发挥生境内各种昆虫天敌资源的效用，全面了解虫霉与其他昆虫天敌之间的关系十分重要。

（1）与寄生性昆虫天敌的关系

一化叶象姬蜂 *Bathyplectes anurus*、苜蓿叶象姬蜂 *Bathyplectes curculionis*、埃塞食甲茧蜂 *Microctonus aethiopoides*、柯氏食甲茧蜂 *M. colesi* 和啮小蜂 *Oomyzus incertus* 是苜蓿叶象的幼虫或成虫的重要寄生性天敌。埃塞食甲茧蜂与叶象虫瘟霉具有相容性，因为它不与叶象虫瘟霉竞争寄主的同一生活史阶段，而柯氏食甲茧蜂因寄生苜蓿叶象幼虫而不那么相容。苜蓿叶象姬蜂、一化叶象姬蜂和啮小蜂均与叶象虫瘟霉发生竞争。在与叶象虫瘟霉的竞争中，一化叶象姬蜂因其偏好在较老的寄主体内产卵而比苜蓿叶象姬蜂更具有优势，提高了寄主存活到化蛹的可能性，有利于寄生蜂的生存。在美国俄克拉何马州观察到苜蓿叶象姬蜂呈现高死亡率，那里的叶象虫瘟霉在寄生蜂完成发育之前就杀死了寄主。然而，在美国肯塔基州，叶象虫瘟霉和一化叶象姬蜂共存，对寄生蜂没有明显的危害。叶象虫瘟霉对苜蓿叶象姬蜂的影响比对一化叶象姬蜂的影响更大，这可能导致在一些地方，一化叶象姬蜂取代了苜蓿叶象姬蜂，成为针对苜蓿叶象幼虫的优势寄生蜂（Radcliffe and Flanders，1998）。

根虫瘟霉、半闭弯尾姬蜂和菜蛾绒茧蜂 *Cotesia plutellae* 都是小菜蛾的重要天敌，Furlong 和 Pell（2000）对根虫瘟霉与寄生蜂之间的冲突进行研究发现，菜蛾绒茧蜂成虫对根虫瘟霉侵染不敏感，但该虫霉能侵染并杀死半闭弯尾姬蜂成虫。对半闭弯尾姬蜂成虫接种根虫瘟霉后，显著减少了它从寄主小菜蛾幼虫发育形成的茧数。虽然根虫瘟霉侵染的小菜蛾幼虫再被半闭弯尾姬蜂和菜蛾绒茧蜂寄生后均导致未成熟寄生蜂死亡，但在产卵选择实验中，这 2 种寄生蜂均未能区分健康的幼虫和被根虫瘟霉侵染的幼虫。然而，新近被根虫瘟霉侵染而死亡的寄主往往受到半闭弯尾姬蜂排斥，但有时被菜蛾绒茧蜂接受。菜蛾绒茧蜂寄生小菜蛾能显著延长寄主的龄期，而半闭弯尾姬蜂却不能做到这点。在根虫瘟霉侵染前 1d 被寄生蜂寄生的小菜蛾幼虫尸体对根虫瘟霉产孢量没有影响，而在根虫瘟霉侵染前 3d 被寄生蜂寄生的小菜蛾幼虫尸体可使其产孢量明显下降。如果小菜蛾幼虫被寄生蜂寄生≤4d 后再被根虫瘟霉侵染，那么寄生蜂死亡率为 100%，但此后随着寄生蜂寄生至虫霉侵染时间间隔的延长，寄生蜂茧产量的下降趋势逐渐减弱。菜蛾绒茧蜂引起的小菜蛾幼虫期的延长，增加了寄生蜂对于病原菌的可利用性。在较小空间尺度（0.5m×0.5m×1m）内，新蚜虫疠霉降低了阿尔蚜茧蜂 *Aphidius ervi* 的繁殖成功率，但在室外半自然条件下更大的空间尺度（塑料大棚）内，新蚜虫疠霉对阿尔蚜茧蜂的繁殖成功率没有影响（Baverstock et al.，2009）。舞毒蛾暴发种群崩溃的严重程度（以 2009～2010 年舞毒蛾卵块密度的下降为衡量指标）随着舞毒蛾噬虫霉和寄生蜂的流行而加剧，而与舞毒蛾核型多角体（*Lymantria dispar* nucleopolyhedrosis virus，LdNPV）无关。舞毒蛾噬虫霉对舞毒蛾幼虫的侵染率与寄生蜂对舞毒蛾幼虫的寄生率之间存在显著的负空间相关性，这可能表明寄生蜂被舞毒蛾噬虫霉所取代（Hajek et al.，2015）。

Georgiev 等（2013）为研究从美国引进的舞毒蛾噬虫霉与本土的舞毒蛾寄蝇的相互作用，从保加利亚的舞毒蛾噬虫霉释放区及其自然扩散区共采集 4375 头舞毒蛾幼虫，经检查后发现寄蝇寄生率为 0～48.5%，平均为 9.2%，被寄生的舞毒蛾死于老龄幼虫期和蛹期。在室内饲养期间，在 4375 头舞毒蛾幼虫或蛹中发现 401 头寄蝇幼虫或蛹，其中 347 头死于蛹期，死亡率为 86.5%，在死亡的寄蝇蛹内部组织中未发现舞毒蛾噬虫霉休眠孢子，但在 186 头（53.6%）蛹的表面发现了休眠孢子；仅 54 头寄蝇幼虫或蛹成功羽化为成虫。寄蝇的高死亡率可能是在同一寄主内与虫霉在发育过程中竞争的结果。

（2）与捕食性昆虫天敌的关系

异色瓢虫和七星瓢虫均更喜欢捕食未被新蚜虫疠霉侵染的豌豆蚜，但这种偏爱程度取决于瓢虫种类及其产地。异色瓢虫捕食的被新蚜虫疠霉侵染的豌豆蚜明显多于七星瓢虫。因为异色瓢虫在英国属于外来入侵种，所以可能对蚜虫重要的天敌微生物新蚜虫疠霉的发生和存续造成不良影响（Roy et al.，2010）。在室内 18℃和 RH=90%的条件下，在较小空间尺度（0.5m×0.5m×1m）内，当七星瓢虫和新蚜虫疠霉共存时，被新蚜虫疠霉侵染的豌豆蚜数量比新蚜虫疠霉单独存在时增多，而且被侵染蚜虫在豌豆植株内分布更广（Baverstock et al.，2009），即七星瓢虫不但提高了新蚜虫疠霉对豌豆蚜的侵染率，而且有助于新蚜虫疠霉在环境中的传播扩散。尽管如此，豌豆蚜种群数量并未明显减少，这表明在七星瓢虫存在的情况下，新蚜虫疠霉属于功能冗余。觅食的七星瓢虫成虫能促进新蚜虫疠霉从被侵染的蚜虫尸体向无翅荨麻小无网蚜、矢车菊指管蚜 *Uroleucon jaceae* 和豌豆蚜的传播，使新蚜虫疠霉对这 3 种蚜虫的侵染率增加了 7%～30%。在荨麻、矢车菊、蚕豆或百脉根上觅食的七星瓢虫成虫，可将新蚜虫疠霉分生孢子转运到蚕豆植株上的豌豆蚜中，造成 2%～13%的蚜虫被侵染（Ekesi et al.，2005）。

尽管弗雷生新接霉不能直接侵染七星瓢虫，但对其生长发育具有显著的负面影响。当七星瓢虫取食被弗雷生新接霉侵染的蚜虫后，七星瓢虫的发育时间显著延长，2～4 龄幼虫的死亡率显著增加，体长显著减小，产卵量显著降低（Simelane et al.，2008）。

阿里波近盲走螨与木薯单爪螨新接霉这 2 种天敌被从巴西引进贝宁防治木薯单爪螨，现已共同定植于木薯田中。Agboton 等（2013）研究了这 2 种天敌的相互作用及它们可能对木薯单爪螨生物防治造成的影响。室外（温室）研究结果显示，与阿里波近盲走螨单独处理相比，2 种天敌同时处理时木薯单爪螨防治效果明显降低，虽然仅比木薯单爪螨新接霉单独处理略低，但与此同时这 2 种天敌种群数量明显减少。室内实验显示，阿里波近盲走螨更喜欢捕食被木薯单爪螨新接霉侵染的木薯单爪螨，但捕食后，阿里波近盲走螨的产卵率和生存时间都明显低于捕食健康的木薯单爪螨的阿里波近盲走螨，由此可以解释野外实验中阿里波近盲走螨数量下降及 2 种天敌同时处理时防治效果显著下降的原因。

（3）与昆虫病毒的相互作用

LdNPV 是北美舞毒蛾种群的重要自然控制因子。1989 年，舞毒蛾噬虫霉在北美洲首次被发现，之后很快遍及美国东部的舞毒蛾分布区，与 LdNPV 共存（Hajek，1999）。被舞毒蛾噬虫霉侵染的舞毒蛾幼虫通常在 4～7d 内死亡（Hajek et al.，1993；Hajek and Shimazu，1996），而被 LdNPV 侵染的幼虫约 14d 后死亡。人们担心舞毒蛾噬虫霉可能会影响 LdNPV 对舞毒蛾的自然控制作用。在野外舞毒蛾种群中，有时会出现舞毒蛾噬虫霉和 LdNPV 并发侵染。室内研究表明，同时接种舞毒蛾噬虫霉和 LdNPV 并使温度保持在 20℃，大部分幼虫在 5～7d 内死亡，尸体上仅形成舞毒蛾噬虫霉分生孢子，未形成 LdNPV 包涵体病毒。未被舞毒蛾噬虫霉致死的幼虫在 14d 内死于 LdNPV 侵染。舞毒蛾噬虫霉可以杀死已经被 LdNPV 侵染的幼虫，这是因为虫霉比病毒致死舞毒蛾速度快（Malakar et al.，1999a，1999b）。

Malakar 等（1999b）通过模型模拟发现，当舞毒蛾幼虫处于中等密度时，舞毒蛾噬虫霉对 LdNPV 引起的幼虫死亡率没有显著影响。这是因为舞毒蛾噬虫霉引起的幼虫死亡率只有在较老龄幼虫存在时，才达到最高水平。

以往的研究基本认为 LdNPV 是舞毒蛾种群区域性崩溃的主要因子。然而在美国大

西洋中部地区的研究发现，在所有 57 个样地中均检测到舞毒蛾噬虫霉，且其在 50%以上的样地的侵染死亡率超过 50%，而 LdNPV 的检出率为 38.6%，平均侵染率为 6.3%，且在每个样地的检出率都低于舞毒蛾噬虫霉。在舞毒蛾虫灾经常暴发的美国大西洋中部地区，舞毒蛾噬虫霉已经取代 LdNPV，成为高密度寄主种群主要的致死因子。这项研究首次提供了在舞毒蛾虫灾暴发期间舞毒蛾噬虫霉为优势昆虫天敌的有力空间证据（Hajek et al.，2015；Hajek and Nouhuys，2016）。

（4）与昆虫病原细菌的关系

苏云金芽孢杆菌 *Bacillus thuringiensis* kurstaki 亚种（Btk）广泛应用于舞毒蛾防治。Mott 和 Smitley（2000）评估了空中喷洒 Btk 对舞毒蛾噬虫霉侵染率的影响。结果表明，1997 年在对照区舞毒蛾噬虫霉的侵染率（61%）为 Btk 处理区（33%）的 1.85 倍，但不同处理区后期舞毒蛾卵块密度和寄主植物失叶率无明显差异，这表明 Btk 处理在季初和舞毒蛾噬虫霉在季末导致的舞毒蛾幼虫减少量相当。1998 年，对照区舞毒蛾噬虫霉侵染率依然高于 Btk 处理区，但与 1997 年相比，干燥的天气条件抑制了所有实验区的虫霉活性，因此 Btk 处理区的舞毒蛾最终产卵量比对照区减少 89%。

1.3.5 共生细菌对虫霉的影响

共生微生物对昆虫的重要性日益被人们所认知，但有关共生细菌对虫霉影响的研究较少。Scarborough 等（2005）将 5 个品系的豌豆蚜暴露于新蚜虫疠霉后发现，具有兼性内共生细菌 *Regiella insecticola* 的蚜虫的存活率显著高于不具有共生细菌的蚜虫。兼性内共生细菌 *Regiella insecticola* 对新蚜虫疠霉致死的豌豆蚜产孢有影响，即兼性内共生细菌的存在，降低了新蚜虫疠霉致死的豌豆蚜产孢个体比例。Lukasik 等（2013）的研究表明，在供试的豌豆蚜 5 种远缘兼性共生细菌中，*Regiella*、立克次氏体属 *Rickettsia*、立克次氏小体属 *Rickettsiella* 和螺原体属 *Spiroplasma* 4 属细菌可以用于保护暴露于新蚜虫疠霉的豌豆蚜，它们既能降低豌豆蚜死亡率，还能减少蚜尸上新蚜虫疠霉的产孢量，以保护附近基因相同的蚜虫。杀雄菌属 *Arsenophonus* 是大豆蚜 *Aphis glycines* 的兼性内共生细菌，它对新蚜虫疠霉没有明显的防御作用（Wulff et al.，2013）。

1.3.6 寄主植物对虫霉的影响

Wekesa 等（2011）研究了番茄叶螨和二斑叶螨的寄主植物对佛罗里达新接霉的影响。结果显示，在辣椒、茄子和番茄上，佛罗里达新接霉毛梗分生孢子对番茄叶螨体表的附着、被侵染叶螨体内的菌丝段和侵染死亡率均明显较高。番茄上的番茄叶螨僵尸化程度最高，而番茄和茄子上的番茄叶螨尸体产孢量多于樱桃番茄、少花龙葵和胡椒上的叶螨产孢量。将佛罗里达新接霉侵染的番茄叶螨从 5 株其他茄科寄主植物中切换到番茄上，对佛罗里达新接霉的表现影响不显著。对于二斑叶螨，当综合考虑所有评价指标时，佛罗里达新接霉在草莓和刀豆上的表现更好，并且在草莓上佛罗里达新接霉初生分生孢子产量最高。这表明佛罗里达新接霉的表现因寄主而异，这可能是影响佛罗里达新接霉流行病发生的重要因素。

用5种不同树种（红槲栎、红枫、美洲山杨、日本落叶松和北美乔松）的树叶，饲喂舞毒蛾幼虫，然后接种舞毒蛾噬虫霉，结果显示在所有树种中幼虫死亡率相当，这表明不同寄主植物对舞毒蛾噬虫霉没有明显的抑制作用（Hajek et al.，1995b）。关于植物化学物质对虫霉在蚜虫种群中传播的影响的研究较少。Duetting 等（2003）的研究表明，豌豆叶上的蜡质会影响新蚜虫疠霉对豌豆蚜的侵染，蜡质水平低的豌豆上会有更多的蚜虫被侵染。寄主植物蜡质似乎会影响孢子侵染能力或孢子在植物表面的存活。

Ferrari 等（2004）研究发现，在不同寄主植物上饲养的蚜虫品系对新蚜虫疠霉的敏感性不同。在红车轴草 *Trifolium pratense* 上饲养的豌豆蚜对新蚜虫疠霉有很强的抗性，而在大百脉根 *Lotus uliginosus* 上饲养的豌豆蚜对新蚜虫疠霉更敏感（Ferrari and Godfray，2003）。他们认为，蚜虫对新蚜虫疠霉的敏感性差异可能与蚜虫体内存在的共生细菌有关。这些细菌在来自不同寄主植物的蚜虫品系中存在差异，携带一种细菌的蚜虫对新蚜虫疠霉更有抵抗力（Ferrari et al.，2004）。

1.3.7 虫霉—害虫—植物的相互影响

大量的证据表明，当植物遭到植食性动物的攻击时会释放出挥发性物质，这些挥发性物质会影响植食性动物的天敌效能。Hountondji 等（2005）研究发现，健康木薯叶片的挥发性物质会抑制木薯单爪螨新接霉2种巴西菌株的产孢，而遭受木薯单爪螨危害后木薯释放出的挥发性物质则会促进其产孢。这些相反的作用表明，虫霉会调节孢子产量，以响应植食性动物诱导的表示虫霉寄主存在的植物信号（Hountondji，2008）。水杨酸甲酯是一种普遍存在的植食性动物诱导的植物挥发性物质，也是被叶螨危害的木薯所释放的一种植物挥发性物质。Hountondji 等（2006）证实，水杨酸甲酯可促进木薯单爪螨新接霉产孢，但它可能不是唯一的因素，它的作用因菌株而不同。

1.3.8 温度对虫霉生长发育及毒力的影响

（1）温度对虫霉生长发育的影响

Filotas 和 Hajek（2007）的研究表明，枯叶蛾虫瘴霉的绝大多数菌株在5～30℃时均可生长，且在5～25℃时随着温度的升高而生长速度逐渐加快，但到27℃时生长开始停滞或减缓，至30℃时几乎不再生长，其菌丝生长适宜温度为20～27℃。根虫瘟霉和布伦克虫疠霉菌丝在20℃和25℃时生长快，并且根虫瘟霉的生长速度快于布伦克虫疠霉，但在30℃时，2种虫霉菌丝生长速度显著下降，不及20℃和25℃时生长速度的1/2。在每种虫霉的不同地理来源的菌株之间，菌丝生长速度存在差异，但最适生长温度与菌株地理来源无相关性（Guzmán-Franco et al.，2008）。冠耳霉热带菌株在26～29℃时的生长速度比在温带地区时更快，这表明应用这些类型的虫霉菌株进行害虫防治时，气候条件的匹配是很重要的（Papierok and Ziat，1993）。有时菌株的原产地和其热耐受性并不完全相关（Fargues et al.，1997）。在持续暴露于30℃的条件下，舞毒蛾噬虫霉分生孢

子不能形成孢子梗，而被侵染舞毒蛾体内的原生质体对高温有较强的抵抗力，在30℃下暴露48h，依然有30%的尸体中的舞毒蛾噬虫霉可以完成发育（Hajek et al.，1990）。

（2）温度对虫霉产孢的影响

Wekesa 等（2010）的研究表明，在恒温条件下，13～25℃时佛罗里达新接霉3个菌株的产孢量都逐渐增加，25～33℃时所有菌株产孢量急剧下降，并且阿根廷 Vipos 菌株比巴西 Recife 菌株和 Piracicaba 菌株产孢量多，其最适产孢温度为25℃。原来推测阿根廷 Vipos 菌株在较低温度下的表现会更好，而来自巴西更温暖地区的菌株在较高温度下的表现会更好，然而在所有温度下，Vipos 菌株产孢量均优于 Recife 菌株和 Piracicaba 菌株。

室内研究表明，2～25℃时舞毒蛾噬虫霉均可产孢，20～25℃时其产孢率最高。在20℃时，50%的尸体于寄主死亡后17h内产孢（Hajek et al.，1990）。被舞毒蛾噬虫霉侵染的舞毒蛾幼虫，产生休眠孢子和分生孢子的尸体比例也受温度的影响，随着温度的升高，产生休眠孢子的尸体比例增加（Hajek and Shimazu，1996）。徐梦晨等（2015）的研究也表明，温度显著影响暗孢耳霉休眠孢子的形成，温度越高，其形成概率越大。

研究发现心步甲虫疫霉流行病可以在日间温度2～14℃、夜间温度-12～-2℃的低温条件下发生（Keller and Hülsewig，2018）。

（3）温度对虫霉孢子萌发的影响

在5～30℃时，枯叶蛾虫瘴霉供试菌株均可萌发，但在5℃时萌发速率极低，48h萌发率<5%，在10～25℃时孢子萌发率随着温度的升高而提高，最适萌发温度为20～25℃。不同菌株生长速率的差异似乎与菌株地理来源无关，而孢子萌发对温度的反应似乎与地理来源有关（Filotas and Hajek，2007）。在13～29℃时，佛罗里达新接霉3个菌株的萌发率都在增加，高于29℃时萌发率骤降为0，这表明最佳萌发温度为29℃。来自阿根廷北部的 Vipos 菌株比来自巴西东南部的 Piracicaba 菌株和东北部的 Recife 的菌株萌发率都高，其最适萌发温度为29℃（Wekesa et al.，2010）。在2～25℃时，舞毒蛾噬虫霉分生孢子都可以萌发，在20～25℃时萌发率最高，在暴露于30℃条件下24h后孢子萌发率很低（12.7%），而暴露时间如果不超过6h，则萌发率可达85%以上（Hajek et al.，1990）。

（4）温度对虫霉毒力的影响

从小菜蛾幼虫中分离的2个根虫瘟霉菌株（NW386和NW250）的毒力都随温度的升高而增强，但菌株间存在明显的差异。NW250菌株在27℃时毒力最强，而NW386菌株在22℃时毒力最强（Morales-Vidal et al.，2013）。在10～28℃时，暗孢耳霉对桃蚜的毒力随温度升高而增强（徐梦晨等，2015）。Wekesa 等（2010）的研究表明，经佛罗里达新接霉阿根廷 Vipos 菌株处理的番茄叶螨，在29℃恒温条件下平均生存时间最短（3.16d），而 Piracicaba 菌株的平均生存时间最长（3.47d）。在变温条件下，当昼夜温差从8℃（13～21℃）增加到10℃（23～33℃）、16℃（13～29℃）时，番茄叶螨的侵染死亡率增加，而在最低温差4℃（13～17℃）和最高温差20℃（13～33℃）时其死亡率都低。Sieger 等（2008）发现，当温度为 15～25℃时，舞毒蛾噬虫霉侵染率较高。野外研究表明，温度与野外采集的幼虫死亡率呈显著的负相关（James et al.，2014）。

在晴天，白天最高温度只要升高 2℃，就能使被蝗噬虫霉侵染的臭腹腺蝗 *Zonocerus variegatus* 从疾病中恢复，形成有效的群体免疫。在美国牧场蝗虫的疾病动态研究中也发现了类似的现象。这种相对微小而现实的温度变化可以显著改变易感性水平，并不罕见或仅限于蝗虫-真菌系统。例如，蝇虫霉对蝇、舞毒蛾噬虫霉对舞毒蛾幼虫、根虫瘟霉对马铃薯叶蝉和新蚜虫疠霉对豌豆蚜等的毒力均表现出较强的热效应，且不受传播和萌发因素的影响（Thomas and Blanford，2003）。

1.3.9 湿度对虫霉生长发育的影响

虫霉的生长、萌发和产孢通常需要较高的湿度。这可能是由空气中的相对湿度提供的，或者在某些情况下是由蒸腾叶片周围的边界层中较高的相对湿度提供的。虫霉在其寄主体内产生孢子依赖于湿度。

湿度对虫霉产孢具有显著的影响，当 RH<90%时，蚜虫瘟霉 *Zoophthora aphidis*（=*Entomophthora aphidis*）和暗孢耳霉产孢几乎完全被抑制（Wilding，1969）。Delalibera 等（2006）的实验表明，在 RH=96%条件下，木薯单爪螨新接霉 14 个菌株产孢量变化很大，即使是来自巴西半干旱地区的菌株，也很少产生分生孢子；在 RH=100%条件下，菌株产孢量显著增加，但不同的巴西菌株在 6h、9h 和 12h 时产孢量存在显著差异，从 6h 的平均（57±4）个增加到 12h 的平均（509±37）个，产孢量最少的菌株（BIN21）的产孢量仅为产孢量最多的菌株（BIN1）的产孢量的 45.7%。这表明在选择新接霉属虫霉作为生防菌株时，应考虑菌株间产孢量的差异。

舞毒蛾噬虫霉分生孢子的产生和释放、空气中孢子密度、休眠孢子萌发、侵染率等都与湿度或降水量正相关（Hajek，1999）。RH 为 95%～100%的条件有利于舞毒蛾噬虫霉产生和释放孢子，而在 RH=70%条件下其孢子产生有限，在 RH=50%条件下其很少有孢子产生和释放。即使在 RH=100%条件下，舞毒蛾噬虫霉孢子萌发率也仅为 2.4%，分生孢子萌发需要自由水（Hajek et al.，1990）。野外研究表明，舞毒蛾噬虫霉对舞毒蛾幼虫侵染率与湿度、降水量显著正相关（Reilly et al.，2014）。在美国大西洋中部地区的研究发现，降水量显著影响舞毒蛾噬虫霉在舞毒蛾种群中的发生和流行。在 4～6 月舞毒蛾幼虫活跃时节，降水量通常与舞毒蛾噬虫霉侵染率呈正相关，但在 3 月舞毒蛾卵孵化前呈负相关（Hajek et al.，2015）。但 Elkinton 等（2019）的野外研究发现，舞毒蛾噬虫霉引起的舞毒蛾幼虫周死亡率与前一周分生孢子沉降呈正相关，与降水量和湿度的相关性不显著。他们推测或许过多的雨水冲洗掉了空气中、树叶或幼虫体表上的分生孢子。

1.3.10 温湿度对虫霉产孢和萌发的影响

Thiago 等（2018）为了寻找佛罗里达新接霉初生分生孢子和毛梗分生孢子形成的最佳温度、相对湿度和时间的组合，在离体叶片和半野外实验（温室）条件下进行了实验。

实验结果表明，在离体叶片实验中，在 13～25℃时初生分生孢子产量和毛梗分生孢子形成比例与温度及相对湿度呈正相关，在 25℃、RH=95%、12h 时，初生分生孢子产量最高。在 20℃、RH=100%、12h 时，毛梗分生孢子形成比例最高。相对于初生分生孢子，相对湿度对毛梗分生孢子形成的影响更大，RH<85%时，任何温度下均不产孢。在半野外实验（温室）中，佛罗里达新接霉产孢率与 RH>90%和温度高于 21℃的时数呈正相关。要达到 90%以上的产孢率，需要满足温度 21℃以上 10h、RH>90% 6h 的条件，或者温度 21℃以上 6h、RH>90% 15h 的条件。在室内载玻片上进行的产孢研究表明，RH>95%和温度在 13～25℃，对新接霉属虫霉的繁殖至关重要（Delalibera et al.，2006；Brown and Hasibuan，1995；Wekesa et al.，2010）。

1.3.11 光照对虫霉生长发育的影响

光照对虫霉孢子的形成、萌发和侵染能力等方面都有影响。在 12D∶12L 和 24D 条件下，佛罗里达新接霉的初生分生孢子和毛梗分生孢子产孢量相当，这表明在黑暗的前 12h 该菌几乎释放出了所有的孢子；而在 24L 条件下，毛梗分生孢子形成比例显著降低，显示出光照对毛梗分生孢子形成的影响比对初生分生孢子形成的影响大（Castro et al.，2013）。Steinkraus 等（1996）发现被弗雷生新接霉侵染的棉蚜死亡和初生分生孢子的释放具有日周期性：大部分被侵染的蚜虫在 20～23 时死亡，棉田空气中初生孢子数量在 1～5 时达到峰值。Klingen 等（2016）发现佛罗里达新接霉初生分生孢子的释放受光质影响，红光处理时孢子释放峰值出现在红光时段（19～23 时）和黑暗时段（23 时至次日 7 时），而白光处理时孢子释放峰值主要出现在夜间（23 时至次日 7 时）。佛罗里达新接霉在 24D 条件下 6h 的萌发率为 44.9%，显著高于 24L 条件下的 20.3%（Oduor et al.，1996）。光照对灯蛾噬虫霉的分生孢子萌发形式有显著影响，在黑暗条件下分生孢子形成芽管，而在光照条件下则形成次生分生孢子（青木襄児，1998）。将暴露于新蚜虫疠霉分生孢子后的豌豆蚜置于黑暗中，发现蚜虫比在光照下更易被侵染。Milner 等（1984）发现，被新蚜虫疠霉、近藤虫疠霉和普朗肯虫霉等侵染的豌豆蚜的死亡均具有与光周期相关的周期性，大多数死亡发生在光周期。在黑暗条件下的分生孢子萌发快，而在持续光照下的分生孢子萌发慢：在 20℃黑暗条件下 3.4h 萌发率可达 50%，而在光照下则需要 9.0h 才可使萌发率达到 50%（Hajek et al.，1990）。

1.3.12 pH 值对虫霉生长发育的影响

根虫瘟霉在 20℃、pH 为 3～10 条件下可形成毛梗分生孢子，且在 pH=5 和 pH=6 时毛梗分生孢子形成率达到 98%；而在 32℃时，在 pH 为 4～9 条件下才可形成毛梗分生孢子，且在 pH=5 和 pH=6 时只有 40%～50%的初生分生孢子形成毛梗分生孢子。在 32℃、pH=8 时，初生分生孢子芽管形成率最高，为 17%（Roermund et al.，1984）。

在 pH 为 5～8 条件下，锥孢虫疫霉的球形次生分生孢子均可萌发和产孢，但最适 pH 为 7.5～8.0（Nadeau et al.，1995）。蝗噬虫霉休眠孢子在 pH 为 6～8 时萌发率最高

（Valovage and Kosaraju，1992）。

1.3.13 化学农药对虫霉生长发育、侵染及流行病的影响

（1）化学农药对虫霉生长发育的影响

室内研究表明，在用于草莓田的 12 种农药（2 种杀螨剂、9 种杀菌剂和 1 种杀虫剂）中，即使以推荐使用浓度的 1/2 进行处理，杀菌剂硫黄和嘧菌环胺+咯菌腈也会完全抑制佛罗里达新接霉的产孢和孢子萌发。在以推荐使用浓度 1/2 的杀菌剂氟啶胺进行处理时，会严重影响佛罗里达新接霉产孢和孢子萌发；在以推荐使用浓度进行处理时则完全抑制该菌产孢。杀菌剂戊唑醇、杀虫剂甲氰菊酯和阿维菌素对佛罗里达新接霉的抑制作用不明显。在用于大豆田的 6 种杀菌剂中，除氟环唑和环丙唑醇外，其余 4 种杀菌剂（嘧菌酯、嘧菌酯+环丙唑醇、吡唑醚菌酯+氟环唑、肟菌酯+戊唑醇）都完全抑制佛罗里达新接霉产孢和孢子萌发。在用于大豆田的 3 种杀虫剂中，氯菊酯对佛罗里达新接霉产孢和孢子萌发无任何影响，而高效氯氟氰菊酯和溴氰菊酯对佛罗里达新接霉产孢和孢子萌发有显著的抑制作用。以硫黄、嘧菌环胺+咯菌腈、嘧菌酯、嘧菌酯+环丙唑醇、肟菌酯+戊唑醇和吡唑醚菌酯+氟环唑为活性成分的杀菌剂会对佛罗里达新接霉造成严重不良影响（Castro et al.，2016）。

Dara 和 Hountondji（2001）的室内测试表明，50mg/kg、100mg/kg、200mg/kg 和 500mg/kg 吡虫啉水分散剂都显著地降低了佛罗里达新接霉的孢子萌发率和毛梗分生孢子的形成率。

在番茄生产中使用的农药及其施用方法对佛罗里达新接霉初生分生孢子萌发具有显著影响。在盖玻片浸渍法测试中，克螨特和代森锰锌能完全抑制佛罗里达新接霉孢子萌发，在喷施法中代森锰锌也完全抑制孢子萌发，喷施克螨特时，孢子萌发率仅为 7.0%±2.0%。在这 2 种施用方法中，与对照组相比，高效氯氟氰菊酯和克菌丹降低了孢子萌发率。灭多威是唯一浸渍或喷施均不影响孢子萌发的农药。对佛罗里达新接霉侵染致死的番茄叶螨尸体，用高效氯氟氰菊酯、灭多威、阿维菌素和克螨特浸渍处理，在处理液浓度为推荐使用浓度的 1/2 时，对尸体产孢无显著影响，但按推荐使用浓度处理时，尸体产孢量降低；而克菌丹和代森锰锌在这 2 种处理浓度下均显著降低了尸体产孢量。在喷施法处理中，灭多威、高效氯氟氰菊酯、克螨特和阿维菌素在这 2 种浓度下均对尸体产孢量无显著影响，而代森锰锌和克菌丹均使尸体产孢量减少（Wekesa et al.，2008）。

（2）化学农药对虫霉侵染效果的影响

Latteur 和 Jansen（2002）在室内进行了 20 种杀菌剂对新蚜虫疠霉分生孢子侵染活性的影响研究。结果表明：4 种杀菌剂（多菌灵、醚菌酯、氟苯嘧啶醇和甲基硫菌灵）使孢子侵染活性降低了不到 25%，对该虫霉基本无害；丙环唑毒性稍强，使孢子侵染活性降低了 37%；11 种杀菌剂使孢子侵染活性降低了 50%～100%，这些杀菌剂按毒性从弱到强排序依次是粉唑醇、咪鲜胺、氟环唑、异菌脲、己唑醇、三唑醇、嘧菌酯、环唑醇、嘧菌环胺、氟硅唑和十三吗啉；百菌清、丁苯吗啉、螺环菌胺和戊唑醇 4 种杀菌剂

对孢子侵染活性具有 100%抑制作用。从杀菌剂类型来看，苯并咪唑类杀菌剂对新蚜虫疠霉的毒性最小，吗啉类杀菌剂对该菌毒性最大，三唑类杀菌剂和甲氧基丙烯酸酯类杀菌剂的毒性变化较大（三唑类杀菌剂可使该菌的孢子侵染活性降低 37%～100%，甲氧基氨基丙烯酸类杀菌剂可使该菌的孢子侵染力降低 17%～68%）。

Leonard 等（2000）在野外研究了吡虫啉、百菌清 4 种处理方式对棉蚜和弗雷生新接霉种群动态的影响，具体包括：①每周施用吡虫啉；②每周施用百菌清；③当蚜虫密度超过 30 头/叶时施用吡虫啉；④不处理（对照）。4 种处理的棉蚜密度仅在 1997 年差异显著；1996～1998 年，百菌清处理的蚜虫密度均高于其他处理，其弗雷生新接霉的侵染率经常最高。与其他处理相比，百菌清处理延迟了弗雷生新接霉流行病的发生时间约 1 周，这使棉蚜暂时逃脱虫霉的控制，并持续增加密度，直到弗雷生新接霉流行病的密度依存效应压倒蚜虫种群。在施用吡虫啉时，弗雷生新接霉似乎可以在田间持续存在，并且造成最初蚜虫密度的衰减。

杀菌剂在草莓种植中被广泛使用，因为已知杀菌剂比杀虫剂、杀螨剂和除草剂对昆虫和螨类虫霉副作用更大。Klingen 和 Westrum（2007）对草莓田常用的几种杀菌剂（对甲抑菌灵、环酰菌胺、嘧菌环胺+咯菌腈）及 1 种杀螨剂（灭虫威）对佛罗里达新接霉的影响进行了室内研究，结果表明，与对照组（80.0%）相比，对甲抑菌灵未降低接种佛罗里达新接霉的二斑叶螨死亡率（89.3%），灭虫威不仅没有降低二斑叶螨死亡率，还提高了二斑叶螨死亡率（93.2%），而环酰菌胺、嘧菌环胺+咯菌腈都降低了二斑叶螨的死亡率（66.7%、48.7%）。与对照组相比，嘧菌环胺+咯菌腈可延长接种螨的死亡时间，抑制佛罗里达新接霉的产孢量。对甲抑菌灵减少了佛罗里达新接霉的产孢量（15.5%）。如果在田间施用这些杀菌剂，则可能会降低佛罗里达新接霉的存活率和侵染效果。与对照组相比，施用苯并噻二唑、克菌丹、氧氯化亚铜、多杀菌素和噻虫嗪的保护地，会延迟佛罗里达新接霉的发生，并降低其侵染率。对于番茄生产中使用的灭多威和克菌丹，无论施用浓度如何，用叶盘浸渍法测试的佛罗里达新接霉对番茄叶螨的侵染致死率都低于喷雾法，这表明农药施用方法对佛罗里达新接霉侵染率有影响。在推荐使用浓度下，与对照组相比，叶盘浸渍法明显地降低了佛罗里达新接霉对番茄叶螨的侵染致死率，而喷施法则对该侵染致死率无影响（Wekesa et al.，2008）。

Koch 等（2010）在野外研究了防治大豆锈病的杀菌剂对大豆蚜虫虫霉（新蚜虫疠霉和块状耳霉）流行病的影响，发现经杀菌剂（吡唑醚菌酯+戊唑醇、嘧菌酯+丙环唑、肟菌酯+丙环唑、百菌清）处理的大豆蚜虫虫霉平均侵染率为 2.0%±0.7%，而未经处理的大豆蚜虫虫霉平均侵染率为 14.2%±5.6%；研究还发现，吡唑醚菌酯+戊唑醇混合处理显著降低了新蚜虫疠霉的侵染率峰值和累积侵染率，这表明用于防治大豆锈病的杀菌剂混合处理可能对这种蚜虫专性病原真菌产生不利影响。

在美国明尼苏达大学农业试验场，蚜虫数量在喷洒甲霜灵+代森锰锌、敌菌丹或代森锰锌的马铃薯田中最多，在喷洒苯莱特、三苯基氢氧化锡、百菌清或氢氧化铜的马铃薯田中最少。在田间采集的蚜虫中，新蚜虫疠霉和普朗肯虫霉是引起蚜虫虫霉流行病的主要病原，其侵染率分别为66.7%和22.3%，此外暗孢耳霉的侵染率为8.5%。室内研究显示，甲霜灵+代森锰锌、代森锰锌和敌菌丹对孢子萌发的抑制作用较强，氢氧化铜对孢子萌发的抑制作用处于中等水平，百菌清对孢子萌发的抑制作用较小。三苯基氢氧化锡、苯莱特、甲霜灵+代森锰锌和代森锰锌对菌丝生长抑制作用较强，氢氧化铜对菌丝生长抑制作用处于中等水平，百菌清对菌丝生长抑制作用最小。随着马铃薯晚疫病病原菌致病疫霉抗药性的增强，杀菌剂使用强度不断提高，对于虫霉干扰愈加严重，会导致害虫暴发（Lagnaoui and Radcliffe，1998）。因此，在防治植物病害时，需要考虑杀菌剂对虫霉的影响，尽量选择对虫霉影响小的杀菌剂，否则会因削弱虫霉对害虫的自然控制能力而引起害虫暴发。

（3）化学农药对虫霉流行病的影响

Hostetter 等（1983）在 1 个有 3 年叶象虫瘟霉发生历史的苜蓿田中，研究了杀菌剂可杀得（77%氢氧化铜）对苜蓿叶象幼虫病原真菌叶象虫瘟霉的影响。结果表明，可杀得处理区与对照区的苜蓿叶象幼虫的病死率均为83%～98%，没有显著差异，即按推荐的使用量使用杀菌剂可杀得不会影响叶象虫瘟霉流行病。施用代森锰锌的最初几天，对桃蚜种群中的新蚜虫疠霉流行病影响不大，但在第 21d 和 41d 桃蚜病死率显著降低（Mcleod and Steinkraus，1999）。田间喷施稻瘟灵 7d 后，喷药组飞虱虫疠霉对叶蝉的侵染率较对照区低，而喷施 21d 后两区的飞虱虫疠霉侵染率差异不显著，但在喷药区黑尾叶蝉 *Nephotettix cincticeps* 的种群密度一直高于对照区（松田武彦，1999）。

1.3.14 蚜虫虫霉群落的年际演替

青木襄児（1998）对东京农工大学农学部附属农场的蚜虫及其虫霉群落进行了调查，发现农场中有桃蚜、茄粗额蚜 *Aulacorthum solani*、甘蓝蚜 *Brevicoryne brassicae* 和棉蚜等 13 种蚜虫，同时有暗孢耳霉、普朗肯虫霉、新蚜虫疠霉、根虫瘟霉和弗雷生新接霉 5 种虫霉。其中，新蚜虫疠霉寄主范围最广，可侵染桃蚜、茄粗额蚜和甘蓝蚜等 10 种蚜虫；其次是普朗肯虫霉，可侵染桃蚜、茄粗额蚜和甘蓝蚜等 7 种蚜虫；再次是暗孢耳霉，可侵染桃蚜、茄粗额蚜、禾谷缢管蚜和麦长须蚜 4 种蚜虫；最后是根虫瘟霉和弗雷生新接霉，可侵染桃蚜、茄粗额蚜或麦长须蚜 2～3 种蚜虫。5 种虫霉侵染桃蚜，4 种虫霉侵染茄粗额蚜和麦长须蚜，2 种虫霉侵染甘蓝蚜和禾谷缢管蚜，萝卜蚜、玉米蚜和棉蚜等 6 种蚜虫只被 1 种虫霉侵染。每年的 5～7 月，寄主蚜虫的虫口密度和虫霉侵染率均高，8 月蚜虫的虫口密度和虫霉侵染率骤降，至 10 月两者再度上升，12 月至次年 1 月两者又骤降，寄主仅零星可见，2～3 月寄主消失，虫霉也随之消失。调查还发现，进入 11 月，在桃蚜尸体内可见根虫瘟霉休眠孢子形成，但其他虫霉未见形成，应该是以菌丝段的形式在寄主尸体内越冬。另外，研究发现普朗肯虫霉 7 月即在茄粗额蚜尸体内形成休眠孢子，因为其寄主仅在 6～7 月存在，8 月即消失，所以普朗肯虫霉以此度过 8 月的酷暑，在 10 月以后开始侵染桃蚜和麦长须蚜。农场中侵染蚜虫的虫霉每年都是通过适当地更换寄主种类来延续群落。

1.4 虫霉在害虫防治中的应用

利用昆虫病原微生物进行害虫生物防治的方法包括经典生物防治（classic biological control）、保护性生物防治（conservation biological control）和增强性生物防治（augmentative biological control）。因为目前尚未有商业化的虫霉杀虫剂，采用增强性生物防治还面临不少困难和挑战，所以利用虫霉进行害虫生物防治的成功案例多属于经典生物防治范畴，但近年来保护性生物防治为人们所关注（Ekesi et al.，2005；Pell et al.，2010）。

1.4.1 森林害虫防治

利用舞毒蛾噬虫霉防治舞毒蛾是生物防治的成功范例之一。舞毒蛾噬虫霉偶然被从日本引入美国后，于 1989 年被发现在美国西南部的康涅狄格州的舞毒蛾种群中引起舞毒蛾噬虫霉流行病。次年，舞毒蛾噬虫霉在美国东北部 10 个州及安大略省被发现（Elkinton et al.，1991），到 1992 年已蔓延至美国东北部舞毒蛾连续分布区的大部分地区，在舞毒蛾种群中引发了引人注目的流行病，成为针对舞毒蛾种群的一个重要自然控制因子。1991～1992 年，在尚未发现舞毒蛾噬虫霉的美国马里兰州、宾夕法尼亚州和弗吉尼亚州，释放了含有舞毒蛾噬虫霉休眠孢子的土壤（每个处理区释放 6.0×10^5 个休眠孢子）。1991 年，在 34 个休眠孢子释放区中，有 28 个区发现舞毒蛾噬虫霉侵染，其中 6 个区侵染率>40%，在释放休眠孢子后每周浇水的处理区，侵染率更高；在 15 个对照区中有 4 个区发现低水平侵染。1992 年，在 41 个释放区中有 40 个区及大多数对照区发生舞毒蛾噬虫霉侵染。1992 年，释放区平均侵染率为 72.4%，并造成舞毒蛾卵块密度下降。1992 年，再次从 1991 年释放区取样后发现，1991 年侵染率较高的区，1992 年侵染率也较高，在 1991 年的 28 个释放区中，有 24 个发生了舞毒蛾噬虫霉流行病（侵染率>70%）（Hajek et al.，1996）。随着舞毒蛾继续在北美洲传播，舞毒蛾噬虫霉已经扩散到靠近传播边缘的低密度种群（Hajek and Tobin，2011）。在较北部的一些舞毒蛾发生区，舞毒蛾噬虫霉每年都发生，因此这些地区的舞毒蛾自 1992 年以来从未暴发成灾，舞毒蛾噬虫霉似乎已取代 LdNPV 成为舞毒蛾种群的主要自然控制因子。尽管舞毒蛾在大西洋中部地区仍有周期性暴发，但自该菌定植以来，舞毒蛾暴发引起的损害和暴发持续时间均已减少。目前，通过引进舞毒蛾噬虫霉休眠孢子防治舞毒蛾是最简便易行的方法。

保加利亚共和国于 1999 年从美国引进舞毒蛾噬虫霉对舞毒蛾进行生物防治，并于 2005 年首次在舞毒蛾种群中发现了舞毒蛾噬虫霉流行病。2008～2011 年，在该国舞毒蛾发生严重的栎树林（失叶率高于 70%）中，对舞毒蛾噬虫霉进行了 6 次引进，使舞毒蛾种群密度降低了 55%～100%，抑制了舞毒蛾的暴发（Georgiev et al.，2013）。通过 15 年的持续监测发现，该菌已经在 22 个国有林和/或狩猎区的许多地方出现。舞毒蛾噬虫霉流行病分别于 2005 年、2010 年和 2011 年在邻近国家出现，进一步加剧了传播，至

2013年年末，它的传播范围扩展到了整个巴尔干半岛，该菌现在已经成功定植于塞尔维亚、北马其顿、希腊、土耳其、克罗地亚等国家。舞毒蛾噬虫霉对舞毒蛾的种群产生了巨大的影响，能够在有利的气候条件下抑制舞毒蛾暴发，并使害虫种群密度保持在低水平（Pilarska et al.，2016）。

1.4.2 草原及牧场害虫防治

利用蝗噬虫霉防治蝗虫最早可以追溯到1896年。1900～1902年，在美国24个州及菲律宾群岛和古巴可能共进行了223次蝗噬虫霉释放。虽然目前对当时的蝗噬虫霉释放尚不完全清楚，但可以肯定的是，蝗噬虫霉复合种中的1个可能已经在北美洲的大部分地区被释放（Carruthers et al.，1997）。1989～1991年，美国从澳大利亚引进了蝗噬虫霉致病型3型用于防治蝗虫，在北达科他州麦肯齐县相距约17km的A和B两个地点释放了体内注射蝗噬虫霉致病型3型原生质体的异黑蝗 *Melanoplus differentialis*。利用致病型特异性DNA探针来确定1992～1994年在释放点收集的侵染蝗虫的蝗噬虫霉。1992年，在2个释放点有23%的黑蝗亚科 Melanoplinae、斑翅蝗亚科 Oedipodinae 和大足蝗亚科 Gomphocerinae 蝗虫被蝗噬虫霉致病型3型侵染，在距离释放点1km以上的地方未见该菌侵染。1993年，蝗噬虫霉致病型3型侵染率下降到1.7%。1994年，蝗虫的种群数量很低，没有发现蝗噬虫霉致病型3型侵染，蝗噬虫霉致病型3型侵染率已经下降到攸关该菌在北美洲能否长期存在的水平（Bidochka et al.，1996）。

为了防治苜蓿上的三叶草彩斑蚜 *Therioaphis trifolii*，澳大利亚从以色列引进1株根虫瘟霉，在1979年应用3种释放方法（释放根虫瘟霉侵染的活虫、释放被根虫瘟霉侵染死亡的蚜尸、释放根虫瘟霉培养物）在4个地点进行了实验性释放，通过喷雾或在苜蓿上方罩上大塑料箱以保障虫霉侵染所需的湿度。尽管实验期间没有降雨，但5周内在释放点观察到了根虫瘟霉侵染，在距1个释放点100m处观察到了虫霉侵染。休眠孢子的形成可以确保虫霉在季节间的存续。三叶草彩斑蚜不再是一个重要的害虫，一个原因是虫霉的释放，另一个原因是寄生蜂的引进和大规模释放（Shah and Pell，2003）。

1.4.3 农业害虫防治

（1）防治棉蚜

1994年8月和1995年8月，研究人员在美国加利福尼亚州圣华金河谷利用弗雷生新接霉对棉蚜进行了经典的生物防治。采用2种方法释放弗雷生新接霉：被侵染死亡的棉蚜干尸和经室内接种毛梗分生孢子的棉蚜。这2种方法都成功地将弗雷生新接霉引入了美国加利福尼亚州的棉蚜种群，但释放被侵染死亡的棉蚜干尸对棉蚜侵染率较高。弗雷生新接霉在蚜虫种群中持续传播至1994年10月初和1995年9月下旬。在1994年释放被侵染死亡的棉蚜干尸，最高平均侵染率为14%，达到了即将发生流行病（12%～15%）的水平（Steinkraus et al.，2002）。在美国东南部棉田进行的保护性生物防治获得了成功，弗雷生新接霉在未使用广谱性杀虫剂的棉田棉蚜种群中引起流行病，使棉蚜种群数量降低到经济允许水平以下（Steinkraus et al.，2007）。

（2）防治木薯单爪螨

在巴西，木薯单爪螨新接霉是木薯单爪螨的天敌之一。1999 年 1 月，该菌被引入西非贝宁，用于木薯单爪螨的生物防治野外实验。在该国阿乔虹区释放接种了木薯单爪螨新接霉的木薯单爪螨。释放后 48 周的监测显示，巴西菌株最高侵染率可达 36.5%，平均为 2.3%～18.7%（Delalibera，2008；Hountondji et al.，2002）。聚合酶链式反应（polymerase chain reaction，PCR）检测表明，这些从巴西引入的木薯单爪螨新接霉在贝宁成功定植，对木薯单爪螨的平均侵染率为 28%，而贝宁本地菌株对木薯单爪螨的平均侵染率仅为 5.3%，这表明巴西菌株具有较高的生防潜力（Agboton et al.，2011）。

（3）防治小菜蛾

淹没式释放（submerged release）虫霉防治小菜蛾的早期尝试是 Kelsey（1965）在新西兰开展的。在新西兰十字花科蔬菜田喷洒含有打碎的被根虫瘟霉侵染的小菜蛾幼虫尸体的溶液，取得了良好效果，且每季只喷洒一次即可（Kelsey，1965）。

在野外实验中，小菜蛾经根虫瘟霉处理后，在 8d、13d、15d、18d 取样，发现根虫瘟霉对小菜蛾的侵染致死率为 36%～68%，20d 后笼中剩余的小菜蛾的侵染致死率为 38%～55%，这显示出该菌对小菜蛾的生防潜力（Pell and Wilding，1994）。

Batta 等（2011）研制的油包水型根虫瘟霉生防菌剂对小菜蛾 3 龄幼虫的侵染致死率高达 85%，LC_{50}（致死中浓度）为 3.5×10^4 个分生孢子/mL，而相同浓度（1.0×10^7 个分生孢子/mL）的未制剂的根虫瘟霉对其的侵染致死率为 57.5%，LC_{50} 为 4.8×10^6 个分生孢子/mL，两者的 LC_{50} 相差 100 多倍。在 25℃储存 4 周后，根虫瘟霉生防菌剂的孢子活力降低不超过 3%，而未制剂的根虫瘟霉则完全失活。学者们评估了人工合成或雌蛾释放的性信息素引诱雄蛾进入经根虫瘟霉处理的诱捕器的潜力（Furlong et al.，1995；Pell et al.，1993）。雄蛾只在黄昏和黎明之间（性信息素自然释放的时间）进入含有未交配过的雌蛾的诱捕器，而全天都会进入含有合成信息素的诱捕器。雄蛾进入诱捕器后的平均停留时间为 88s，在此期间，它们被致死剂量的根虫瘟霉侵染，并将其传播给同类。在随后的研究中，获得了这种传播方式的证据（Vickers et al.，2004）。

（4）防治水稻害虫

用 1×10^7 个分生孢子/mL 根虫瘟霉孢子浓度处理稻纵卷叶螟 3 龄幼虫，7d 后幼虫侵染致死率为 48.9%，10d 后幼虫侵染致死率为 68.9%，LT_{50} 为 8.1d（Ambethgar et al.，2007）。2012～2016 年，在野外评估了棉叶蝉巴科霉对白大叶蝉 *Cofana spectra* 的生防潜力。结果表明，该虫霉可显著降低稻田和苗圃中的白大叶蝉的种群数量，有望成为其生防菌剂（Baiswar and Firake，2021）。

1.4.4 茶树害虫防治

在云南茶区，根虫瘟霉侵染茶小贯小绿叶蝉的成虫和若虫，其流行病发生于 5～12 月，高峰期为 7 月。1974 年 8 月中下旬，在云南勐海茶叶科研所试验区释放染病茶小贯小绿叶蝉成虫（60头/667m^2），15d后侵染率达到39.2%，总虫口密度比释放前下降59.6%，这表明该菌对茶小贯小绿叶蝉具有显著的控制作用（臧穆和罗亨文，1976）。

1.4.5　食用菌害虫防治

1983年，在美国加利福尼亚州北部的一个小型菇厂，在室内用高山虫瘴霉的孢子悬液或即将产孢的菌体处理蘑菇培养料中的苹果厉眼蕈蚊 *Lycoriella mali* 幼虫和成虫，可使幼虫病死率达到84%～85%，但对成虫侵染效果较差。在田间实验中，将苹果厉眼蕈蚊成虫暴露于被侵染致死成虫的孢子浴中，观察到了一定的死亡现象，但似乎对苹果厉眼蕈蚊成虫种群控制作用不大（Betterley 和陈荣，1992）。1988年，在福建省南平市大横乡的2个蘑菇房中，将被伊萨卡虫瘴霉侵染致死的黄足菌蚊虫尸引入菇蚊种群，2周后菇蚊侵染率约15%，成功诱发了流行病。如果对菇蚊主要栖息场所（如地板、菇架边和天花板等）进行重点喷水，那么12d后侵染率可提高到59%，防控效果显著（Huang et al.，1992）。

1.4.6　卫生害虫防治

1）防治家蝇。Geden 等（1993）对释放蝇虫霉侵染死亡的新鲜家蝇尸体和采用孢子浴法接种活家蝇这2种方法引发纽约奶牛场家蝇蝇虫霉流行病的效果进行了评价。结果表明，这2种释放方法在纽约奶牛场家蝇种群中引发的侵染率为23%～28%，是对照奶牛场（12%）的2倍。这2种方法在家蝇种群密度大的奶牛场比在家蝇种群密度小的奶牛场更有效，但这 2 种释放方法都没有显著减少奶牛场的家蝇种群数量。Kuramoto 和 Shimazu（1997）在日本茨城县家禽试验场开展了利用蝇虫霉防治家蝇的野外实验，实验中分别向禽舍内释放接种蝇虫霉原生质体的家蝇和新鲜产孢的家蝇尸体。释放的接种蝇虫霉原生质体的家蝇于7d内死亡。18d后禽舍内家蝇出现侵染死亡高峰，33d后侵染致死率超过90%。在释放新鲜产孢的家蝇尸体6d后，禽舍内家蝇开始出现侵染死亡，20d后侵染率约为90%。

2）防治蚊虫。虫霉是自然界中最常见、最重要的蚊虫病原真菌，对蚊虫具有显著的控制作用，但有关利用虫霉防治蚊虫的室内外实验非常少，而且多是在20世纪70～90年代开展的（Scholte et al.，2004）。1966年，在马铃薯窖中释放破坏虫霉 *Entomophthora destruens* 防治尖音库蚊 *Culex pipiens*，在释放虫霉后的8年内，侵染率为5%～38%，这可能是目前唯一已知的虫霉防治蚊虫的野外实验（Cuebas-Incle，1992）。利用虫霉防治蚊虫的室内实验也不多。例如，Kramer（1983）开展了库蚊虫霉侵染斯氏按蚊 *Anopheles stephensi* 和尖音库蚊的实验，发现侵染率分别为100%和20%；Cuebas-Incle（1992）用从野外采集的被锥孢虫疫霉侵染的幽蚊科 Chaoboridae、大蚊科 Tipulidae 和摇蚊科 Chironomidae 成蚊尸体，在室内（15℃、12L：12D）侵染埃及伊蚊 *Aedes aegypti*，发现侵染率为 24%，被侵染的埃及伊蚊可以引发再侵染，但再侵染率<12%；接种大孢耳霉 *Conidiobolus macrosporus* 24h 后埃及伊蚊开始染病死亡，3d 后侵染致死率达到 100%

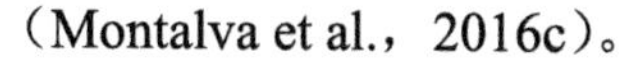
（Montalva et al.，2016c）。

在韶关市，堆集噬虫霉流行病（图 1.72）发生迅猛，对致倦库蚊种群控制效果显著。我们可以收集野外染病蚊尸，释放到广东省内各类蚊虫滋生的水体，防治致倦库蚊等蚊虫，也可以尝试给大规模饲养的致倦库蚊或白纹伊蚊 *Aedes albopictus* 接种堆集噬虫霉，然后将其释放到野外，使其传播并侵染野外蚊虫。如果成功，则可持续控制蚊虫，这种方式既经济又安全。

1.5 虫霉的分类与鉴定

1.5.1 虫霉的分类

经典真菌分类学一直将虫霉这一真菌类群置于接合菌门 Zygomycota 接合菌纲 Zygomycetes 虫霉目 Entomophthorales。Humber 于 1989 年提出的 6 科 21 属虫霉目分类系统得到了比较广泛的认可。但后来基于对核糖体 RNA（ribosomal RNA，rRNA）、tef1 和 rpb1 的分析显示，接合菌门是多系类群（James，2006；Tanabe，2004，2005）。通过多国科学家的合作，Hibbett 等（2007）基于当时的真菌分子系统学研究成果，提出了新的真菌分类系统。与以前的分类系统相比，该分类系统在分类上最显著的变化在于对传统上属于壶菌门 Chytridiomycota 和接合菌门真菌的处理，其中将传统上属于接合菌门的真菌归于球囊菌门 Glomeromycota 和 4 个地位未定的亚门：毛霉亚门 Mucoromycotina、虫霉亚门 Entomophthoromycotina、梳霉亚门 Kickxellomycotina 和捕虫霉亚门 Zoopagomycotina，即将传统上属于接合菌门虫霉目的真菌放置在虫霉亚门，但未指定属于哪个门。此外，原来被归入接合菌纲虫霉目的蛙粪霉属 *Basidiobolus*，在该分类系统未被包括在任何高阶分类单元中，其分类地位待定。

由 Gryganskyi 等（2012，2013）开展的一系列虫霉类群的系统发育研究，比以往的研究包括了更多的基因和更广泛的虫霉种类，证实了 James 等（2006）的发现，即虫霉真菌是一个单系类群，该类群包括蛙粪霉科 Basidiobolaceae 蛙粪霉属。将虫霉真菌的传统分类特征（核型、有丝分裂特征和初生分生孢子形态特征等）和系统发育分析结果合理地结合在一起，发现它们与其他真菌完全不同，并可能在所有非鞭毛真菌中占据最基础的位置。因此，Humber（2012）将 Hibbett 等（2007）提出的分类系统中的虫霉亚门提升为虫霉门，包括 3 纲 3 目 6 科，但其中拟虫疫霉属 *Eryniopsis* 和干尸霉属 *Tarichium* 分类地位未定（表 1.1）。

表 1.1 Humber（2012）虫霉门分类系统

纲	目	科	属
蛙粪霉纲 Basidiobolomycetes	蛙粪霉目 Basidiobolales	蛙粪霉科 Basidiobolaceae	蛙粪霉属 *Basidiobolus*
新接霉纲 Neozygitomycetes	新接霉目 Neozygitales	新接霉科 Neozygitaceae	嗜无翅虫霉属 *Apterivorax*
			新接霉属 *Neozygites*
			撒孢霉属 *Thaxterosporium*
虫霉纲 Entomophthoromycetes	虫霉目 Entomophthorales	新月霉科 Ancylistaceae	新月霉属 *Ancylistes*
			耳霉属 *Conidiobolus*
			缓步霉属 *Macrobiotophthora*
		蕨霉科 Completoriaceae	蕨霉属 *Completoria*
		虫霉科 Entomophthoraceae	巴科霉属 *Batkoa*
			噬虫霉属 *Entomophaga*
			虫霉属 *Entomophthora*
			虫疫霉属 *Erynia*
			拟虫疫霉属 *Eryniopsis*
			虫瘴霉属 *Furia*
			团孢霉属 *Massospora*
			直霉属 *Orthomyces*
			虫疠霉属 *Pandora*
			斯魏霉属 *Strongwellsea*
			虫瘟霉属 *Zoophthora*
		顶裂霉科 Meristacraceae	顶裂霉属 *Meristacrum*
			虻霉属 *Tabanomyces*
			干尸霉属 *Tarichium*

Spatafora 等（2016）利用全基因组系统发育分析，提出了 1 个包括 2 门 6 亚门 4 纲 16 目的新的接合菌分类系统。该系统创建一个新的门即捕虫霉门，包括虫霉亚门、梳霉亚门和捕虫霉亚门，其中虫霉亚门保留了 Humber（2012）虫霉门分类系统中的 3 个纲。

1.5.2 虫霉的鉴定

随着分子生物学技术的发展，真菌分子系统发育研究日益普及，为真菌分类和系统发育研究带来了革命性的变化。目前，真菌分类普遍采用形态学特征加分子证据的方法。但许多虫霉很难采集和/或难于体外培养，有时可能很难满足分子鉴定的需要，因此传统的基于形态学特征的鉴定方法还是十分重要的，具有稳定性和可靠性。例如，Gryganski（2012，2013）利用 14 属 63 种虫霉的多基因序列（rRNA、rpb2 和 mtssu）研究了虫霉亚门的分子系统发育过程。结果表明，从分子数据推断的谱系与基于传统分类学特征的分类相一致。关于虫霉鉴定方法详见 Keller（2007b）的专著。

因为很多虫霉具有寄主专化性，如团孢霉属虫霉只侵染蝉、突破虫霉只侵染盲蝽科昆虫、侵染蝇类的斯魏霉属具有高度的寄主专化性（Eilenberg and Jensen，2018），所以虫霉寄主的分类地位是虫霉鉴定的参考依据之一。

有些虫霉，如斯魏霉属侵染的蝇类寄主腹部会形成一个小孔，这一独特的症状有助于对斯魏霉属虫霉的鉴定。

历史上只发现休眠孢子的 40 多种虫霉都被置于干尸霉属中，但这只是依据其休眠孢子形态特征进行的分类，没有反映它们的系统发育关系。分子生物学技术是确立该属真菌正确分类地位的最有力手段。例如，利用休眠孢子的 DNA 将一种侵染大蚊 *Tipula submaculata* 的虫霉描述为新种，即独立虫瘟霉 *Zoophthora independentia*，而 1942 年描述的侵染美国田纳西州大蚊 *Tipula colei* 的波特莱干尸霉 *Tarichium porteri* 被转移到虫瘟霉属中，这表明使用分子生物学技术可以帮助我们确定一个外形属干尸虫霉属的已经被描述的物种和一个只有休眠孢子可用的新物种的系统发育关系（Hajek et al.，2016）。

1.6 虫霉的采集与观察

1.6.1 虫霉的采集

（1）根据生境采集

虫霉的生境包括森林、草原、农田、公园、行道树、绿篱及河流、溪流、池塘等水体，尤其多见于林缘、农林接合部及农家周围。虫霉常发生于温湿季节，但在亚热带地区基本可以周年发生。稻田中最常见的虫霉为突破虫霉（图 1.76 和图 1.77）、飞虱虫疠霉（图 1.78 和图 1.79）、根虫瘟霉（图 1.80 和图 1.81）和大孢巴科霉（图 1.82）等虫霉，有时还可见棉叶蝉巴科霉（图 1.83）（贾春生，2011b，2011c；贾春生和洪波，2012）。在蔬菜田中最常见的是侵染蚜虫的新蚜虫疠霉（图 1.84 和图 1.85）、普朗肯虫霉等，其次是暗孢耳霉和弗雷生新接霉（李增智，2000；李宏科和康霄文，1989），有时也会见到侵染小菜蛾的根虫瘟霉（图 1.86 和图 1.87）和布伦克虫疠霉（图 1.88）。在森林中常见的是灯蛾噬虫霉、蝗噬虫霉、蝇虫霉、库蚊虫霉、尖突巴科霉和蕈蚊虫瘴霉等，在溪流中及其岸边有时可见到墓地虫疫霉（图 1.89）和根孢虫疫霉（图 1.90）。在草原上最常见的虫霉是蝗噬虫霉。在行道树和绿篱上常见的是蝇虫霉（图 1.91）和枯叶蛾虫瘴霉（图 1.92）等。在河流两岸、池塘和水沟等小型水体及其附近常见的是库蚊虫霉（图 1.93）、摇蚊虫疫霉（图 1.94）、弯孢虫疫霉、堆集噬虫霉（图 1.95）及胶孢虫瘴霉（图 1.96），有时还可见亨里克虫疫霉（图 1.97）和墓地虫疫霉（图 1.98）。

图 1.76 稻田中被突破虫霉侵染的黑肩绿盲蝽成虫

图 1.77 稻田中被突破虫霉侵染的黑肩绿盲蝽若虫

图 1.78 稻田中被飞虱虫疠霉侵染的褐飞虱

图 1.79 稻田地面上被飞虱虫疠霉侵染的褐飞虱

图 1.80 稻田中被根虫瘟霉侵染的稻纵卷叶螟

图 1.81 稻田地面上被根虫瘟霉侵染的稻纵卷叶螟

图 1.82　稻田中被大孢巴科霉侵染的稻飞虱

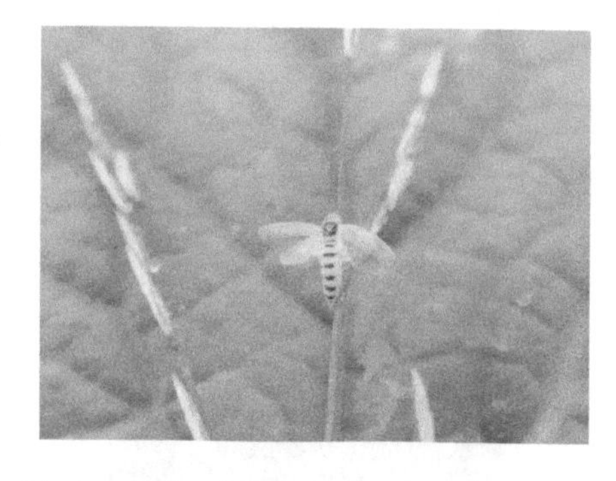

图 1.83　稻田中被棉叶蝉巴科霉侵染的叶蝉

图 1.84　白菜田中被新蚜虫疠霉侵染的桃蚜

图 1.85　萝卜田中被新蚜虫疠霉侵染的萝卜蚜

图 1.86　白菜田中被根虫瘟霉侵染的小菜蛾成虫

图 1.87　西洋菜田中被根虫瘟霉侵染的小菜蛾幼虫

图 1.88　西洋菜田中被布伦克虫疠霉侵染的小菜蛾幼虫

图 1.89　森林溪流中被墓地虫疫霉侵染的大蚊

图 1.90　森林溪流岸边被根孢虫疫霉侵染的石蛾

图 1.91 行道树小叶榕上被蝇虫霉侵染的家蝇

图 1.92 行道树大叶榕上被枯叶蛾虫瘴霉侵染的毒蛾

图 1.93 水边树叶上被库蚊虫霉侵染的摇蚊

图 1.94 水沟边被摇蚊虫疫霉侵染的摇蚊

图 1.95 水面上被堆集噬虫霉侵染的致倦库蚊

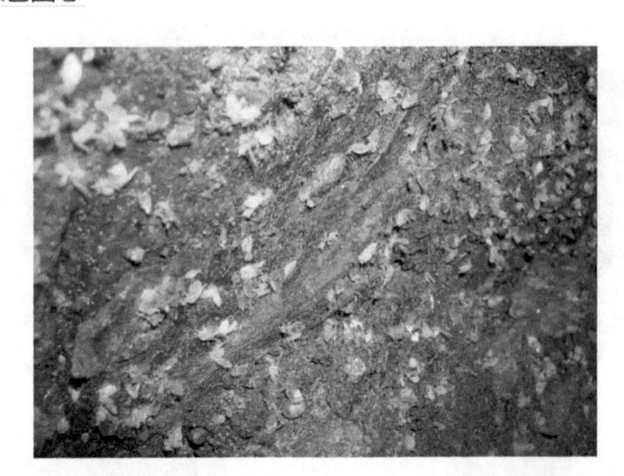

图 1.96　水沟附近被胶孢虫瘴霉侵染的蛾蚋成虫

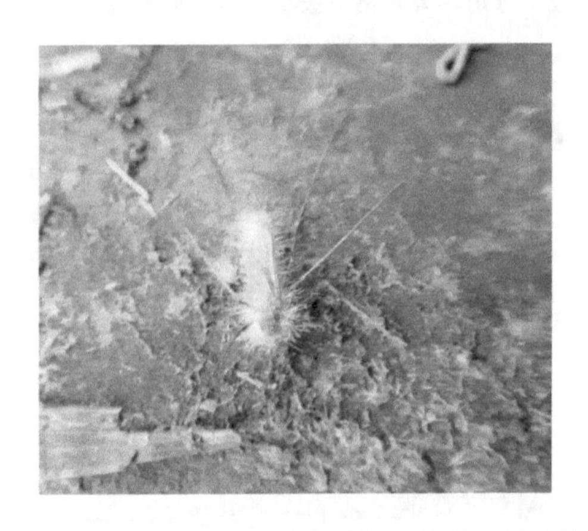

图 1.97　水沟边被亨里克虫疫霉侵染的致倦库蚊

图 1.98　水沟附近被墓地虫疫霉侵染的大蚊

（2）根据寄主采集

虫霉主要侵染同翅目、双翅目、鳞翅目、鞘翅目等昆虫及叶螨类，其中近 60%的虫霉集中于双翅目和同翅目（Keller，2007b），因此采集时可以重点关注这两个目的昆虫。可以根据虫霉侵染特征直接采集，或野外采集活虫并室内饲养获取虫霉。

（3）根据虫霉侵染特征采集

有些昆虫被虫霉侵染后会表现出一些奇怪的特征和行为。例如，一些被虫霉侵染的昆虫会爬向植物顶端而后死亡，即登高病，最典型的是被蝗噬虫霉侵染的蝗虫。被卡罗来纳拟虫疫霉 *Eryniopsis caroliniana* 侵染的欧洲大蚊 *Tipula paludosa* 有时会抱草而死。根据这一特征，即使子实体没有显现，也可以基本判断是虫霉侵染所致（Keller，1991）。被蚁虫疠霉侵染的多栉蚁死亡前会表现出登高病的症状（Małagocka et al.，2015），一些被虫霉侵染的蝇类往往也具有此特征。被斯魏霉属虫霉侵染的蝇类会在腹部形成一个小孔，而被蝉团孢霉侵染的蝉后期腹部末端可见子实体团或末端脱落（Boyce et al.，2019）。突破虫霉侵染黑肩绿盲蝽后，会在寄主的腹部形成白色杯状或盘状子实体，后期有时寄主腹部也会脱落（贾春生，2011c）。被萤拟虫疫霉侵染致死的三斑突花萤会用上颚咬住花朵，将虫体悬于空中（Steinkraus et al.，2017）。

虫霉能发射分生孢子，在其寄主周围形成白色孢子圈，这是识别虫霉侵染的重要特征之一。

（4）根据寄主专化性采集

虫霉具有很强的寄主专化性，有些种类甚至只侵染一种或同一科属的寄主，如团孢霉属只侵染蝉类、突破虫霉只侵染盲蝽科昆虫（贾春生，2011c；Ben-Ze'ev et al.，1985）、蚁虫疠霉只侵染蚁属 *Formica* 蚂蚁（Boer，2008；Małagocka et al.，2015，2017）、拟虫疫霉属常侵染大蚊科昆虫（Keller，1991；Keller and Eilenberg，1993）。被侵染寄主的分类地位对于虫霉的鉴定非常重要，因此采集虫霉时要尽可能多地获取寄主的信息，以便于鉴定寄主种类。

（5）采集方法

发现被虫霉侵染的寄主后，如果其在植物的茎叶上，可以连同植物一起采集，确保标本完整，特别是那些具有假根的种类。如果可以确保标本完整，可以只采集寄主而不附带基质。如果寄主是在树皮上的，可以用小刀带少量树皮取下。将采集的虫霉放于无菌纸袋中，然后带回实验室立即处理，防止杂菌污染。对于疑似被虫霉侵染死亡而未显现典型被侵染症状的寄主或只形成休眠孢子的寄主，可以采集回室内做保湿处理，以促使子实体形成，或解剖观察以确认体内形成的休眠孢子的种类。

需要特别说明的是，虫霉发育速度较其他虫生真菌快，因此在适宜的温度条件下，可能一场雨过后就会发生一次，如库蚊虫霉，要抓住机会采集。虫霉发生后要马上采集，最好在上午进行采集，这时虫霉侵染症状最明显。例如，被库蚊虫霉侵染的摇蚊，被绿色子实体覆盖整个虫体，如果不马上采集，几天后被侵染的虫体就会消耗殆尽。这与白僵菌和绿僵菌等其他虫生真菌的侵染完全不同，它们侵染的虫体在自然条件下可以存在很长时间。

1.6.2 虫霉的观察

对于采集回来的标本，通常要立即进行处理，一般采用孢子发射制片方法，获取初生分生孢子和次生分生孢子。对于分生孢子，可用乳酚棉蓝染色，若观察细胞核，则需要用乙酸地衣红染色。对于虫体上的假根，一般可在体视显微镜或显微镜低倍镜下观察，发现发育完好的假根后，小心用解剖针将其取下制片观察。关于孢子收集、制片和染色方法详见 Keller 和李增智的专著（Keller，2007b；李增智，2000）。

1.7 虫霉的分离

根据虫霉的产孢特性（如是否容易产孢、产生何种孢子）及所采集虫霉的发育阶段，采用不同的分离方法进行虫霉的分离。

1.7.1 通过分生孢子进行分离

通过分生孢子进行分离是虫霉分离的常用方法，但不同于肉座菌目的白僵菌属和绿僵菌属等昆虫病原真菌，对于虫霉一般不直接从产孢的尸体进行划线分离，而是采用孢子发射法进行分离。具体分离方法如下。

1）将即将产孢的尸体背部朝下，用双面胶将其附着在培养皿盖内侧（可以将蚜虫等小型昆虫直接附着于灭菌培养皿盖内侧的凝结水上），然后将其盖在无菌的培养皿底上。培养皿可以为空皿，也可以装有培养基（如 SDAY 培养基）。对于容易分离培养的种类，如根虫瘟霉、大孢巴科霉和冠耳霉等，可以使用 SDAY 培养基进行分离（贾春生，2011b；贾春生和洪波，2012）。对于即将产孢的尸体不需要进行表面消毒。如果对疑似被虫霉侵染而尚未产孢的尸体进行分离，则需要用 70%乙醇或 3%次氯酸钠对尸体表面消毒。

2）将此培养皿置于 20℃下培养，培养时间因虫霉种类而异，只要发现培养皿底或培养基表面有大量孢子降落，就可更换皿底，重新收集孢子。这个过程可重复 2～3 次，如果重复次数过多，则后面收集的孢子会越来越少，也容易造成污染。为了防止尸体上的污染物掉落，可以采用倒置培养的方法。

3）如果用没有培养基的空皿收集孢子，可用接种针挑取小块培养基粘取所收集的孢子，然后将其接种到平板培养基或斜面培养基上，置于 20℃下培养。如果用有培养基的培养皿收集孢子，在每次收集完后盖上新的皿盖，置于 20℃下培养。置于 20℃下培养时，有时杂菌生长过快，可能会完全覆盖虫霉，导致分离失败，因此为了抑制杂菌生长，可以将其置于 15℃下培养，特别是对疑似被虫霉侵染而尚未产孢的尸体进行分离时，尤其要控制培养温度。

1.7.2 通过虫体内的虫霉营养体进行分离

当难以在体外获得虫霉分生孢子时，可以利用被虫霉侵染的活虫或被虫霉侵染刚刚死亡的新鲜尸体内的菌丝段或原生质体进行分离。具体分离方法如下。

1）对于被虫霉侵染的活虫，可用 70%乙醇或 3%次氯酸钠对虫体表面消毒。对于被虫霉侵染刚刚死亡的新鲜尸体，可以不用表面消毒。

2）通过无菌操作获取活虫的血淋巴，然后接种到添加胎牛血清的 Grace 培养基中，置于 20℃下培养，通常 7～30d 可见原生质体生长。对于鳞翅目等体形较大的寄主，可以直接用微量注射器从其体腔内抽取血淋巴或剪断幼虫腹足挤出血淋巴。对于蝗虫也可以取下其后足挤出腿节内组织用于接种。对于蚜虫等小型昆虫，可以直接用解剖针或镊子在一滴培养基中压破虫体，释放血淋巴（Grundschober et al.，1998）。

3）用手术刀切开被虫霉侵染刚刚死亡的新鲜尸体表皮，取出菌丝段或已经开始分化的菌体，根据其物理状态接种到 SDAY 培养基或添加胎牛血清的 Grace 培养基中，置

于 20℃下培养。

1.7.3 通过休眠孢子进行分离

用无菌水冲洗体内形成休眠孢子的尸体后，用镊子破碎尸体，释放休眠孢子，经 2%～3%次氯酸钠表面消毒 2～3min 后将其接种到 SDAY 培养基中，置于 15～20℃下培养。

1.8 虫霉的世界分布

截至 2021 年 12 月，世界已报道的昆虫病原虫霉有 248 种（Keller，2012；Montalva et al.，2013；贾春生和洪波，2013；Hodge et al.，2017；Zhou et al.，2017；Eilenberg et al.，2020，2021）。目前尚未有世界性的昆虫病原虫霉区系研究，因此本书按世界陆地动物区系划分的 6 个区（古北区、新北区、东洋区、埃塞俄比亚区、新热带区、澳新区）以及极地来简要介绍昆虫病原虫霉的世界分布。

1.8.1 古北区

古北区包括欧洲地区、北回归线以北的阿拉伯半岛及撒哈拉沙漠以北的非洲地区、喜马拉雅山脉与秦岭山脉以北的亚洲地区，是面积最大的动物区系，其气候和植被类型非常多样。

目前，该区虫霉研究最全面和深入，报道的昆虫病原虫霉约有 170 种（Balazy，1993；Keller，2007b，2008，2012；Eilenberg et al.，2020，2021），约占世界昆虫病原虫霉的 70%，其中，仅欧洲的瑞士和波兰就分别报道了 93 种（Keller，2008，2012）和 120 种（Balazy，1993；Mietkiewski and Balazy，2003）虫霉。丹麦学者在斯魏霉属的研究上很有特色，不断发现新种（Eilenberg et al.，2020，2021）。1999～2005 年，欧洲 17 个国家的虫霉目昆虫病原真菌学者联合开展了欧洲虫霉目昆虫病原研究项目（Keller，2007b），该项目主席 Keller（2008）根据自己的研究及联合研究结果提出“欧洲中部是全球节肢动物病原虫霉物种丰富度的中心”，以及“瑞士是昆虫病原虫霉研究热点”的观点。

中国此前报道的昆虫病原虫霉有 60 种（李增智，2000；贾春生，2011c；贾春生和洪波，2013；Zhou et al.，2017），加上本书报道的 11 种，总计 71 种。

1.8.2 新北区

新北区包括墨西哥北部及其以北的北美洲。

该区虫霉研究历史悠久（Thaxter，1888），研究比较深入，虫霉种类比较丰富，至少有 55 种虫霉（Keller，2008；Hodge et al.，2017），特别是团孢霉属，如蝉团孢霉和加州团孢霉 *Massospora platypediae* 等很有特色（Soper，1963，1974）。粉虱直霉

Orthomyces aleyrodis、萤拟虫疫霉和马陆噬节肢虫霉 *Arthrophaga myriapodina*（Steinkraus et al.，1998，2017；Hodge et al.，2017）为该区特有种。Remaudiere 和 Latgé（1985）报道了 14 种墨西哥虫霉：冠耳霉、暗孢耳霉、大孢巴科霉、尖突巴科霉、蝗噬虫霉、蝇虫霉、普朗肯虫霉、双翅虫疠霉 *Pandora dipterigena*、新蚜虫疠霉、鬼笔虫瘟霉、根虫瘟霉、弗雷生新接霉、小孢新接霉、陀螺新接霉 *Neozygites turbinate*。在墨西哥奇瓦瓦沙漠（25° 15′～25° 25′ N，100° 35′～101° 0′W）分布有蝗噬虫霉、蝇虫霉、普朗肯虫霉、反吐丽蝇虫瘴霉 *Furia vomitoriae*、夜蛾虫疠霉、新蚜虫疠霉和根虫瘟霉（Sanchez-Peña，2000）。

1.8.3 东洋区

东洋区包括我国秦岭山脉以南的广大地区，以及印度半岛、中南半岛、马来半岛、斯里兰卡岛、菲律宾群岛、苏门答腊岛、爪哇岛及加里曼丹岛等地区。该区地处热带、亚热带，气候温热潮湿，植被极其茂盛，动物种类繁多。

该区以菲律宾和印度报道的虫霉最多。菲律宾报道了 22 种虫霉，除棉叶蝉巴科霉外，仅在刺桐粉虱 *Tetraleurodes acaciae* 和银合欢木虱 *Heteropsylla cubana* 上就发现了 5 个新种，即莱特虫霉 *Entomophthora leyteensis*、异木虱新接霉 *Neozygites heteropsyllae*、三角突虫瘴霉 *Furia triangularis*（= *Erynia triangularis*）、布基农噬虫霉 *Entomophaga bukidnonensis* 和菲律宾虫霉 *Entomophthora philippinensis*，但还有其余多种虫霉都未鉴定到种（Villacarlos，1997；Villacarlos et al.，2003；Villacarlos and Mejia，2004；Villacarlos，2008）。印度报道了根虫瘟霉、飞虱虫疠霉、蝗噬虫霉、灯蛾噬虫霉、蚁虫疠霉和棉叶蝉巴科霉（Ambethgar，1996，2002；Gupta et al.，2011；Kumar et al.，2011；Baiswar and Firake，2021）。

据不完全统计，该区至少报道了 25 种昆虫病原虫霉。

1.8.4 埃塞俄比亚区

埃塞俄比亚区包括撒哈拉沙漠以南的非洲大陆地区、阿拉伯半岛的南部和非洲大陆西边的许多小岛，其区系特点是区系组成具有多样性并拥有丰富的特有动物类群。

在东非肯尼亚和西非贝宁分布有佛罗里达新接霉和弗雷生新接霉（Bartkowski et al.，1988；Yaninek et al.，1996；Keller，1997）。烟孢新接霉 *Neozygites fumosa* 分布于非洲中西部的刚果共和国（Keller，1997），同时从巴西引进防治木薯单爪螨的木薯单爪螨新接霉已在当地定植（Delalibera et al.，2004）。

Hatting 等（1999）报道了南非 6 种侵染蚜虫的虫霉，分别是新蚜虫疠霉、块状耳霉、暗孢耳霉、冠耳霉、普朗肯虫霉和弗雷生新接霉。

Abdel-Mallek 等（2004）报道了埃及 6 种侵染谷蚜的虫霉，分别是新蚜虫疠霉、根虫瘟霉、冠耳霉、暗孢耳霉、块状耳霉和普朗肯虫霉（Abdel-Mallek et al.，2004）。

该区的虫霉研究比较薄弱，目前仅报道了 9 种昆虫病原虫霉。

1.8.5 新热带区

新热带区包括整个南美洲、中美洲和西印度群岛，该区动物区系最具有特色，种类极其丰富。之前该区虫霉研究较少，只报道了棉红蝽巴科霉 *Batkoa dysderci*（Viégas，1939）、木薯单爪螨新接霉（Keller，1997；Delalibera et al.，2004）、耳霉 *Conidiobolus* sp.、尖突巴科霉、灯蛾噬虫霉、蝗噬虫霉、大蚊噬虫霉、蝇虫霉、双翅虫疠霉、食蚁虫疠霉 *Pandora myrmecophaga*（Méndez Sánchez，2002）。

但近年来，欧美学者从地区性虫霉研究转向世界性虫霉研究，推动了该区特别是巴西、阿根廷和智利的虫霉研究，使该区的虫霉研究取得了明显的进展。Scorsetti 等（2007）在阿根廷危害园艺作物的蚜虫中，发现了 6 种虫霉，分别是暗孢耳霉、弗雷生新接霉、新蚜虫疠霉、普朗肯虫霉、根虫瘟霉、虫瘟霉 *Zoophthora* sp.。其中，前 3 种为在南美洲首次发现的虫霉。Toledo 等（2007）在阿根廷发现了冠耳霉。在巴西的热带草原上，在一种双翅目长角亚目昆虫中发生了巴科霉 *Batkoa* sp.流行病，在一种鳞翅目昆虫中发现了一种虫疠霉 *Pandora* sp.（Nunes Rocha et al.，2009）。在阿根廷布宜诺斯艾利斯省拉普拉塔市（34° 55′49″S，57° 56′32″W）发现了努利虫疠霉 *Pandora nouryi* 侵染异叉啮 *Heterocaecilius* sp.，这是首次报道该虫霉侵染蚜虫以外的寄主（Toledo et al.，2008）。学者们在阿根廷和巴西还报道了夜蛾虫疠霉、菲氏虫霉等（Sosa-Gómez et al.，2010）。此外，在巴西还发现了大孢耳霉侵染蚊亚科 Culicinae 成虫、泡泡虫疠霉侵染家蝇（Montalva et al.，2016a，2016c）。最近，Manfrino 等（2020）报道了发生于阿根廷甘蓝蚜中的鬼笔虫瘟霉。

Montalva 等（2013）在智利发现了新接霉属的新种（即奥索尔诺新接霉 *Neozygites osornensis*）侵染柏大蚜属 *Cinara*，随后 Montalva 等（2016b）在巴西也发现了该种。Montalva 等（2014）在智利还发现了 2 种侵染蚜虫的新接霉，即弗雷生新接霉和柏大蚜新接霉 *Neozygites cinarae*。Montalva 等（2018）又报道了一种侵染杨平翅绵蚜 *Phloeomyzus passerinii* 的新接霉 *Neozygites* sp.。

目前，在新热带区总计报道了 26 种昆虫病原虫霉。

1.8.6 澳新区

澳新区包括澳大利亚、新西兰、塔斯马尼亚及其附近的太平洋岛屿。这一区系是现今动物区系中最古老的，至今还保留着很多中生代的特点。

目前，在澳大利亚已报道了 17 种虫霉，分别是暗孢耳霉、块状耳霉、蝗噬虫霉、灯蛾噬虫霉、普朗肯虫霉、蝇虫霉、新蚜虫疠霉、近藤虫疠霉、努利虫疠霉、泡泡虫疠霉、夜蛾虫疠霉、根虫瘟霉、鬼笔虫瘟霉、姬蝉团孢霉 *Massospora cicadette*、粉螨新接霉 *Neozygites acaridis*、小孢新接霉、弗雷生新接霉（Milner，1978；Milner et al.，1980，1983；Soper，1981；Milner，1985；Milner and Holdom，1986；Glare and Milner，1987）。目前，在新西兰已报道了 7 种虫霉，分别是暗孢耳霉、普朗肯虫霉、蝇虫霉、新蚜虫疠霉、鬼笔虫瘟霉、根虫瘟霉和干尸霉 *Tarchium* sp.（Hall et al.，1979；Cameron and Milner，1981；Glare et al.，1993；Barker and Baeker，1998）。

从以上各区昆虫病原虫霉分布可以看出，暗孢耳霉、冠耳霉、灯蛾噬虫霉、蝗噬虫霉、蝇虫霉、普朗肯虫霉、新蚜虫疠霉、根虫瘟霉和弗雷生新接霉 9 种虫霉为广布种，几乎在 6 区均有分布。

1.8.7 极地

1）北极。在西格陵兰岛康克鲁斯瓦格附近（66° 6′35″N，50° 22′12″W）的北极大陆苔原地带，东风夜蛾种群中发生了虫瘟霉属流行病（Avery and Post，2013）。

2）亚北极地区。在冰岛绿云杉蚜 *Elatobium abietinum* 种群中，发现了普朗肯虫霉和弗雷生新接霉（Nielsen et al.，2001）。

3）南极。Bridge 和 Worland（2004）在南极半岛西海岸外尼尔森岛（62° 14.93′S，58° 58.73′W）的南极甲螨 *Alaskozetes antarcticus* 种群中发现了新接霉，这是在南极首次发现虫霉。

4）亚南极。南印度洋亚南极地区的克罗泽群岛（46° 25′S，51° 51′E）和凯尔盖朗群岛（49° 21′S，70° 13′E），年平均温度为 4.85～5.52℃。在此地的 6 种蚜虫（茄粗额蚜、马铃薯长管蚜 *Macrosiphum euphorbiae*、冬葱瘤额蚜 *Myzus ascalonicus*、华美蚜 *Myzus ornatus*、桃蚜、禾谷缢管蚜）中发现了暗孢耳霉、普朗肯虫霉、冠耳霉、新蚜虫疠霉、鬼笔虫瘟霉和虫瘟霉 *Zoophthora* sp. 6 种虫霉，其中前 2 种虫霉出现频率最高。推测这些虫霉可能是在运输过程中随植物上生存的蚜虫传入的（Papierok et al.，2017）。

2

广东南岭虫霉种类

本书记录了在广东南岭发现的昆虫病原虫霉 3 科 10 属 43 种，其中包括 1 个新种和 11 个中国新记录种，占中国已发现的昆虫病原虫霉总数的 60.6%，占《中国真菌志 第十三卷 虫霉目》（李增智，2000）中记录的昆虫病原虫霉总数的 91.4%。

2.1 新月霉科 Ancylistaceae

2.1.1 耳霉属 *Conidiobolus*

耳霉属虫霉主要腐生于土壤、枯落物和有机残体，是重要的分解者；少数耳霉属虫霉侵染同翅目、双翅目、啮虫目和蜚蠊目昆虫及寄螨科等节肢动物，有时为温血动物或人体的病原真菌。

广东南岭至少有 3 种耳霉属虫霉，中国共有 20 种耳霉属虫霉，世界共有 40 种耳霉属虫霉。目前，认为该属中有 11 个种为昆虫病原真菌（Keller，2008），在本书中报道的 3 种均为昆虫病原真菌。

（1）冠耳霉 *Conidiobolus coronatus*

被冠耳霉侵染的长翅型白背飞虱，染病死亡的尸体头部朝上附着于水稻植株上部叶片，双翅向两侧张开。该菌子实层呈灰白色，多从寄主腹部节间膜长出，形成较明显的白环。

冠耳霉初生分生孢子无色，呈球形或近球形，大小为（50.6±5.7）μm×（47.4±3.7）μm，长径比（length to diameter ratio，L/D）为 1.1±0.1，基部乳突粗钝或较尖锐（图 2.1）；含多个细胞核；单囊壁。冠耳霉次生分生孢子与初生分生孢子同形，略小。冠耳霉微小孢子呈球形，大小为（24.7±4.6）μm×（22.1±3.4）μm，L/D 为 1.1±0.1（n=50；n 为孢子个数）。冠耳霉柔毛孢子呈球形，直径为（50.4±4.8）μm（n=50）（图 2.2）。冠耳霉菌丝段不规则，分生孢子梗不分枝，未见假囊状体和假根。

冠耳霉在 SDAY 培养基上生长速度非常快，菌落表面呈灰白色，粉状，表面具放射状皱褶，在 20℃和 30℃下培养 3d 后菌落直径分别为（5.0±0.4）cm 和（8.5±0.0）cm，当温度高于 35℃时，生长速度明显下降，到 37℃时生长几乎停止（贾春生，2011b）。冠耳霉分生孢子强力发射，常在菌落边缘附近形成许多小菌落，在培养皿盖内侧布满浓密的灰白色分生孢子层。

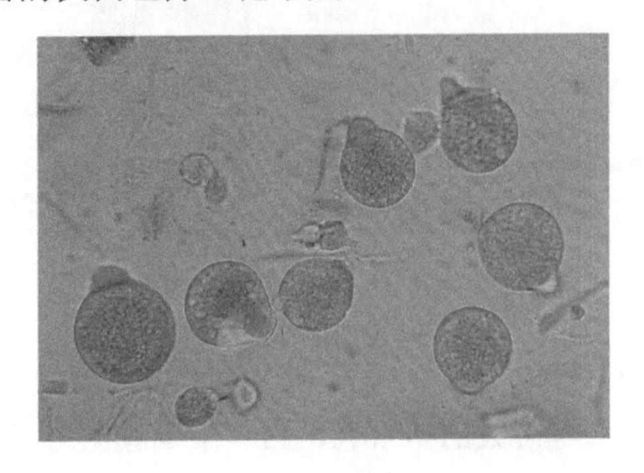

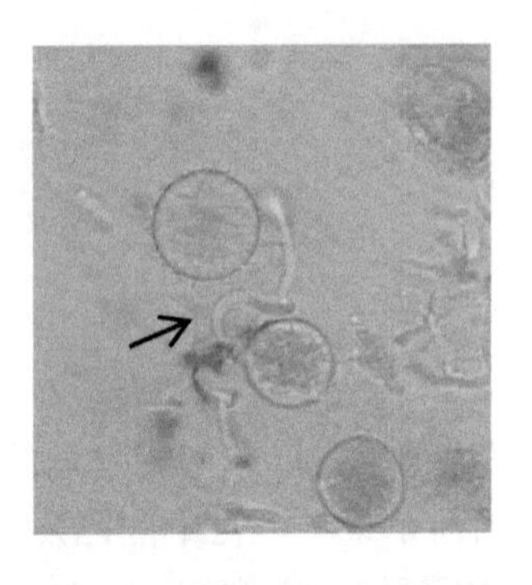

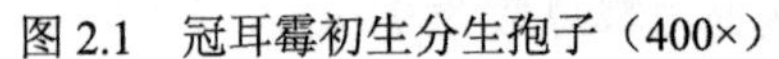

图 2.1　冠耳霉初生分生孢子（400×）

图 2.2　冠耳霉柔毛孢子（箭头所示，400×）

冠耳霉的主要寄主为白背飞虱 *Sogatella furcifera* 成虫。

该菌寄主广泛，包括同翅目（蚜亚族和沫蝉科）、鞘翅目、等翅目、膜翅目（蚁科）、双翅目（长角亚目）及多足纲（Keller，2007b），在韶关夏秋季偶尔发生于稻田中的白背飞虱种群中。该菌的一些菌株在热带和亚热带偶尔会侵染人体，引起虫霉病。

（2）暗孢耳霉 *Conidiobolus obscurus*

被暗孢耳霉侵染的桃蚜附着于白菜的叶背面，虫体覆盖着褐色的子实层（图 2.3）。

暗孢耳霉初生分生孢子呈近球形，基部乳突明显，略尖，大小为 26.2～50.4（35.5±4.3）μm×20.7～45.3（30.2±3.8）μm，L/D 为 1.2～1.3（1.2±0.2）（n=11）；含多个细胞核，直径（2.6±0.0）μm（n=10）；单囊壁（图 2.4）；初生分生孢子萌发芽管直径为 9.1μm（n=5）。暗孢耳霉次生分生孢子形似初生分生孢子，直径 22.9～38.0μm（n=2）。暗孢耳霉分生孢子梗棒状，不分枝。暗孢耳霉休眠孢子无色、光滑，呈球形，直径为 28.6～45.5（33.5±3.0）μm，壁厚 2.6～5.2（3.9±0.8）μm（n=25）（图 2.5）。

暗孢耳霉的主要寄主为桃蚜、萝卜蚜 *Lipaphis erysimi* 等蚜虫的若虫和成虫。

该菌为蚜虫的专性病原真菌，冬春季发生于菜蚜种群中。

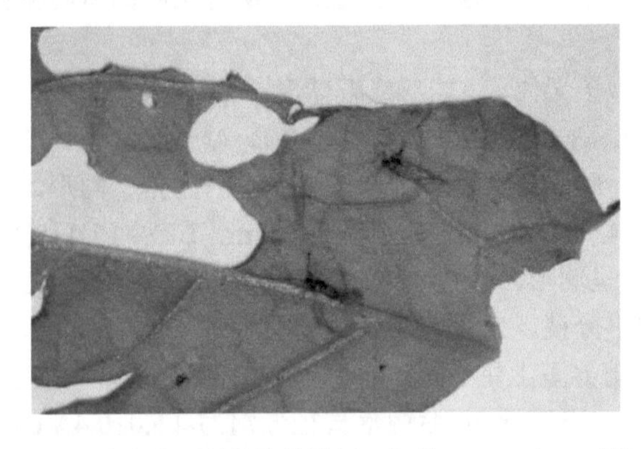

图 2.3　被暗孢耳霉侵染的桃蚜（韶关，2005 年 11 月）

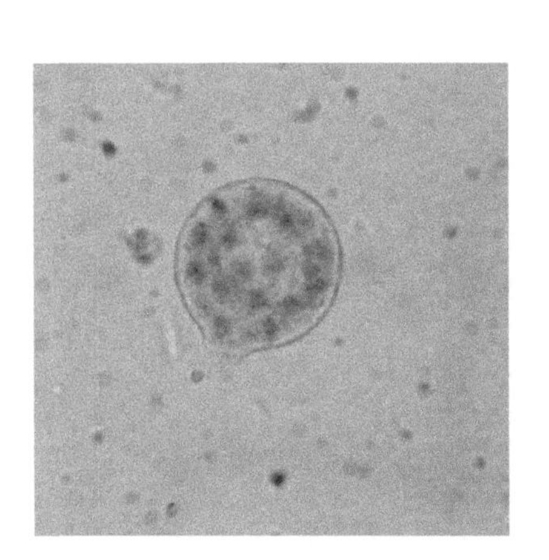

图 2.4 暗孢耳霉初生分生孢子（1000×）

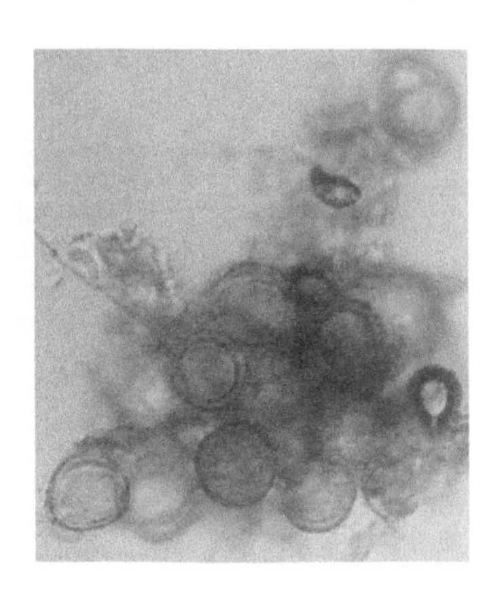

图 2.5 暗孢耳霉休眠孢子（400×）

（3）有味耳霉 *Conidiobolus osmodes*

被有味耳霉侵染的蛾蚋多头部朝下附着于潮湿的墙壁上，双翅张开，虫体表面形成比较密集的灰白色子实层（图 2.6）。

有味耳霉初生分生孢子无色，呈球形或近球形，大小为 22.4～34.6（26.2±1.6）μm×18.0～32.3（23.0±1.8）μm（n=50）（图 2.7）；含多个细胞核；单囊壁。有味耳霉次生分生孢子形似初生分生孢子，但略小。有味耳霉休眠孢子呈球形，直径为 19.5～36.2（27.0±1.7）μm（图 2.8）。有味耳霉分生孢子梗不分枝，顶端略膨大，在寄主表面形成较密集的子实层（图 2.9）。

在 25℃下，在 SDAY 培养基上培养有味耳霉 6d 后菌落直径可达 6cm，在中央的大菌落周围有一些由分生孢子发射产生的小菌落，菌落呈灰色，致密，营养菌丝无色，呈丝状（图 2.10 和图 2.11）。

有味耳霉的主要寄主为蛾蚋 *Psychoda* sp.成虫。

该菌在春季经常与胶孢虫瘴霉 *Furia gloeospora* 混合发生于蛾蚋种群中。

图 2.6 被有味耳霉侵染的蛾蚋（韶关，2010 年 5 月）

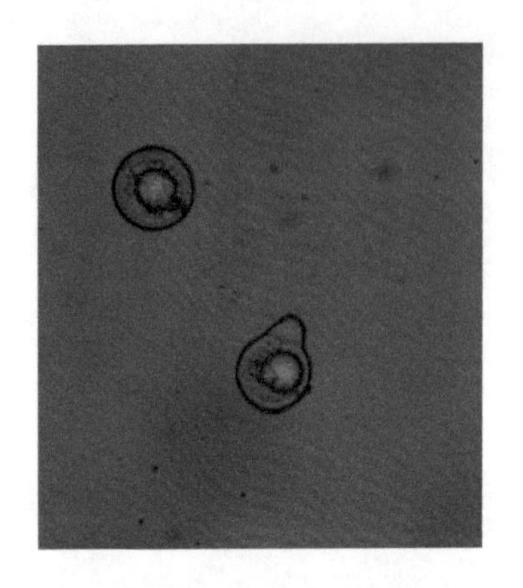

图 2.7 有味耳霉初生分生孢子（400×）

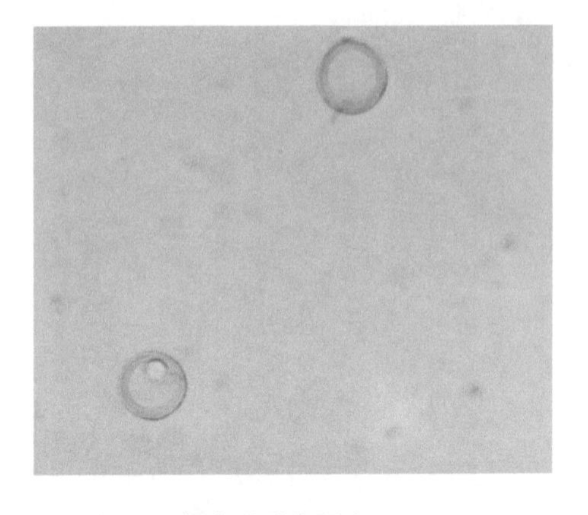

图 2.8 有味耳霉休眠孢子（400×）

图 2.9 有味耳霉分生孢子梗（200×）

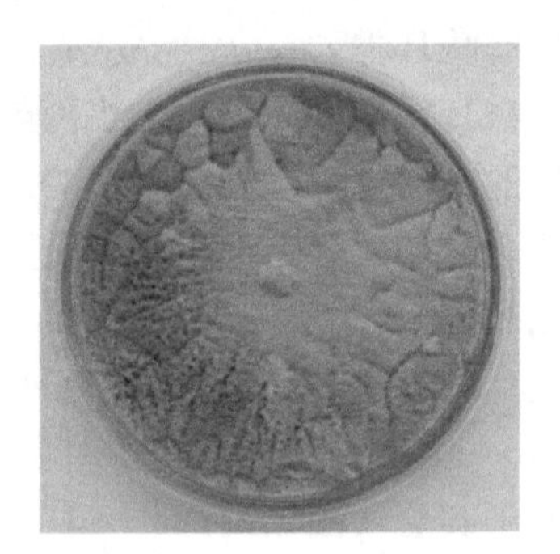

图 2.10 在 SDAY 培养基上培养的有味耳霉菌落

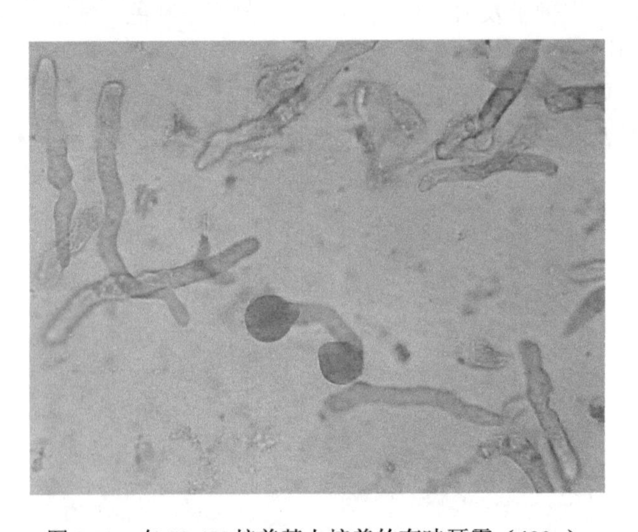

图 2.11 在 SDAY 培养基上培养的有味耳霉（400×）

2.2 虫霉科 Entomophthoraceae

2.2.1 巴科霉属 *Batkoa*

巴科霉属虫霉为昆虫的专性病原真菌，侵染双翅目、同翅目、半翅目、鳞翅目和襀翅目昆虫。

巴科霉属虫霉在广东南岭有 4 种，在中国有 4 种，在世界有 10 种。

（1）尖突巴科霉 *Batkoa apiculata*

被尖突巴科霉侵染死亡的家蝇成虫以足和喙固着于植物的叶背面，距地面约 1.8m，足和翅自然伸展，在双翅的后缘可见一些白色粉状物，腹部隐约可见部分带状子实层等被侵染的典型特征（图 2.12）。经室内保湿培养 12h 后，在家蝇头部的复眼、胸部背板四周及腹部节间膜形成明显的淡黄褐色真菌子实层，在其胸部和腹部背面及双翅的表面散落着很多黄褐色粉状物。家蝇尸体双翅较以前明显向两侧张开，喙部可见一些白色假根伸出。在一些被侵染的雌蝇体内发现卵。

尖突巴科霉初生分生孢子无色，呈球形，大小为 31.9～45.6（36.2±2.0）μm×23.9～40.3（29.3±2.5）μm，L/D 为 1.1～1.5（1.2±0.1）（n=50）；含多个细胞核（13 个以上）；单囊壁（图 2.13 和图 2.14）。尖突巴科霉次生分生孢子形似初生分生孢子，但略小，大小为 23.9～31.8（27.8±1.9）μm×19.3～26.2（24.1±1.5）μm，L/D 为 1.0～1.4（1.2±0.1）（图 2.15 和图 2.16）。尖突巴科霉分生孢子梗棒状，不分枝，直径为 11.8～18.6（14.2±1.5）μm。尖突巴科霉假根呈单菌丝状，端部分化为盘状固着器（图 2.17），未见假囊状体和休眠孢子。

尖突巴科霉的主要寄主为家蝇（贾春生，2011a）、眼蕈蚊（图 2.18～图 2.20）、水虻（图 2.21）、大头金蝇（图 2.22 和图 2.23）等双翅目昆虫成虫。

该菌在春夏季发生于森林、农田等生境，经常引起蝇类等双翅目昆虫流行病。

图 2.12　被尖突巴科霉侵染的家蝇成虫

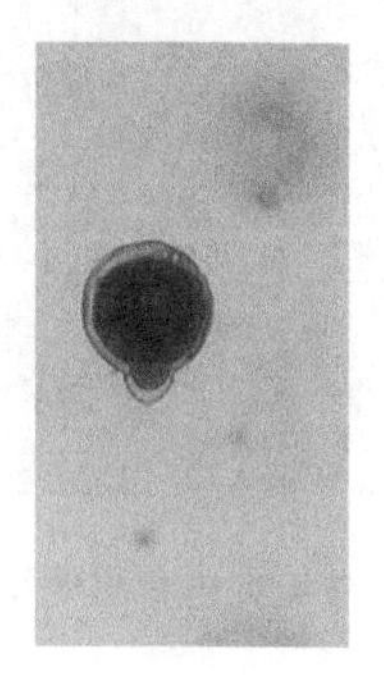

图 2.13　尖突巴科霉初生分生孢子（400×）

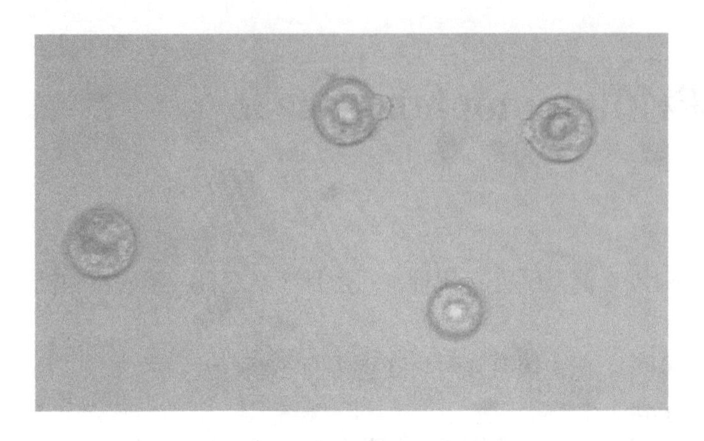

图 2.14　尖突巴科霉未染色初生分生孢子（400×）

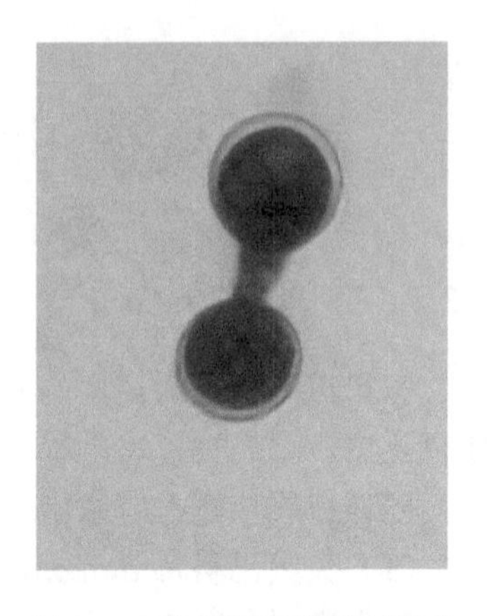

图 2.15　尖突巴科霉正在形成次生分生孢子（400×）

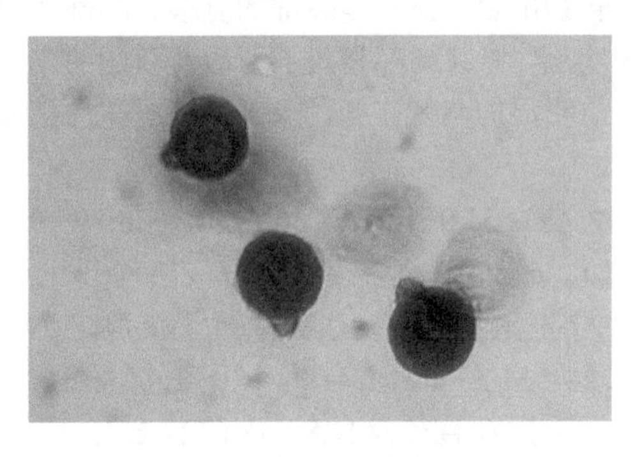

图 2.16　尖突巴科霉次生分生孢子（400×）

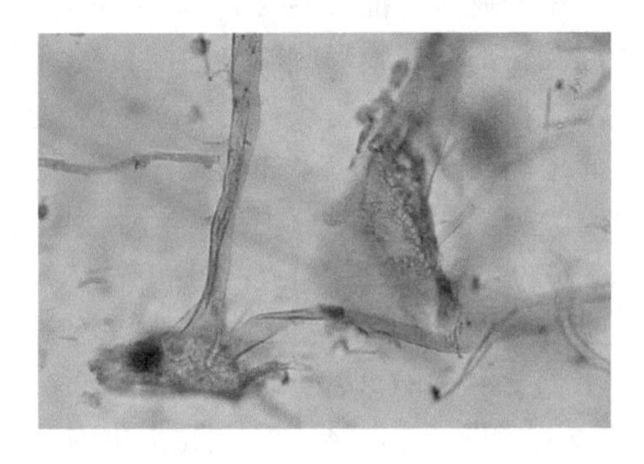

图 2.17　尖突巴科霉假根（400×）

图 2.18　被尖突巴科霉侵染的眼蕈蚊

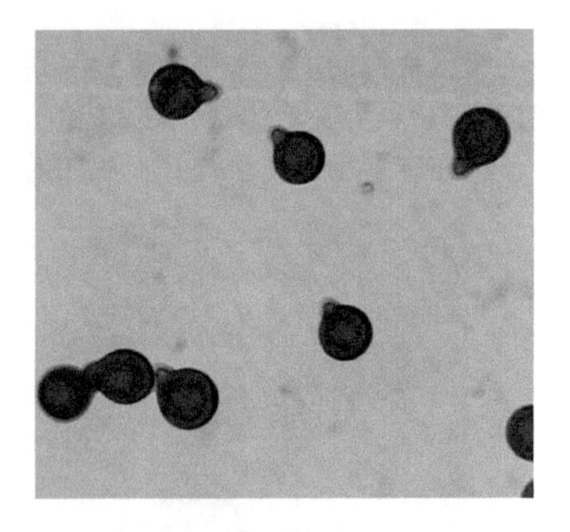

图 2.19　侵染眼蕈蚊的尖突巴科霉初生分生孢子（400×）

图 2.20 侵染眼蕈蚊的尖突巴科霉分生孢子梗（200×）

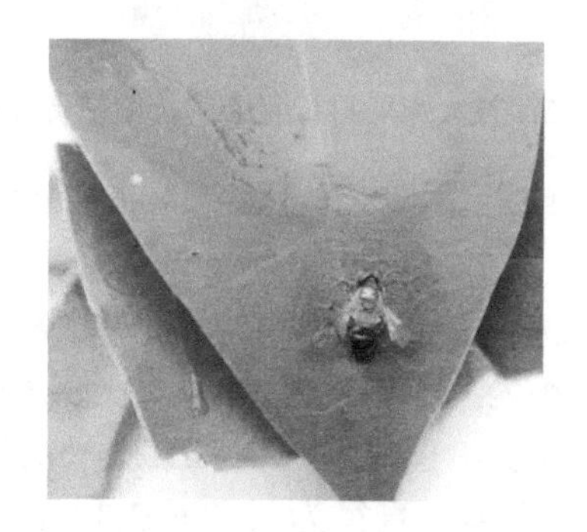

图 2.21 被尖突巴科霉侵染的水虻

图 2.22 被尖突巴科霉侵染的大头金蝇

图 2.23 野外采集的被尖突巴科霉侵染的大头金蝇标本

（2）大孢巴科霉 *Batkoa major*

大孢巴科霉可侵染长翅型和短翅型白背飞虱（图 2.24 和图 2.25）。被该菌侵染死亡的寄主尸体头部朝上，以假根附着于水稻植株上部叶片的中上部，双翅常向两侧张开。

大孢巴科霉子实层呈白色，多从寄主腹部节间膜长出，形成明显的白环，侧板处子实层尤为浓密，有时在尸体周围可见发射出的白色孢子堆。

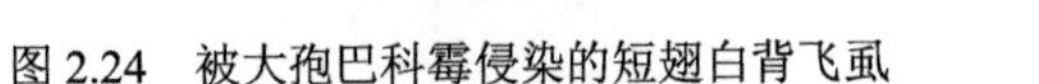

图 2.24 被大孢巴科霉侵染的短翅白背飞虱

图 2.25 被大孢巴科霉侵染的长翅白背飞虱

大孢巴科霉初生分生孢子无色、透明，呈球形或近球形，大小为（40.6±2.4）μm×（34.0±1.7）μm，L/D 为 1.2±0.1（*n*=50），基部乳突明显，大小为（11.4±1.0）μm×（6.5±2.0）μm（图 2.26）；含多个细胞核，直径为（2.5±0.3）μm；细胞质内含物呈细粒状；单囊壁。大孢巴科霉次生分生孢子与初生分生孢子同形，略小，大小为（35.5±2.3）μm×（29.6±4.8）μm，L/D 为 1.2±0.1（图 2.27）。大孢巴科霉菌丝段呈菌丝状，直径为（11.7±3.2）μm。大孢巴科霉分生孢子梗不分枝，近孢子处呈明显的颈状缢缩，直径为（17.6±3.3）μm（图 2.28 和图 2.29），未见假囊状体。假根呈单菌丝状，末端具圆盘状的固着器。大孢巴科霉在 SDAY 培养基上形成的休眠孢子呈球形，直径为（20.6±1.7）μm，外壁光滑，壁厚约（1.3±0.2）μm。大孢巴科霉在 SDAY 培养基上生长速度快，菌落表面呈灰白色，在 20℃下培养 5d 后菌落直径为（5.5±0.4）cm，菌落表面具较深的放射状皱褶（图 2.30）（贾春生，2011b）。

大孢巴科霉的主要寄主为白背飞虱成虫。

该菌在夏秋季节常发生于白背飞虱种群中。

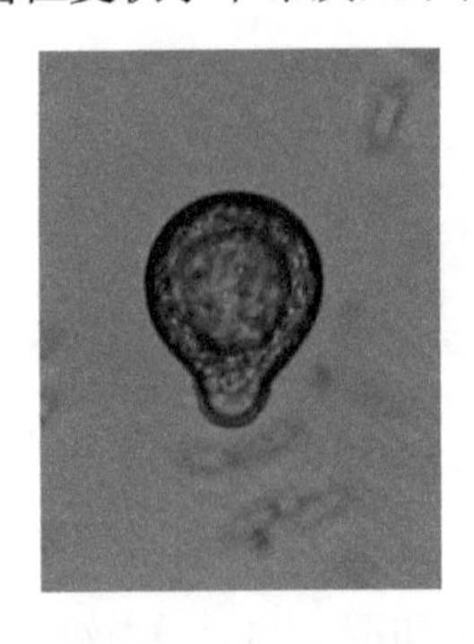

图 2.26 大孢巴科霉初生分生孢子（400×）

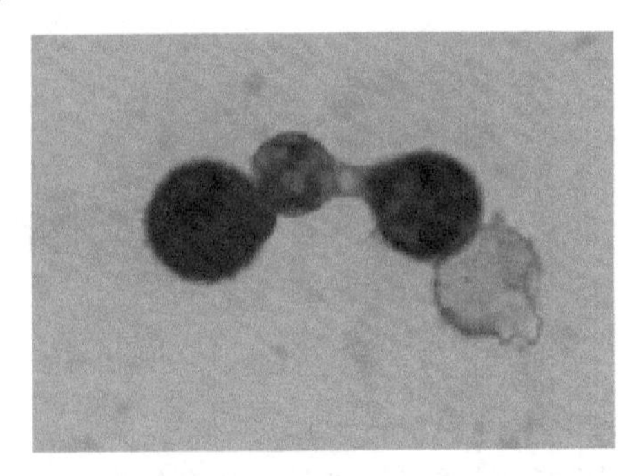

图 2.27 大孢巴科霉正在形成的次生分生孢子（400×）

图 2.28　大孢巴科霉正在发育的分生孢子梗（400×）

图 2.29　大孢巴科霉分生孢子梗（200×）

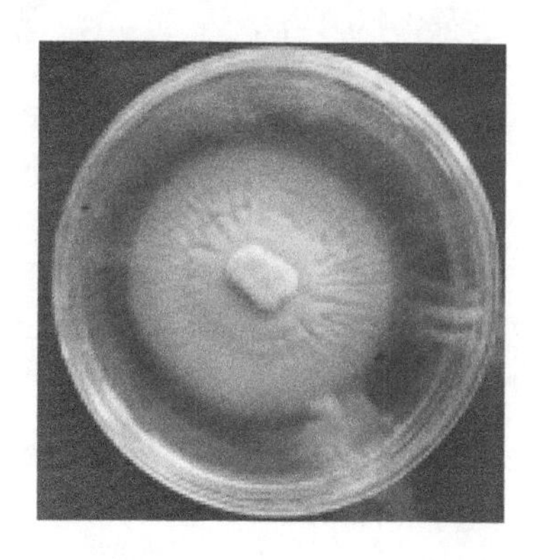

图 2.30　在 SDAY 培养基上的大孢巴科霉菌落

（3）乳突巴科霉 *Batkoa papillata*

被乳突巴科霉侵染的致倦库蚊漂浮于水面上，有时也附着于水面的其他漂浮物上，虫体腹部未见膨大，节间膜处覆盖着黄褐色的子实层。

乳突巴科霉初生分生孢子无色，呈梨形至球形，大小为40.5～58.2(51.8±3.6)μm×28.4～34.1（37.7±3.4）μm（*n*=32），乳突与孢子本体连接处有 1 个比较明显的脊环；单囊壁（图2.31～图 2.33）。乳突巴科霉次生分生孢子形似初生分生孢子。乳突巴科霉分生孢子梗结构简单，不分枝（图 2.34），未见假囊状体和休眠孢子。

该菌偶尔与堆集噬虫霉混合发生于致倦库蚊成虫种群中，但占比低。

乳突巴科霉的主要寄主为致倦库蚊成虫。

该菌在夏季偶尔发生于森林、农田及居民区附近的致倦库蚊种群中。

图 2.31　侵染致倦库蚊的乳突巴科霉初生分生孢子（200×）

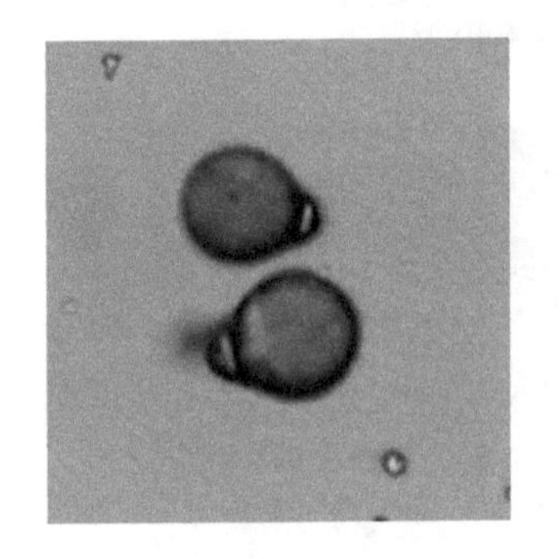

图 2.32　乳突巴科霉初生分生孢子（400×）

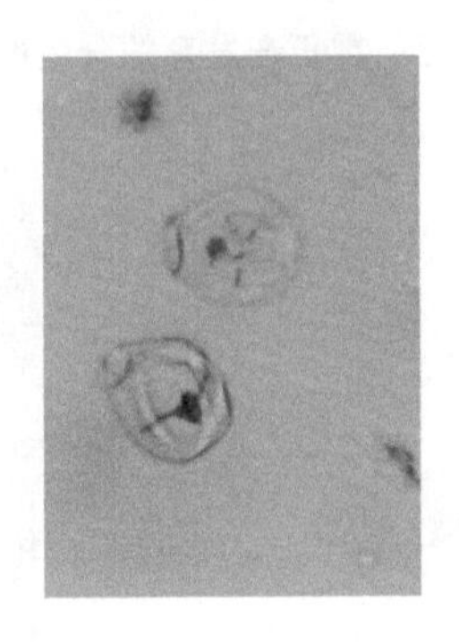

图 2.33　乳突巴科霉初生分生孢子空壳（400×）

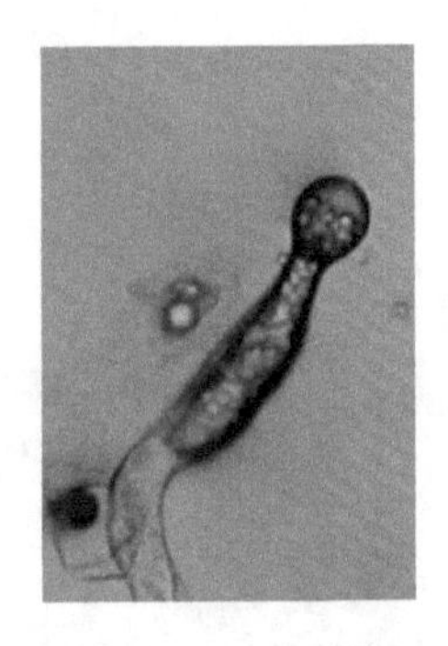

图 2.34　乳突巴科霉分生孢子梗（400×）

（4）棉叶蝉巴科霉 *Batkoa amrascae*，中国新记录种

被棉叶蝉巴科霉侵染的叶蝉头部向上附着于杂草茎的上部或穗上，虫体多呈弓形弯曲，翅向两侧或背上方张开，翅面上可见部分从虫体上发射出的分生孢子，虫体腹部节间膜具有明显的白色环状子实层，虫体胸腹部腹面有假根伸出（图 2.35）。

棉叶蝉巴科霉初生分生孢子无色，呈球形，大小为 18.2～26.0（22.4±2.3）μm×15.6～20.8（18.9±1.4）μm，L/D 为 1.0～1.3（1.2±0.1）（*n*=30），顶端呈圆形，基部乳突呈圆形或略呈圆锥形，每个初生分生孢子一般萌发一个芽管，直径为 2.0～4.6（2.9±0.6）μm（图 2.36～图 2.38）；含多个细胞核；单囊壁。棉叶蝉巴科霉次生分生孢子形似初生分生孢子，大小为 13.0～16.0（15.4±1.1）μm×11.7～15.6（13.8±1.1）μm，L/D 为 1.0～1.3（1.2±0.1）（*n*=30）。棉叶蝉巴科霉分生孢子梗简单，不分枝（图 2.39）。棉叶蝉巴科霉菌丝段呈不规则或近椭圆形，多核（图 2.40）。未见假囊状体。假根自虫体胸腹部腹面伸出，呈单菌丝状，直径为 13.0～19.5（16.2±2.2）μm（*n*=7），末端具盘状固着器，固着器直径为 65～78μm（*n*=2）（图 2.41）。未见休眠孢子。

Villacarlos（1997）报道了一种侵染菲律宾棉叶蝉 *Amrasca biguttula* 的棉叶蝉巴科霉，其初生分生孢子大小为（22.2～26.4）μm×（18.4～23.1）μm，次生分生孢子大小为（21.9～23.0）μm×（18.5～19.0）μm。我们采集的韶关标本除初生分生孢子和次生分生孢子较小外，其余特征均比较符合描述。韶关标本的分生孢子较小，可能是因寄主不同而造成的，因此将其鉴定为棉叶蝉巴科霉。

棉叶蝉巴科霉的主要寄主为叶蝉科昆虫成虫。

该菌在秋末冬初发生于森林及其附近农田的寄主种群中。

图 2.35 被棉叶蝉巴科霉侵染的叶蝉

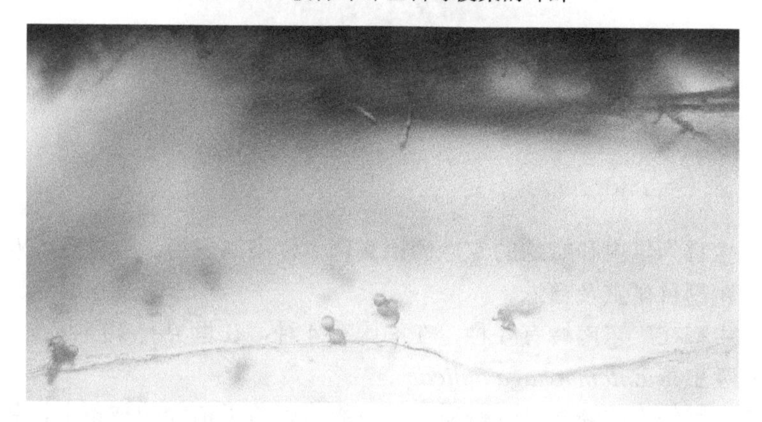

图 2.36 叶蝉翅上的棉叶蝉巴科霉分生孢子（200×）

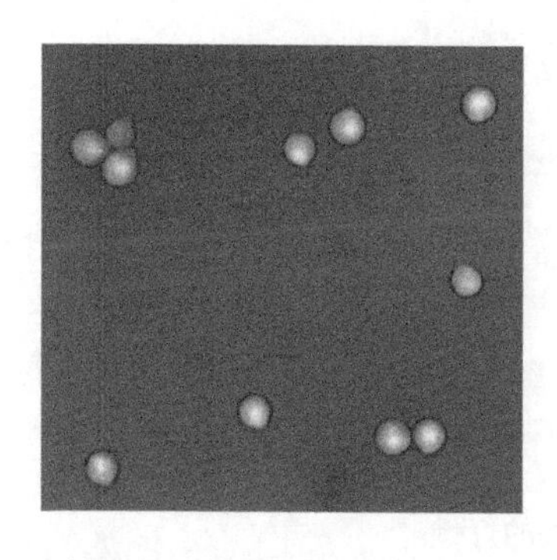

图 2.37 棉叶蝉巴科霉初生分生孢子（200×）

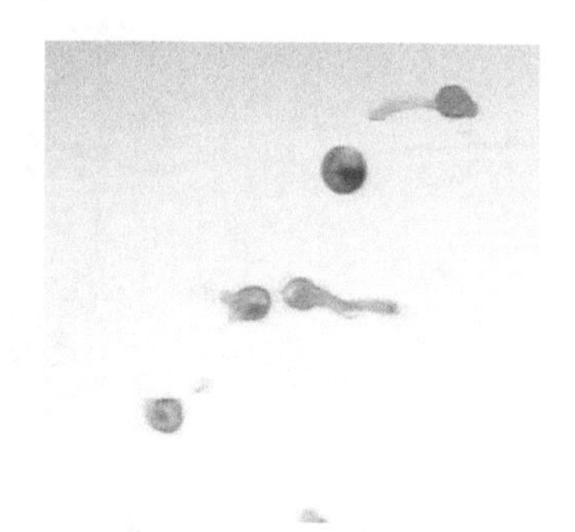

图 2.38 棉叶蝉巴科霉初生分生孢子萌发（200×）

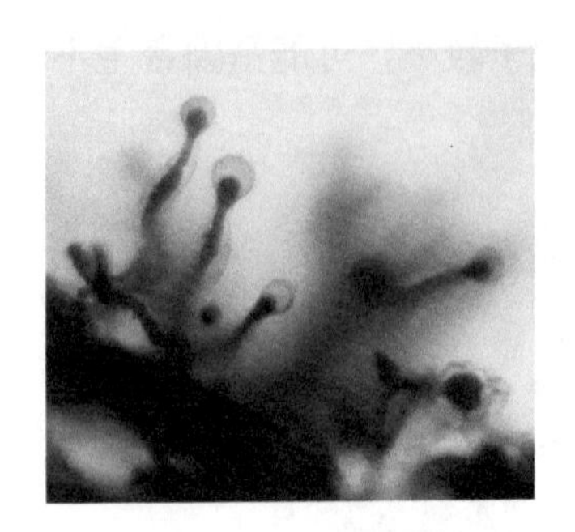

图 2.39　棉叶蝉巴科霉分生孢子梗（200×）

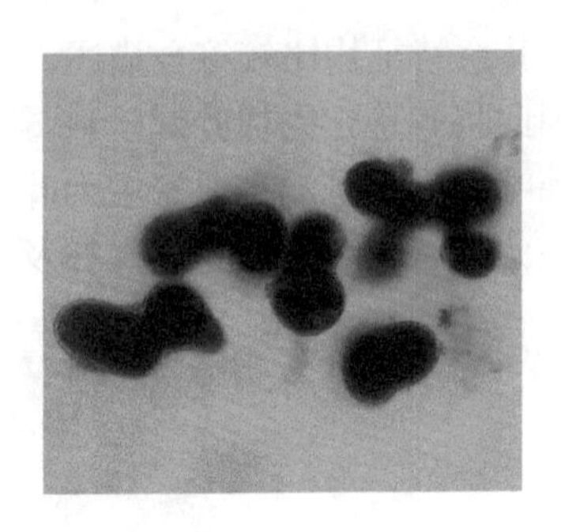

图 2.40　棉叶蝉巴科霉菌丝段（400×）

图 2.41　棉叶蝉巴科霉假根（400×）

2.2.2　噬虫霉属 *Entomophaga*

噬虫霉属虫霉为昆虫和蜘蛛的专性病原真菌，侵染鳞翅目、直翅目、双翅目、同翅目、膜翅目和鞘翅目昆虫及盲蛛。

噬虫霉属虫霉在广东南岭有 4 种，在中国有 4 种，在世界有 19 种。

（1）灯蛾噬虫霉 ***Entomophaga aulicae***

被灯蛾噬虫霉侵染的鳞翅目灯蛾科幼虫以腹足附着于植物的枝条上，虫尸表面覆盖褐色子实层（图 2.42）。

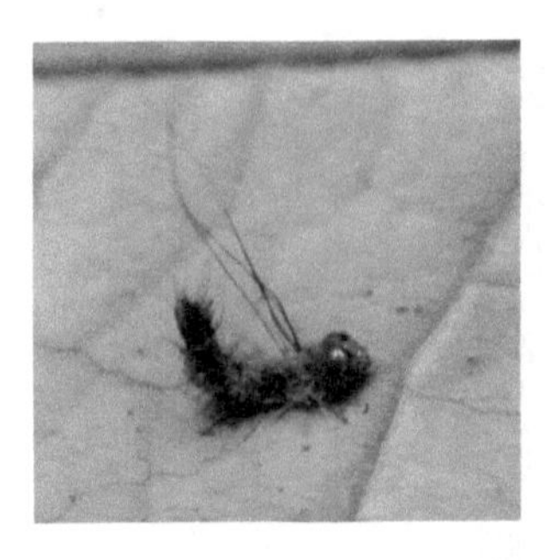

图 2.42　被灯蛾噬虫霉侵染的灯蛾

灯蛾噬虫霉初生分生孢子无色、透明，呈梨形，大小为 31.2～45.5（36.6±4.1）μm×23.4～36.4（28.4±4.2）μm，L/D 为 1.1～1.4（1.3±0.1）（*n*=16），顶部呈圆形，基部乳突粗大、钝圆（图 2.43）。灯蛾噬虫霉次生分生孢子形似初生分生孢子。灯蛾噬虫霉分生孢子梗不分枝，产孢细胞呈棒状（图 2.44）。灯蛾噬虫霉菌丝段呈球形或椭圆形。

灯蛾噬虫霉的主要寄主为鳞翅目毒蛾科、灯蛾科幼虫。

该菌在夏季发生于森林的寄主种群中。

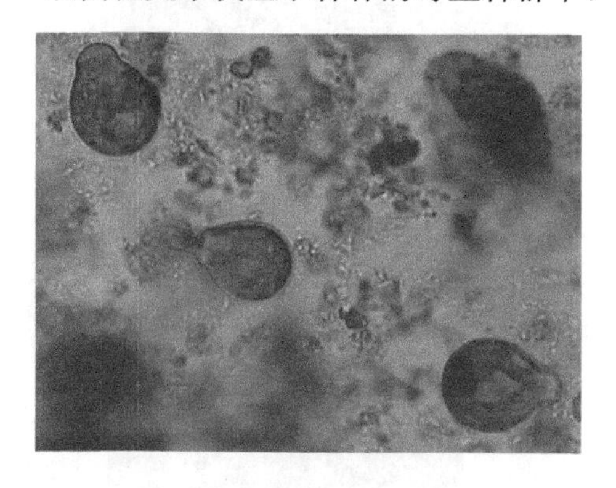

图 2.43 灯蛾噬虫霉初生分生孢子（400×）

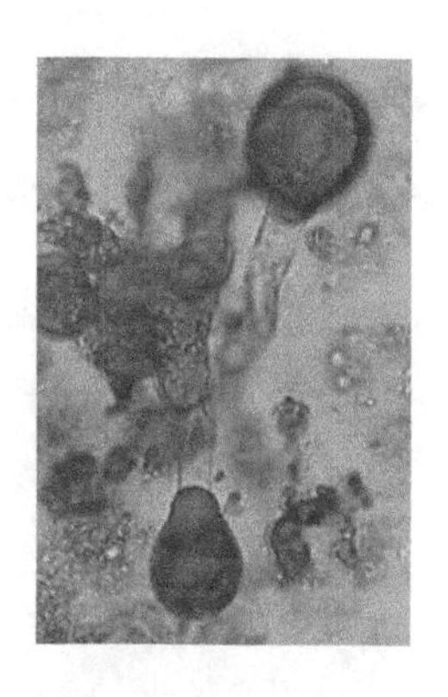

图 2.44 灯蛾噬虫霉分生孢子梗（400×）

（2）蝗噬虫霉 *Entomophaga grylli*

蝗噬虫霉可侵染多种蝗虫。被蝗噬虫霉侵染的蝗虫爬到植株高处以足抱茎而死，头部向上，腹部通常可见明显的褐色环状子实层，尸体外观如果未显现明显的被侵染症状，那么其体内可能形成休眠孢子。休眠孢子可见于寄主体内各组织中，如后足腿节的肌肉组织等（图 2.45～图 2.48）。

蝗噬虫霉初生分生孢子无色、透明，呈梨形，大小为 35.2～47.6（38.0±1.2）μm×24.3～36.8（28.2±1.5）μm（*n*=30），顶部呈圆形，基部乳突钝圆；含多个细胞核；单囊壁（图 2.49）。蝗噬虫霉次生分生孢子形似初生分生孢子（图 2.50）。蝗噬虫霉分生孢子梗简单，不分枝，从寄主节间膜等薄弱部位穿破体壁，形成环状的子实层，新鲜时呈淡黄褐色，干燥后呈褐色。蝗噬虫霉菌丝段呈近球形或不规则状。蝗噬虫霉休眠孢子无色或淡黄色，透明，呈球形，光滑，其直径因被侵染的寄主和地域不同而有所不同。来自韶关市乐昌龙山林场的蝗噬虫霉休眠孢子直径为 32.5～45.5（40.1±3.1）μm（*n*=50），而来自韶关市武江区林缘的蝗噬虫霉休眠孢子直径为 30.0～45.0（36.5±3.3）μm（*n*=48）（图 2.51）。

蝗噬虫霉的主要寄主为多种蝗虫的成虫。

该菌为常见种，发生于森林、农田、果园和桑园等生境，但侵染率较低。

图 2.45　被蝗噬虫霉侵染的蝗虫（一）

图 2.46　被蝗噬虫霉侵染的蝗虫（二）

图 2.47　被蝗噬虫霉侵染的蝗虫（三）

图 2.48　被蝗噬虫霉侵染的蝗虫（四）

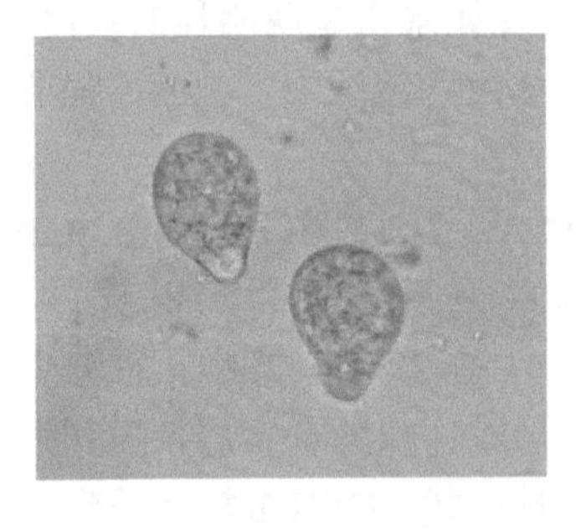

图 2.49　蝗噬虫霉初生分生孢子（400×）

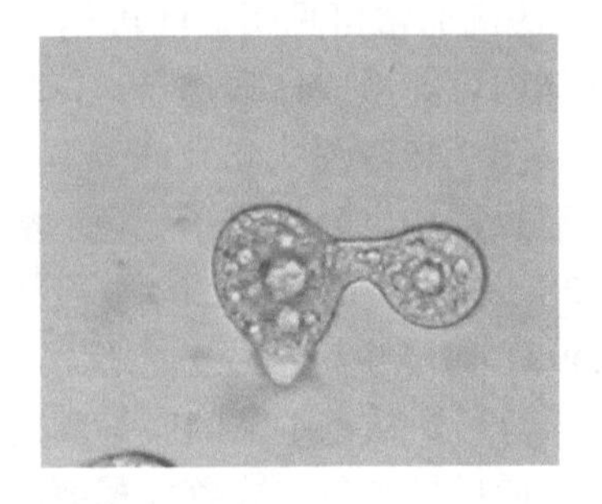

图 2.50　蝗噬虫霉正在形成次生分生孢子（400×）

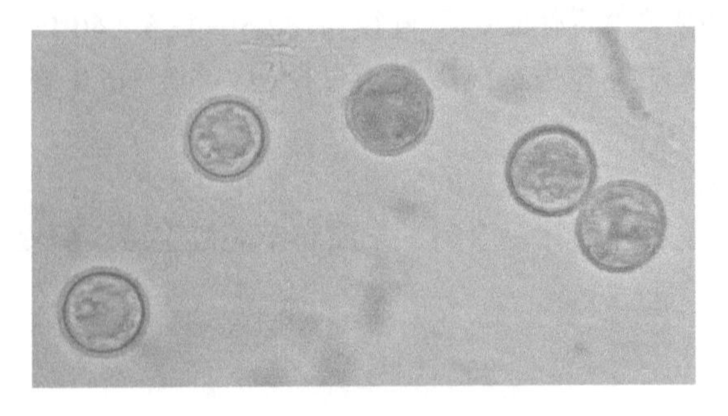

图 2.51　蝗噬虫霉休眠孢子（400×）

（3）堆集噬虫霉 *Entomophaga conglomerata*

被堆集噬虫霉侵染的致倦库蚊成虫漂浮在水面上（图 2.52），虫体向腹面弯曲，多呈“C”形，双翅向侧后张开，约呈 90°，蚊尸腹部膨大，从节间膜长出子实层，在各节形成明显的白环，在其胸部两侧也有子实层形成。侵染后期，蚊尸开始不断向外发射分生孢子，其周围的水面常漂浮着密集的分生孢子。当新羽化的成虫接触到分生孢子或被分生孢子击中时即可被侵染，引发流行病（图 2.53 和图 2.54）。未见其侵染幼虫和蛹。

堆集噬虫霉初生分生孢子无色、透明，呈梨形或近球形，大小为（38.8±4.6）μm×（28.6±3.7）μm，L/D 为 1.4±0.1（n=50），顶部呈圆形，基部乳突明显、粗钝，内含物细粒状，中心有一个大液泡，直径为（14.8±2.4）μm（图 2.55～图 2.57）；含多个细胞核（17.2±3.3），直径为（4.2±0.6）μm；单囊壁。堆集噬虫霉初生分生孢子萌发产生细长的芽管（图 2.58）。堆集噬虫霉次生分生孢子多数形似初生分生孢子，少数呈钟形，顶部具有 1 个小尖突而基部稍平截，大小为（32.5±3.6）μm×（22.1±2.5）μm，L/D 为 1.4±0.1（n=50）（图 2.59）。堆集噬虫霉分生孢子梗简单、不分枝，直径为（26.2±3.1）μm（n=50）（图 2.60）。堆集噬虫霉菌丝段呈不规则状或短棒状。未见假囊状体、假根和休眠孢子。

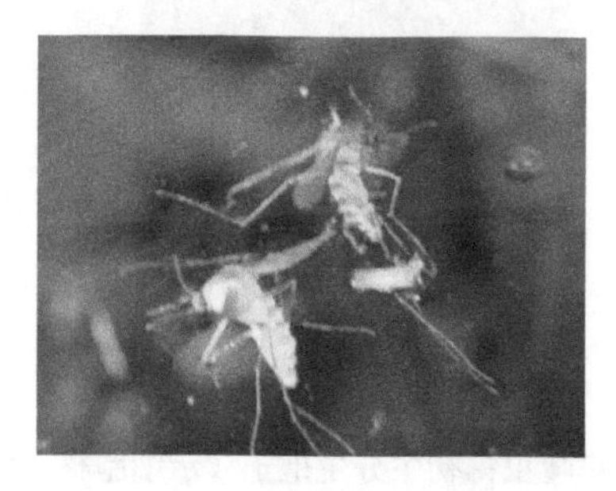

图 2.52　水面上被堆集噬虫霉侵染的致倦库蚊

图 2.53　树枝上被堆集噬虫霉侵染的致倦库蚊

图 2.54　被堆集噬虫霉侵染的白纹伊蚊

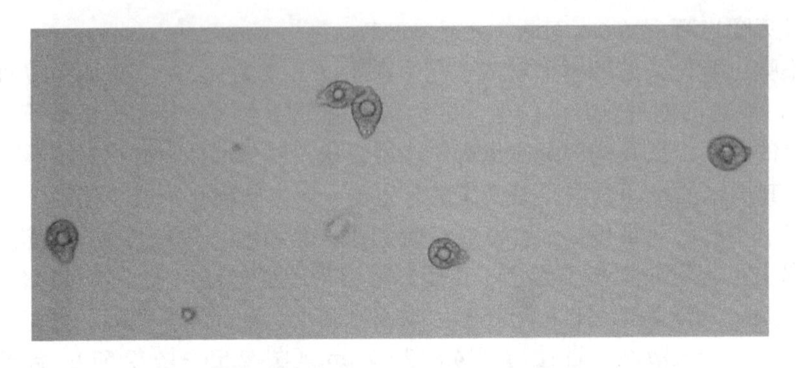

图 2.55　堆集噬虫霉初生分生孢子（200×）

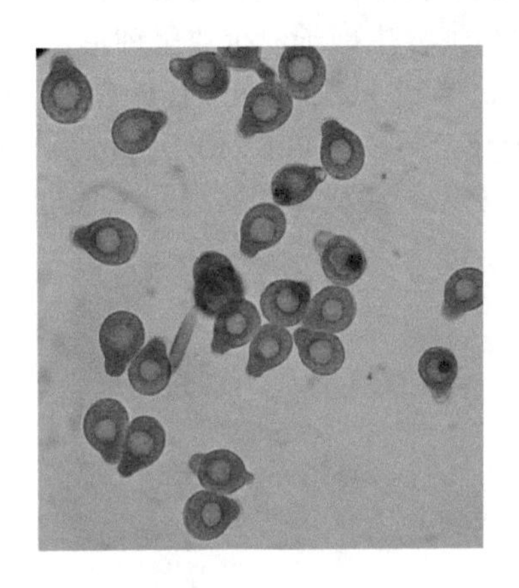

图 2.56　堆集噬虫霉初生分生孢子（400×）

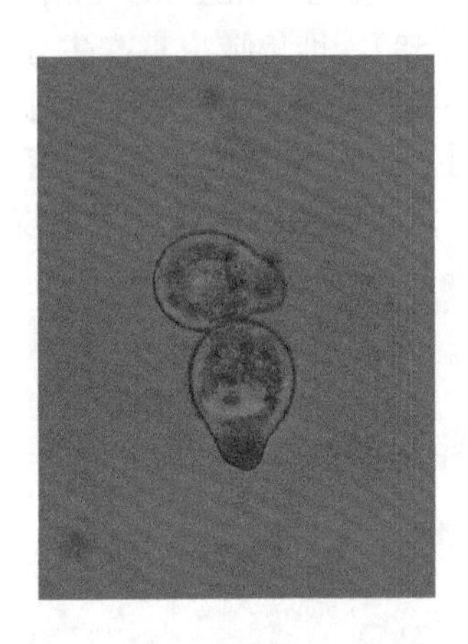

图 2.57　堆集噬虫霉初生分生孢子（示细胞核，600×）

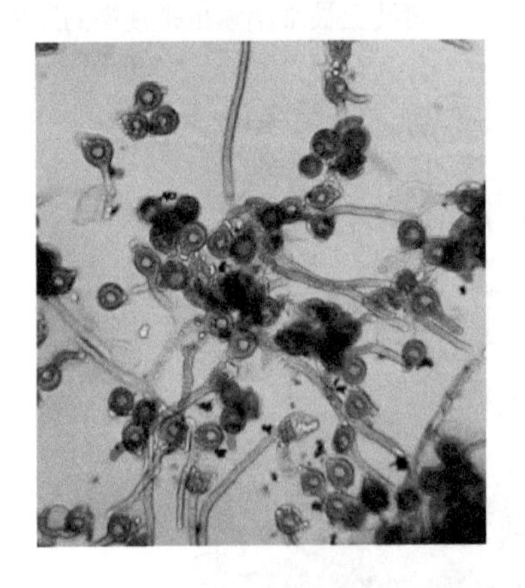

图 2.58　堆集噬虫霉初生分生孢子萌发（200×）

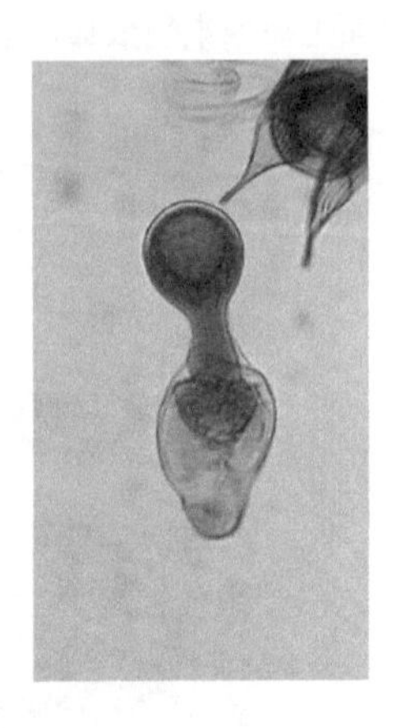

图 2.59　堆集噬虫霉次生分生孢子（400×）

图 2.60 堆集噬虫霉分生孢子梗（200×）

在韶关侵染致倦库蚊的堆集噬虫霉初生分生孢子大小与中国已报道的1种侵染库蚊的堆集噬虫霉（李增智和王德祥，1988）差异不显著（t=1.5，df=49，P=0.15；t为T检验的值）（贾春生，2010d）。

堆集噬虫霉的主要寄主为致倦库蚊、白纹伊蚊的成虫。

该菌在韶关分布广泛，常见于山林、水田、人工湖泊、水沟、蓄水池、小水坑及菜地中的储水罐等各类生境，每年4月左右，会在致倦库蚊种群中引起大规模流行病。有时被侵染的致倦库蚊成虫尸体几乎漂满整个水面。它对致倦库蚊种群具有显著的调控作用（贾春生，2010d）。该菌在韶关主要侵染致倦库蚊，偶尔可见侵染白纹伊蚊。

（4）堪萨斯噬虫霉 *Entomophaga kansana*

被堪萨斯噬虫霉侵染的蝇成虫漂浮在水面上，双翅向两侧或背上方张开，蝇尸腹部明显膨大，在节间膜处可见明显的白色环状子实层（图 2.61），并开始逐渐向外发射分生孢子。侵染后期，子实层变为淡褐色（图 2.62），蝇尸双翅上可见发射出的分生孢子。

堪萨斯噬虫霉初生分生孢子无色、透明，呈梨形或近球形，大小为 33.8～45.5（38.9±2.6）μm×20.9～33.8（28.0±4.3）μm（n=54），顶部呈圆形，基部乳突明显、粗钝；中心有一个大液泡，直径为 11.7～19.5（15.4±1.8）μm（n=30）（图 2.63）；含多个细胞核；单囊壁。堪萨斯噬虫霉初生分生孢子萌发时，芽管从孢子顶部或侧面发出（图 2.64）。堪萨斯噬虫霉次生分生孢子形似初生分生孢子，大小为 29.9～35.1（32.5±2.5）μm×18.2～26.0（23.8±2.9）μm（图 2.65 和图 2.66）。堪萨斯噬虫霉分生孢子梗简单、不分枝（图 2.67）。堪萨斯噬虫霉菌丝段多为近球形。未见假囊状体、假根和休眠孢子。

堪萨斯噬虫霉的主要寄主为水面上的一种中小型蝇类成虫。

该菌在冬季发生于森林、田野附近的水面上。

图 2.61　被堪萨斯噬虫霉侵染的蝇(示白色子实层)

图 2.62　被堪萨斯噬虫霉侵染的蝇（示淡褐色子实层）

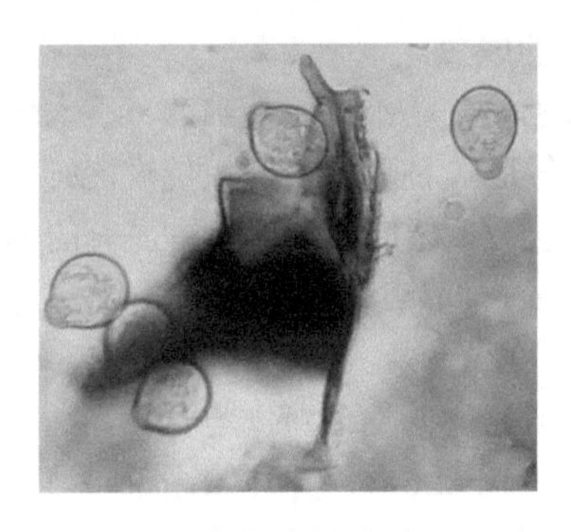

图 2.63　堪萨斯噬虫霉初生分生孢子（400×）

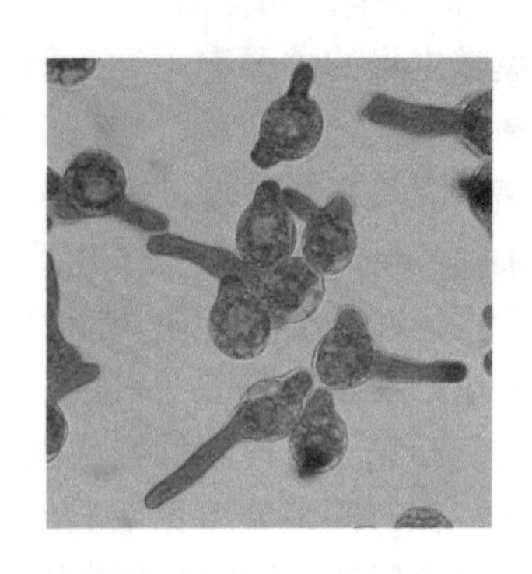

图 2.64　堪萨斯噬虫霉初生分生孢子萌发（400×）

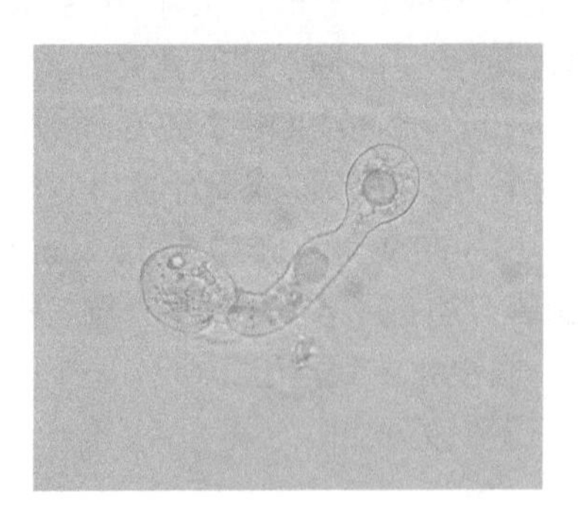

图 2.65　堪萨斯噬虫霉正在形成次生分生孢子(400×)

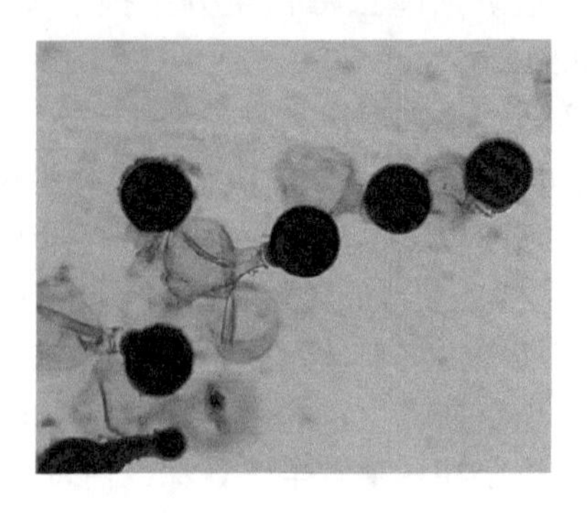

图 2.66　堪萨斯噬虫霉次生分生孢子（400×）

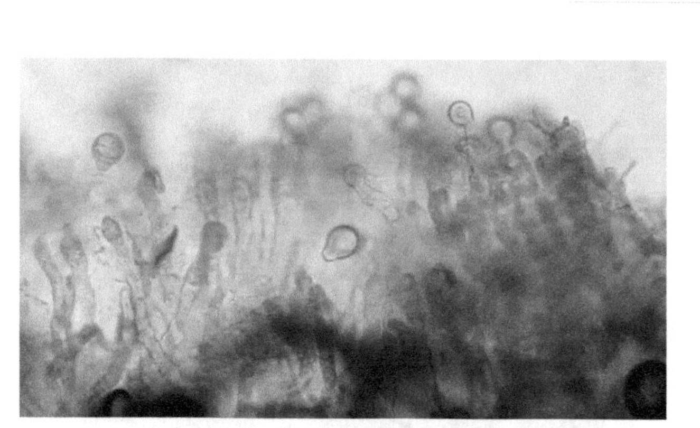

图 2.67 堪萨斯噬虫霉分生孢子梗（200×）

2.2.3 虫霉属 *Entomophthora*

虫霉属虫霉为昆虫的专性病原真菌，侵染双翅目、同翅目、半翅目、缨翅目、渍翅目和蛇蛉目昆虫。

虫霉属虫霉在广东南岭有 6 种，在中国有 6 种，在世界有 21 种。

（1）库蚊虫霉 ***Entomophthora culicis***

被库蚊虫霉侵染死亡的摇蚊尸体头部朝上，以假根附着于石头、树干等基物上或漂浮于水面，双翅向两侧展开约呈 120°。尸体极度膨胀，尤以雌虫最为明显，通体覆盖着绿色的真菌子实层，虫体四周可见浓密的白色假根伸出。在湿度高时，尸体表面有时渗出 1～2 个绿色水珠，直径为 1～2mm（图 2.68～图 2.71）。

库蚊虫霉初生分生孢子呈淡绿色、透明，呈钟罩形，顶部有 1 个明显小尖突，基部平截，大小为 11.7～16.9（14.6±1.5）μm×9.1～13.0（10.8±1.2）μm，L/D 为 1.4±0.1（1.1～1.6）（*n*=34）（图 2.72）。发射出的初生分生孢子围以原生质环。库蚊虫霉初生分生孢子细胞核多为 2 核，极少数为 3 核，大小为 3.9～5.2（4.2±0.6）μm（*n*=30），细胞核通常位于初生分生孢子的两极；细胞质中央有 1 个明显大液泡。库蚊虫霉次生分生孢子形似初生分生孢子，但略小，且顶部呈圆形，无尖突，大小为 8.5～12.1（11.0±1.1）μm×4.9～8.6（8.0±0.5）μm，L/D 为 1.4±0.2（1.3～1.6）（*n*=34）（图 2.73）。库蚊虫霉分生孢子梗呈棒状，不分枝，端部膨大，直径为（10.5±1.3）μm（*n*=15）（图 2.74）。菌丝段呈菌丝状（图 2.75）。休眠孢子为拟接合孢子，呈球形或亚球形，直径为 26.0～33.8（29.3±1.9）μm，壁厚 2.6～3.9（2.7±0.4）μm（*n*=30）（图 2.76）。冬季体内形成休眠孢子的摇蚊尸体呈深褐色（图 2.77）。假根粗大，末端无明显固着器（图 2.78），未见假囊状体。

图 2.68　水中漂浮物上被库蚊虫霉侵染的摇蚊

图 2.69　漂浮在水面上的被库蚊虫霉侵染的摇蚊（♀）

图 2.70　漂浮在水面上的库蚊虫霉侵染的摇蚊（♂）

图 2.71　阴香树干上被库蚊虫霉侵染的摇蚊

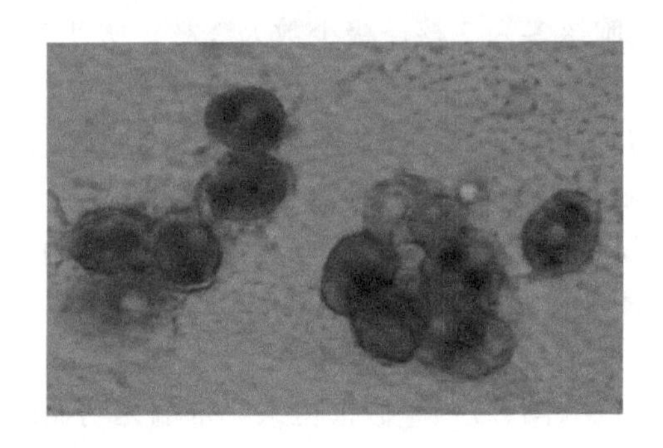

图 2.72　库蚊虫霉初生分生孢子（1000×）

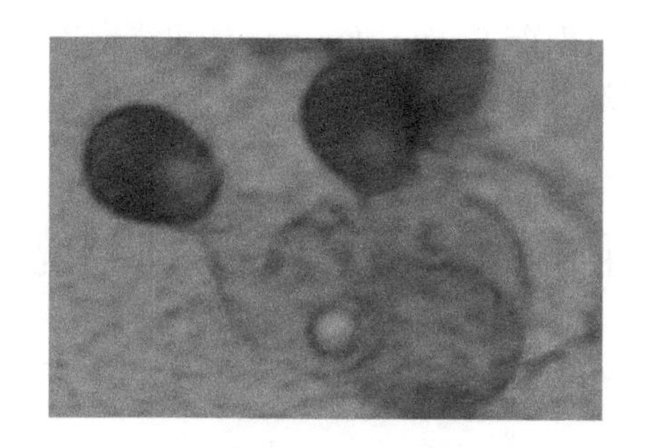

图 2.73 库蚊虫霉次生分生孢子（1000×）

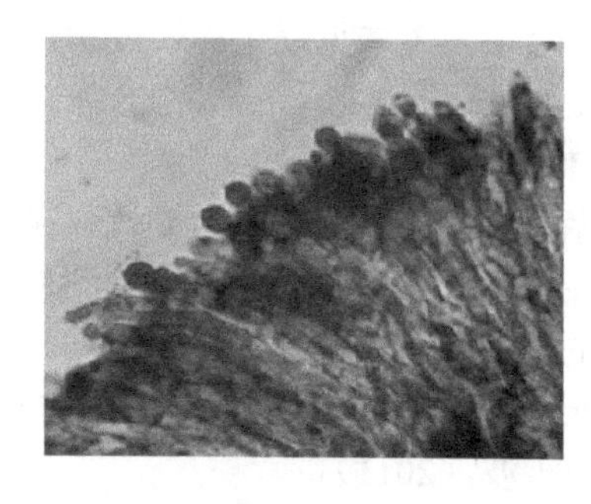

图 2.74 库蚊虫霉分生孢子梗（400×）

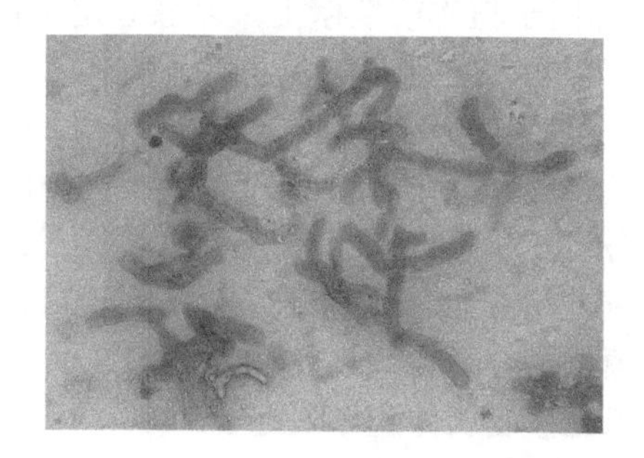

图 2.75 库蚊虫霉菌丝段（400×）

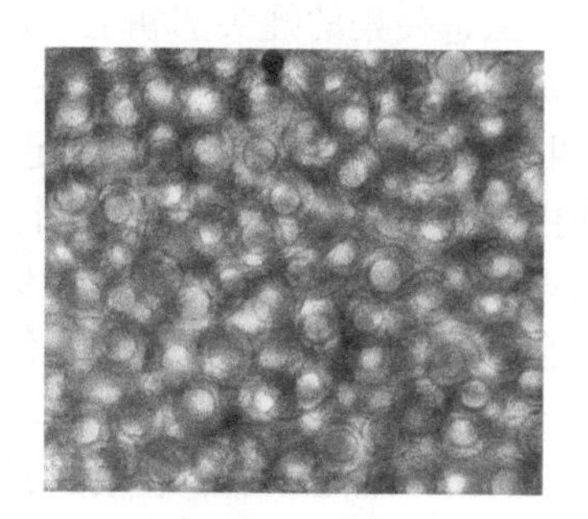

图 2.76 库蚊虫霉休眠孢子（400×）

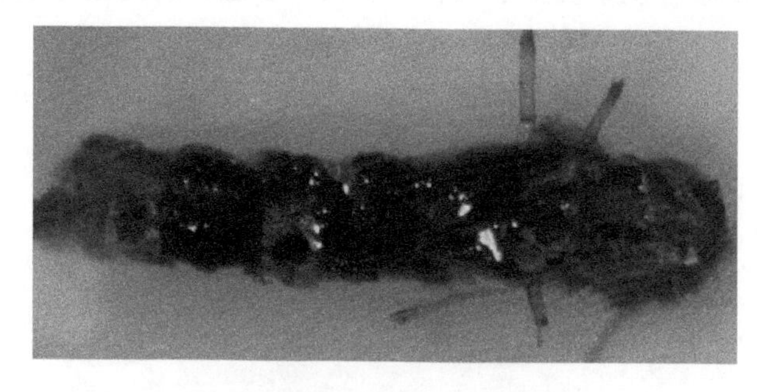

图 2.77 形成库蚊虫霉休眠孢子的摇蚊尸体（10×）

图 2.78 库蚊虫霉假根（10×）

该菌在韶关未见侵染库蚊或伊蚊，常与摇蚊虫疫霉 *Erynia chironomis* 和弯孢虫疫霉 *Eryniachironomis curvispora* 混合发生，是针对摇蚊的优势病原真菌，对摇蚊种群具有重要的自然控制作用。

库蚊虫霉的主要寄主为摇蚊科昆虫成虫。

该菌多在冬春季发生。寄主尸体多分布于树干的阴面，在生长有苔藓的树干上尤多。库蚊虫霉侵染率随季节不同而波动，在春季最高可达 90.2%，其次为秋季和冬季，在夏季最低为 0。2016～2019 年，库蚊虫霉侵染率为 90.2%～93.9%，年际之间变动不大（贾春生和洪波，2011）。

（2）蝇虫霉 *Entomophthora muscae*

被蝇虫霉侵染的蝇头部朝上，足自然张开，抓附于植物或墙壁上，以喙固定虫体，双翅向背侧上方张开（图 2.79～图 2.83），在腹部节间膜处明显可见虫霉子实体形成的白环（图 2.84 和图 2.85），在双翅及足上散落着很多发射出的分生孢子（图 2.86 和图 2.87）。

蝇虫霉初生分生孢子无色，呈钟罩形，顶端有 1 个小尖突，基部平截，大小为 20.2～28.7（24.9±1.8）μm×17.2～22.8（19.9±1.3）μm（n=30），L/D 为 1.1～1.4（1.2±0.5）；含多个细胞核；单囊壁。蝇虫霉次生分生孢子形似初生分生孢子，顶部无尖突（图 2.88）。蝇虫霉分生孢子梗呈棒状，不分枝，顶部膨大。菌丝段呈菌丝状，多核（图 2.89）。被蝇虫霉侵染的蝇尸通过喙部的假根固着于叶背上。未见假囊状体和休眠孢子。

蝇虫霉的主要寄主为家蝇等多种蝇类的成虫。

该菌在春季、夏季、秋季发生于森林、农田、公园、居民区等生境。

图 2.79　被蝇虫霉侵染的家蝇附着于墙壁上

图 2.80　被蝇虫霉侵染的家蝇附着于被蚜虫危害的紫薇叶片上

图 2.81　被蝇虫霉侵染的家蝇附着于木瓜叶片上

图 2.82　被蝇虫霉侵染的家蝇附着于番石榴叶背（背面观）

图 2.83　被蝇虫霉侵染的家蝇附着于番石榴叶背（腹面观）

图 2.84　将被蝇虫霉侵染的蝇于室内培养（1.5×）（背面观）

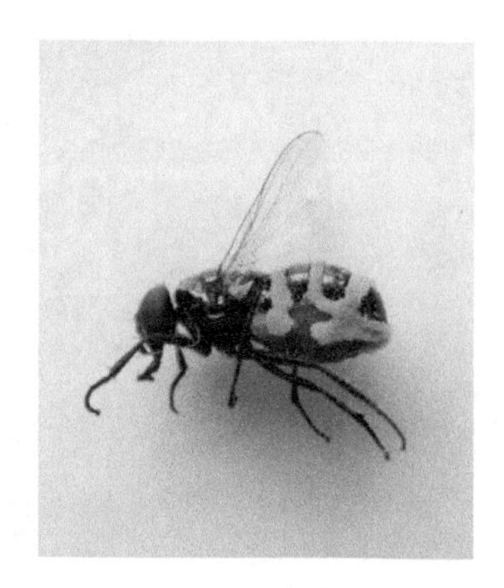

图 2.85　将被蝇虫霉侵染的蝇于室内培养（1.5×）（侧面观）

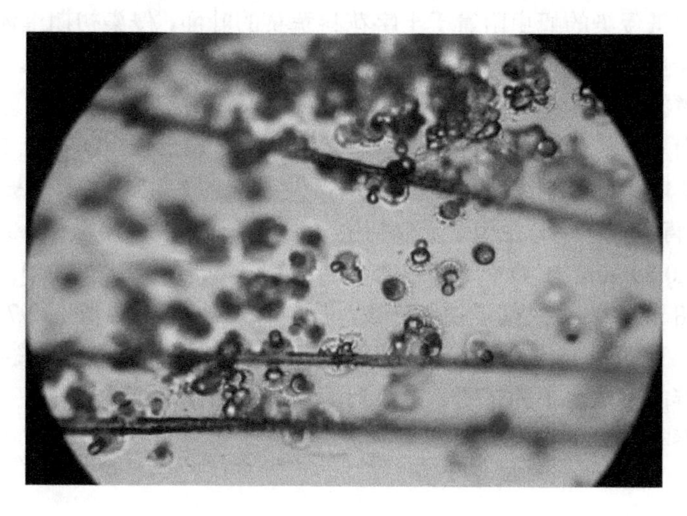

图 2.86　家蝇翅上的蝇虫霉初生分生孢子（200×）

图 2.87　家蝇足上的蝇虫霉初生分生孢子（200×）

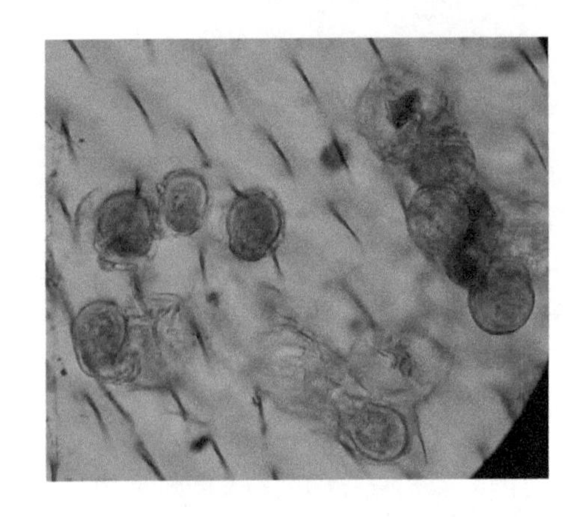

图 2.88　蝇虫霉次生分生孢子（1000×）

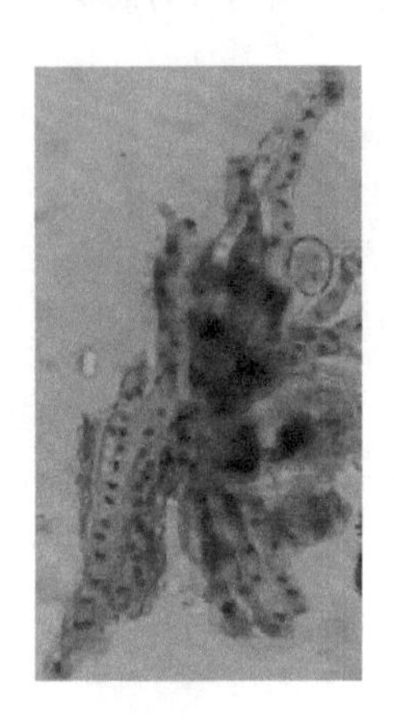

图 2.89　蝇虫霉菌丝段（400×）

（3）普朗肯虫霉 *Entomophthora planchoniana*

被普朗肯虫霉侵染的蚜虫附着于十字花科蔬菜的叶面，侵染初期虫体呈黄褐色或深褐色，侵染后期虫体被白色或黄白色的子实层覆盖（图 2.90～图 2.93）。

普朗肯虫霉初生分生孢子无色、透明，呈钟罩形，顶端有小尖突，基部平截，乳突不明显，大小为 16.9～19.5（18.4±1.1）μm×13.0～16.9（15.4±1.0）μm，L/D 为 1.1～1.3（1.2±0.1）（*n*=24）；含多个细胞核；单囊壁；发射出的初生分生孢子被原生质环围绕（图 2.94）。普朗肯虫霉次生分生孢子形似初生分生孢子，大小为 10.4～13.0（12.3±0.8）μm×7.8～11.7（9.6±0.8）μm，L/D 为 1.1～1.5（1.3±0.1）（*n*=20）（图 2.95）。菌丝段呈短杆形至椭圆形（图 2.96）。分生孢子梗不分枝，呈棒状，顶端膨大（图 2.97）。休眠孢子透明，外壁褐色，直径为 29.5～38.1（33.2±0.5）μm（图 2.98）。未见假囊状体。

普朗肯虫霉的主要寄主为桃蚜、萝卜蚜等蚜虫的若虫和成虫。

该菌在冬春季发生于农田、森林等生境。

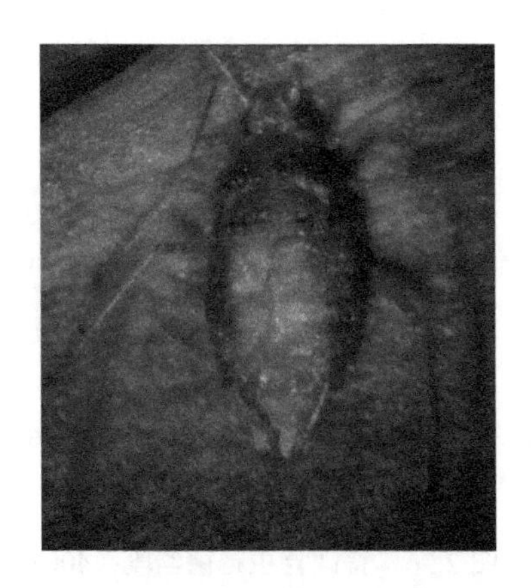

图 2.90　被普朗肯虫霉侵染的桃蚜（10×）

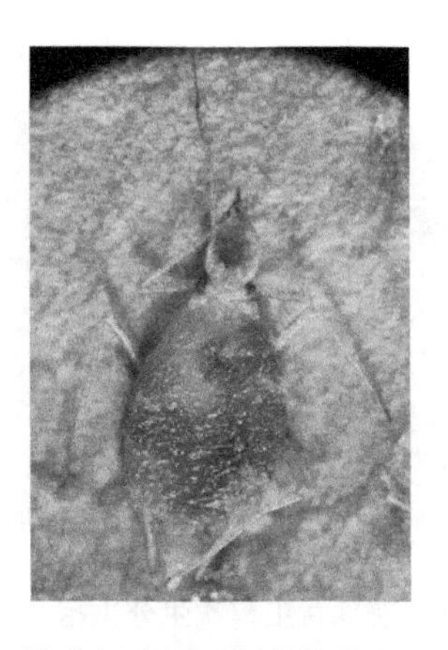

图 2.91　被普朗肯虫霉侵染的萝卜蚜（10×）

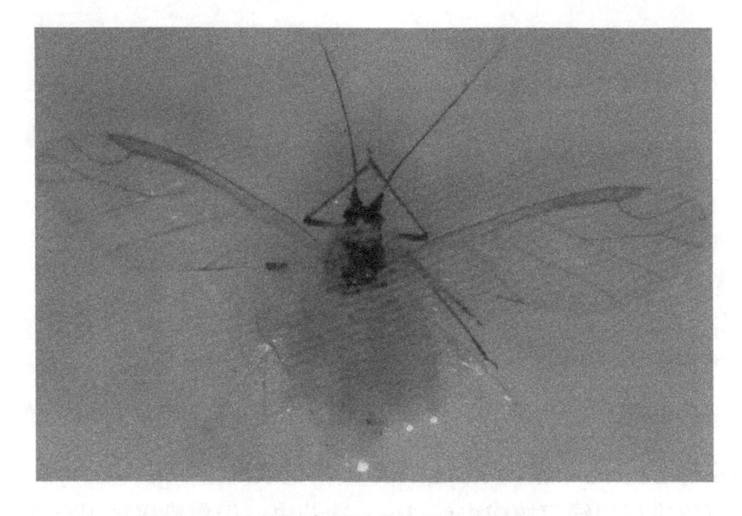

图 2.92　被普朗肯虫霉侵染的有翅桃蚜（5×）

图 2.93　桃蚜尾部的普朗肯虫霉子实层（200×）

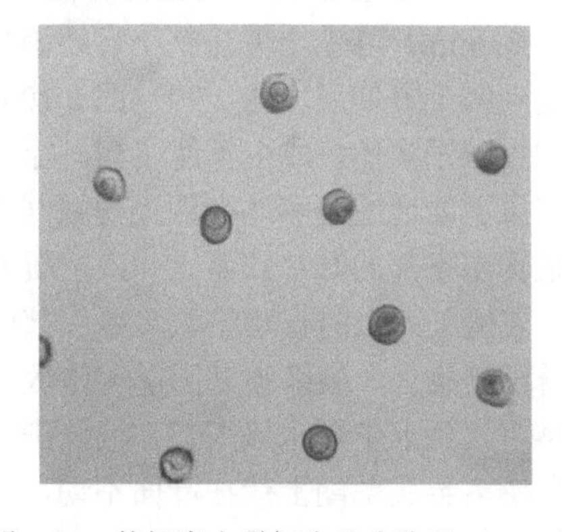

图 2.94　普朗肯虫霉初生分生孢子（200×）

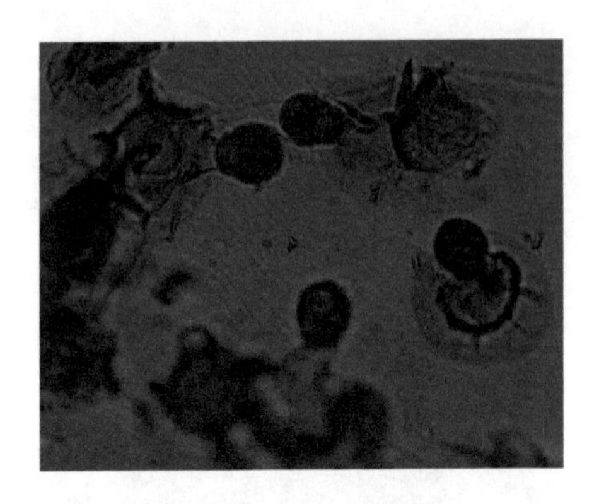

图 2.95　普朗肯虫霉次生分生孢子（1000×）

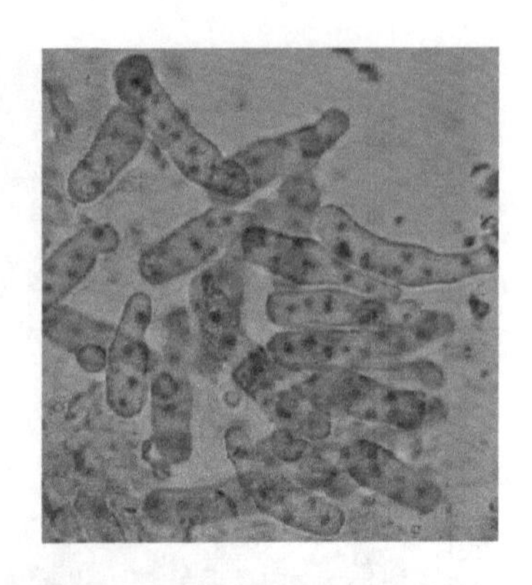

图 2.96　普朗肯虫霉菌丝段（400×）

图 2.97　普朗肯虫霉分生孢子梗（200×）

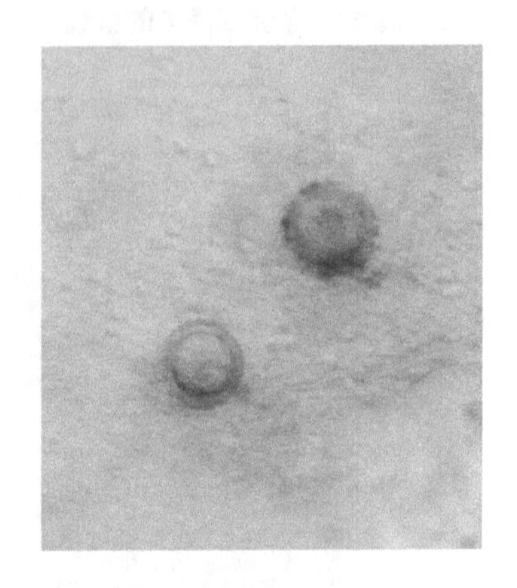

图 2.98　普朗肯虫霉休眠孢子（400×）

（4）突破虫霉 *Entomophthora erupta*，中国新记录种

突破虫霉可侵染黑肩绿盲蝽成虫或 3～5 龄若虫，但侵染仅局限于寄主的腹部。侵入腹内的虫霉能很快突破腹部背面节间膜，在腹背上形成圆盘状白色子实体，直径为 1.0～3.0mm，可完全覆盖整个盲蝽腹背，外观似腹部极度膨大，硕大的子实体使寄主两对翅向侧上方伸展（图 2.99～图 2.105）。被侵染的盲蝽依旧可以存活，但由于负荷着硕大的虫霉子实体，成虫不能飞翔，行动较正常盲蝽迟缓。突破虫霉分生孢子可随着成虫或若虫不断地缓慢移动而四处传播（图 2.106 和图 2.107）。被侵染的盲蝽绝大多数栖息于植株中下部的叶片和茎上。该菌新鲜子实层黏性较大，常见被侵染成虫被黏着于稻茎上。被侵染死亡的盲蝽绝大多数头部朝上，不形成假根，而以刺吸式口器和前足将虫体固着于基物上，最终腹部因子实体散尽及损伤而萎缩或部分脱落（图 2.108～图 2.110）。从早晨直到上午露水风干前，被侵染盲蝽腹部的圆盘状子实层最明显、直径最长。被侵染盲蝽多数头部朝上伏在叶面不动，当叶片被触动时会缓慢向叶背逃去。健康盲蝽成虫有时到植株上部或顶端活动，而被侵染盲蝽则栖息于植株的中下部，从不到达植株顶端，并且若虫的栖息部位比成虫更低。在田间观察到小若虫取食成虫或较大若虫腹部的突破

虫霉子实体（图 2.111 和图 2.112），这与 Dustan（1924）的观察一致。

突破虫霉初生分生孢子无色、透明，呈钟罩形，顶端有 1 个小尖突，基部平截，大小为 15.6～19.5（16.9±1.2）μm×10.4～14.3（12.3±0.9）μm（*n*=50），发射出的初生分生孢子周围有 1 圈原生质；含有 3～5（3.9±0.9）个细胞核，直径为 3.9～5.2（4.0±0.5）μm（图 2.113～图 2.117）。突破虫霉次生分生孢子形似初生分生孢子，但略小且顶部无尖突，大小为 9.1～14.3（12.0±1.0）μm×7.8～10.4（9.4±0.7）μm（图 2.118）。菌丝段形状多变，呈菌丝状、卵圆形、香肠形或蝌蚪形（图 2.119）。分生孢子梗呈棒状，不分枝，在寄主腹部背侧突破节间膜形成白色子实层。未见有假囊状体、假根和休眠孢子。

突破虫霉的主要寄主为黑肩绿盲蝽的若虫和成虫。

该菌在夏秋季发生于稻田及其附近森林边缘，只侵染盲蝽科昆虫。在北美洲和瑞士均发现了该菌的休眠孢子（Dustan，1924；Ben-Ze'ev et al.，1985），但在亚热带的广东省北部地区未发现该菌的休眠孢子。学术界对该菌在广东省北部地区的越冬方式及其生活史尚不清楚，有待进一步调查研究（贾春生，2011c）。

图 2.99　健康的黑肩绿盲蝽成虫

图 2.100　突破虫霉子实体刚刚突破寄主表皮

图 2.101　突破虫霉子实体外露（背面观）

图 2.102　突破虫霉子实体外露（侧面观）

图 2.103　突破虫霉子实体已成形

图 2.104　突破虫霉子实体发育成熟

图 2.105　被突破虫霉侵染的黑肩绿盲蝽若虫

图 2.106　突破虫霉开始产孢

图 2.107　突破虫霉发射大量孢子

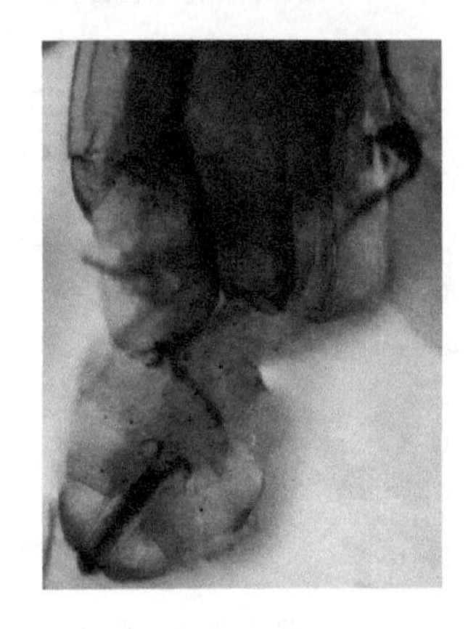

图 2.108　被突破虫霉侵染的黑肩绿盲蝽腹部断裂

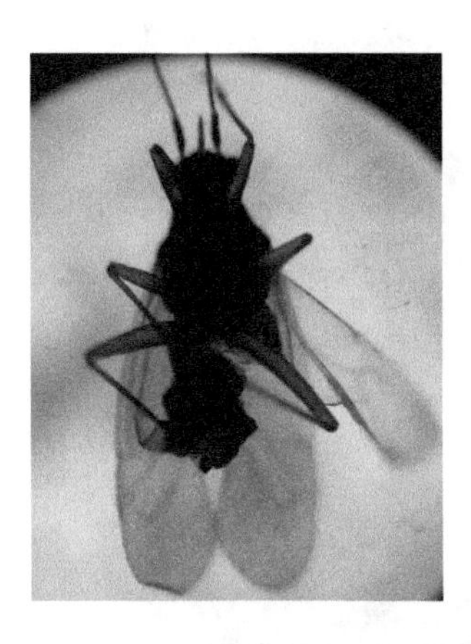

图 2.109 被突破虫霉侵染的黑肩绿盲蝽腹部萎缩

图 2.110 被突破虫霉侵染的黑肩绿盲蝽腹部末端脱落

图 2.111 黑肩绿盲蝽小若虫正在取食较大若虫腹部的突破虫霉子实体

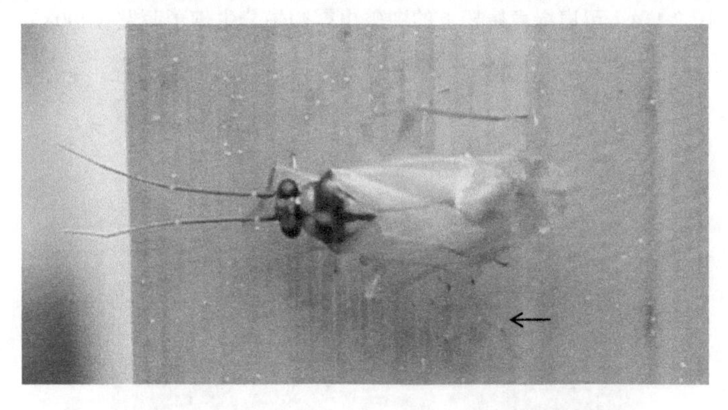

图 2.112 黑肩绿盲蝽小若虫正在取食成虫腹部的突破虫霉子实体

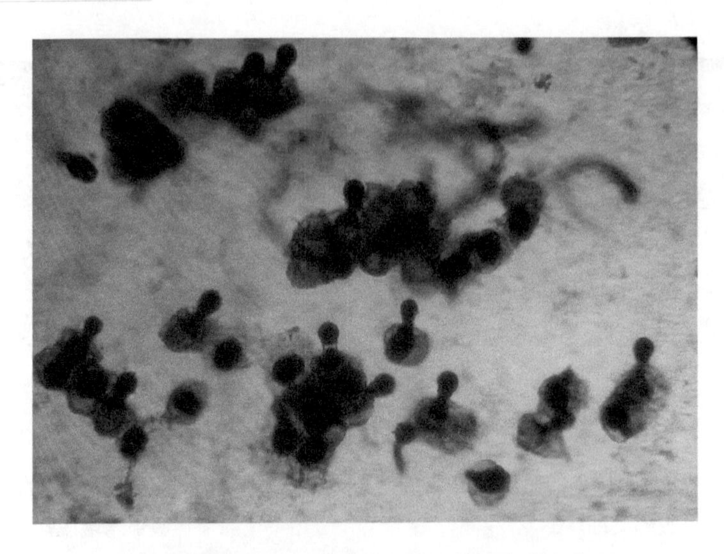

图 2.113　正在形成次生分生孢子的突破虫霉初生分生孢子（400×）

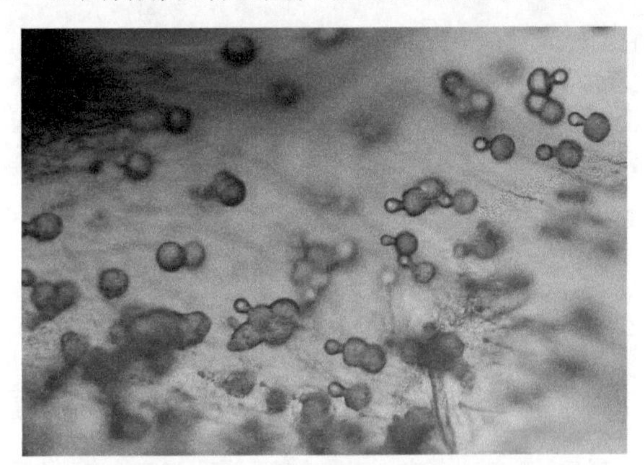

图 2.114　黑肩绿盲蝽翅上的突破虫霉初生分生孢子萌发（400×）

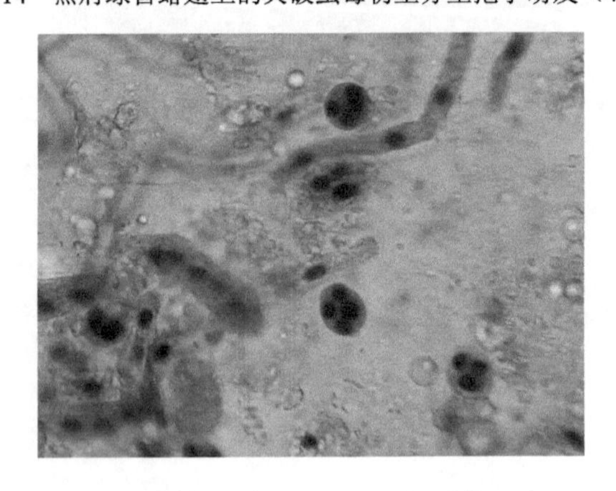

图 2.115　突破虫霉初生分生孢子细胞核（400×）

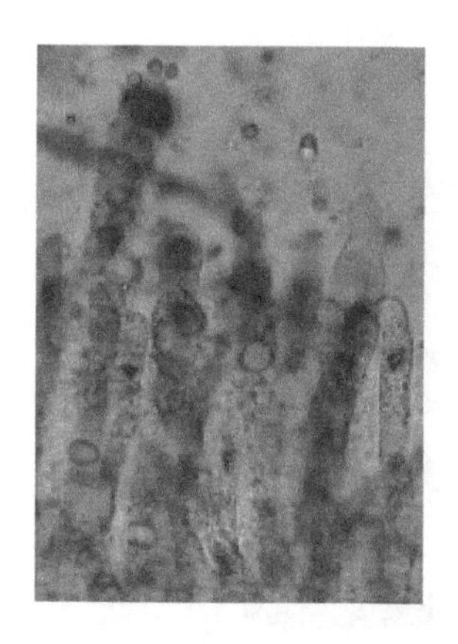

图 2.116 突破虫霉正在发育的初生分生孢子（400×）

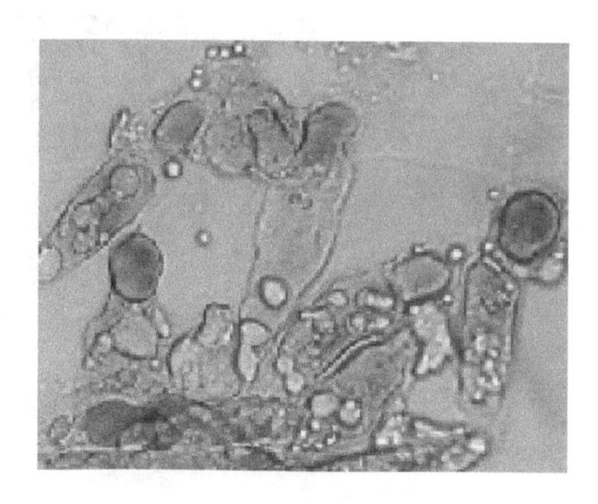

图 2.117 突破虫霉即将发育完成的初生分生孢子（400×）

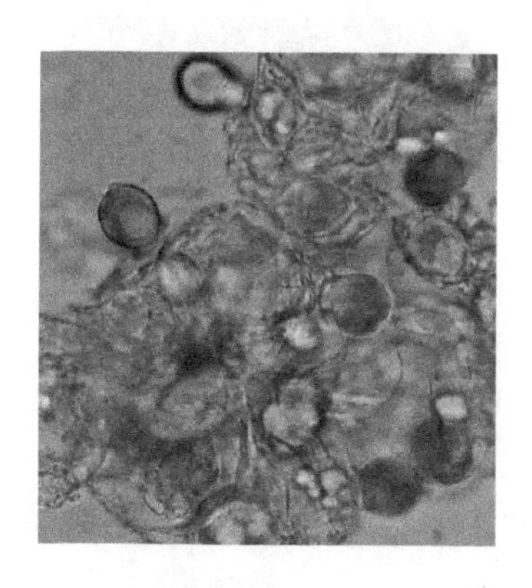

图 2.118 突破虫霉次生分生孢子（600×）

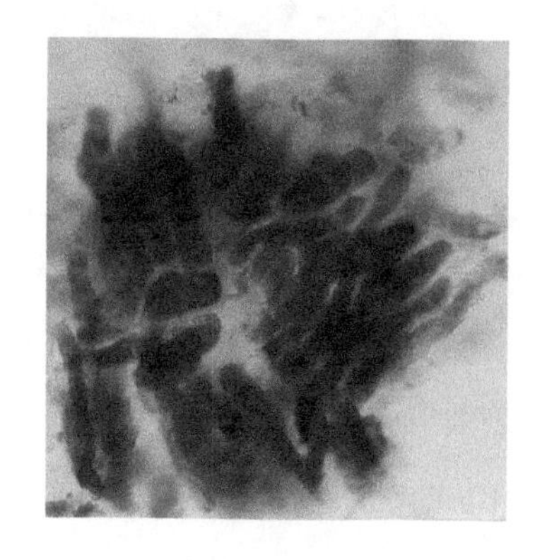

图 2.119 突破虫霉菌丝段（400×）

（5）菲氏虫霉 *Entomophthora ferdinandi*，中国新记录种

被菲氏虫霉侵染的家蝇头部朝上附着于扶桑的花蕾上，以喙固定虫体，双翅向背侧上方张开，虫体上散落着分生孢子，在腹部节间膜处虫霉子实层形成白环（图 2.120）。

菲氏虫霉初生分生孢子呈钟罩形，顶端有 1 个小尖突，基部平截，大小为 19.5～27.3（24.1±2.0）μm×15.6～22.1（19.8±1.5）μm，L/D 为 1.1～1.4（1.2±0.1）；含有 8～12（10.2±1.4）个细胞核，直径为 2.6～4.0（3.3±0.7）μm（图 2.121）。菲氏虫霉次生分生孢子形似初生分生孢子，但顶部无尖突，大小为 16.9～19.5（18.6±1.1）μm×13.0～16.9（14.7±1.3）μm（图 2.122）。分生孢子梗棒状，不分枝，顶部膨大，栅栏状排列。寄主血淋巴中的菌丝段呈椭圆形或亚球形。蝇尸通过喙部的放射状假根附着于基物上。未见假囊状体或休眠孢子。

菲氏虫霉的主要寄主为家蝇等蝇类成虫。

该菌在夏季发生于森林、农田和绿地等生境的蝇类种群中。

图 2.120　被菲氏虫霉侵染的家蝇附着于扶桑花蕾上

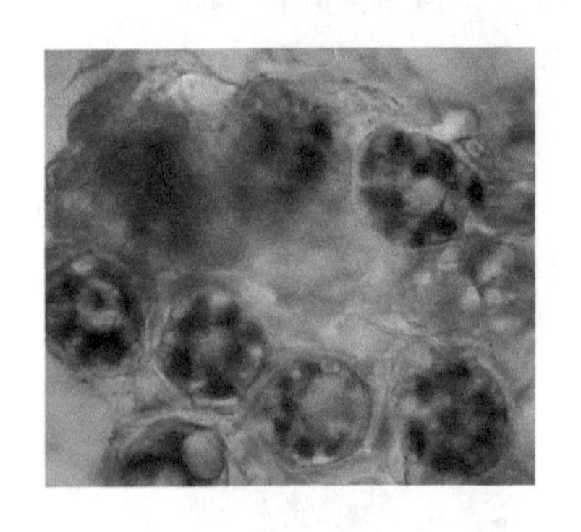

图 2.121　菲氏虫霉初生分生孢子（1000×）

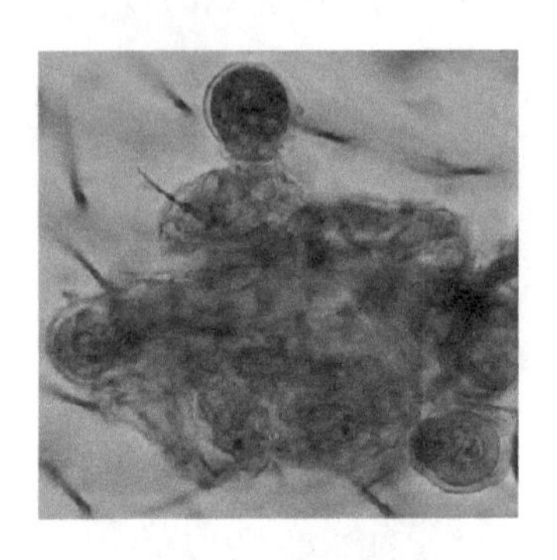

图 2.122　菲氏虫霉次生分生孢子（1000×）

（6）*Entomophthora* sp.

被 *Entomophthora* sp.侵染的小型黑色摇蚊附着于白菜叶背，整个虫体被白色子实层覆盖（图 2.123～图 2.125）。

Entomophthora sp.初生分生孢子无色、透明，呈钟罩形，顶端有小尖突，基部平截，乳突不明显，大小为 10.4～14.3（12.2±0.9）μm×7.8～10.4（9.4±0.7）μm，L/D 为 1.1～1.6（1.3±0.1）（n=30）（图 2.126）；细胞核不易被染色，数目不明；单囊壁；发射出的初生分生孢子被原生质环围绕。*Entomophthora* sp.次生分生孢子形似初生分生孢子（图 2.127）。分生孢子梗不分枝，呈棒状，顶端明显膨大（图 2.128）。菌丝段呈蝌蚪状（图 2.129）。未见假囊状体和休眠孢子。

Entomophthora sp.的主要寄主为小型黑色摇蚊成虫。

该菌在冬春季普遍发生于农田等生境。

图 2.123 被 *Entomophthora* sp.侵染的摇蚊

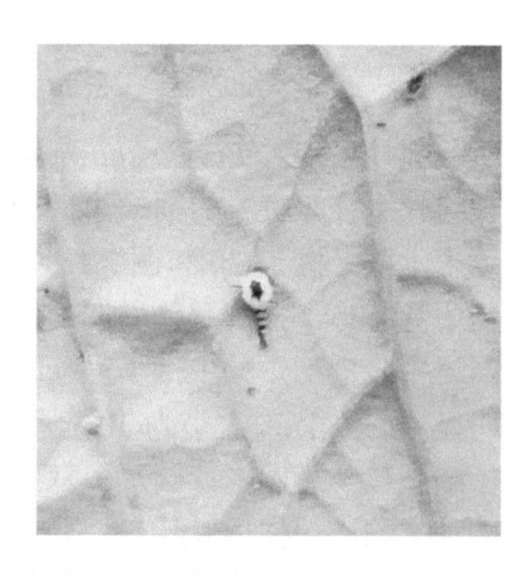

图 2.124 *Entomophthora* sp.的白色子实层

图 2.125 *Entomophthora* sp.子实层排列（400×）

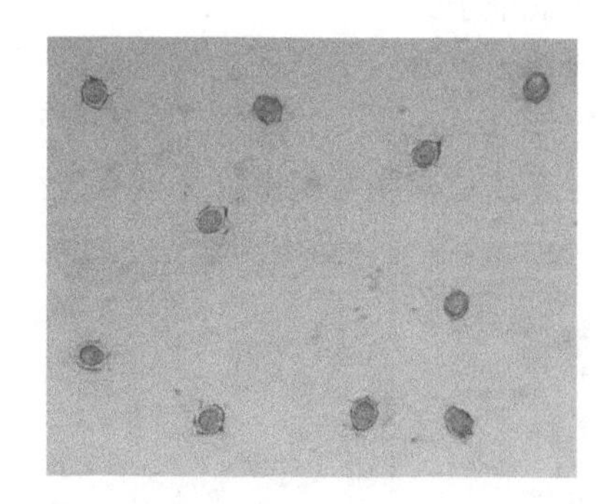

图 2.126 *Entomophthora* sp.初生分生孢子（400×）

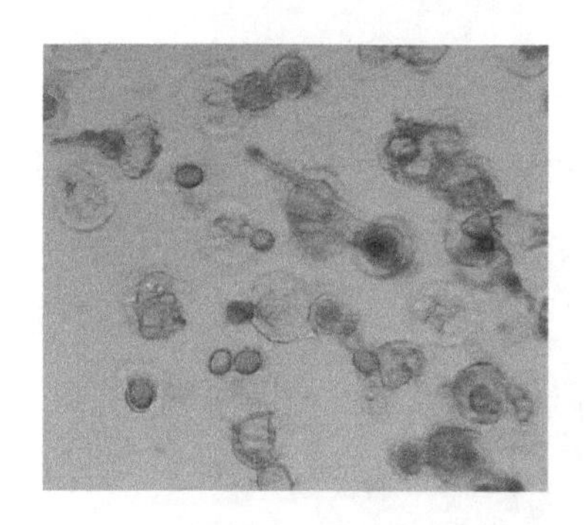

图 2.127 *Entomophthora* sp. 次生分生孢子（400×）

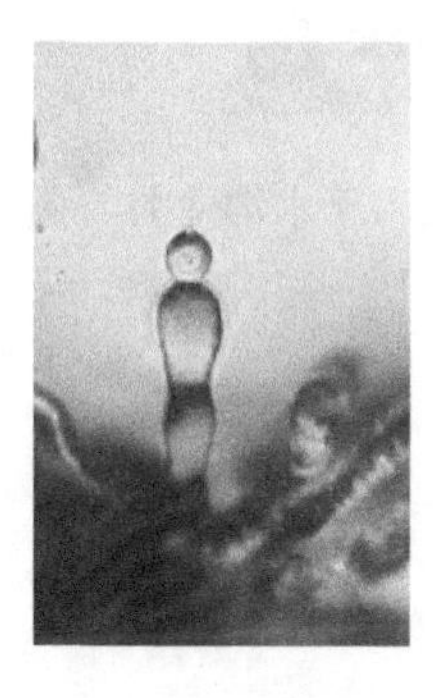

图 2.128 *Entomophthora* sp. 分生孢子梗（400×）

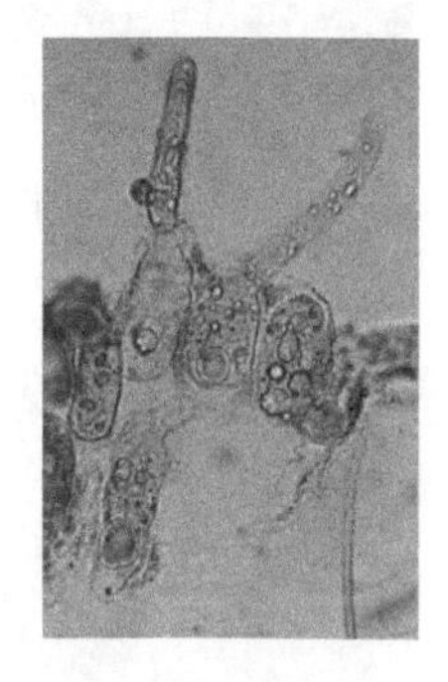

图 2.129 *Entomophthora* sp. 菌丝段（400×）

2.2.4 虫疫霉属 *Erynia*

虫疫霉属虫霉为昆虫的专性病原真菌，侵染双翅目、襀翅目和毛翅目等水生昆虫及同翅目和鞘翅目昆虫。本属包含多种侵染蚊虫的虫霉种类，对蚊虫具有重要的自然控制作用。

虫疫霉属虫霉在广东南岭至少有 6 种，在中国有 7 种，在世界有 17 种。

（1）摇蚊虫疫霉 *Erynia chironomis*

被摇蚊虫疫霉侵染的摇蚊附着于树干、水沟壁、岸边的石头及水中的树枝等基质上，或漂浮于水面（图 2.130 和图 2.131），虫体表面被淡灰绿色子实层覆盖，两侧可见密集、毛状的假囊状体，摇蚊尸体周围的水面上有时漂浮着一层灰白色分生孢子。

摇蚊虫疫霉初生分生孢子呈淡灰绿色，锥形，有时向一侧弯曲，顶部呈圆形，基部乳突明显，呈三角形，大小为 30.5～58.9（43.8±1.0）μm×10.7～20.6（15.6±1.2）μm（n=30）；单核，细胞核呈椭圆形或圆形；双囊壁（图 2.132～图 2.134）。摇蚊虫疫霉次生分生孢子有 2 种类型：一种形似其初生分生孢子，另一种呈近球形（图 2.135）。分生孢子梗呈掌状分枝（图 2.136）。假根呈单菌丝状（图 2.137），假囊状体长而粗（图 2.138 和图 2.139）。未见休眠孢子。

摇蚊虫疫霉的主要寄主为摇蚊科成虫。

每年 3～5 月，在韶关市只要有明显的降水，该菌就会在摇蚊种群中引发流行病，通常与库蚊虫霉和弯孢虫疫霉混合发生。

图 2.130　被摇蚊虫疫霉侵染的摇蚊附着于水沟壁上

图 2.131　摇蚊虫疫霉发射的孢子漂浮在水面上

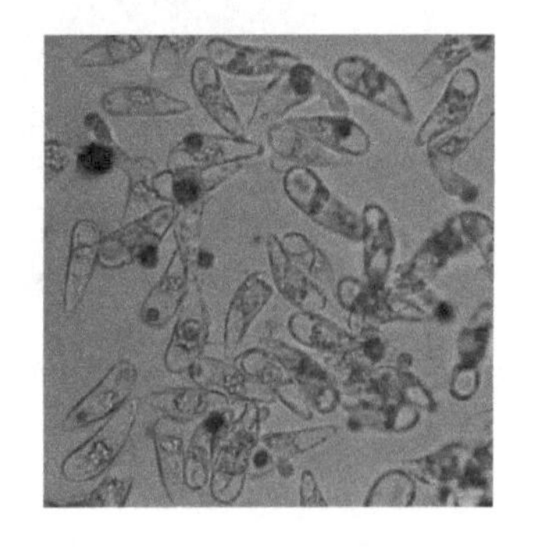

图 2.132　摇蚊虫疫霉初生分生孢子（400×）

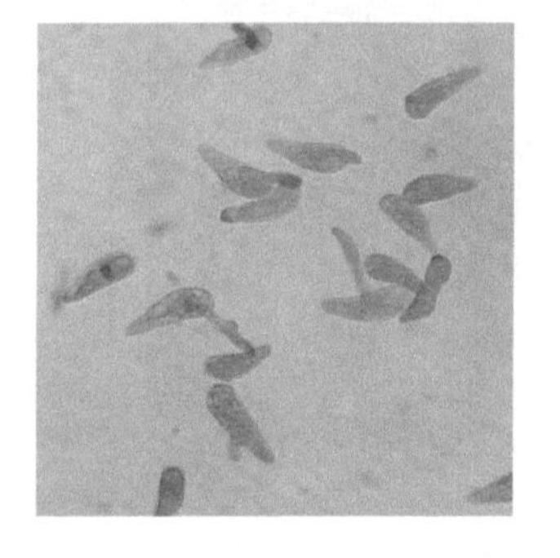

图 2.133　被棉蓝染色的摇蚊虫疫霉初生分生孢子（400×）

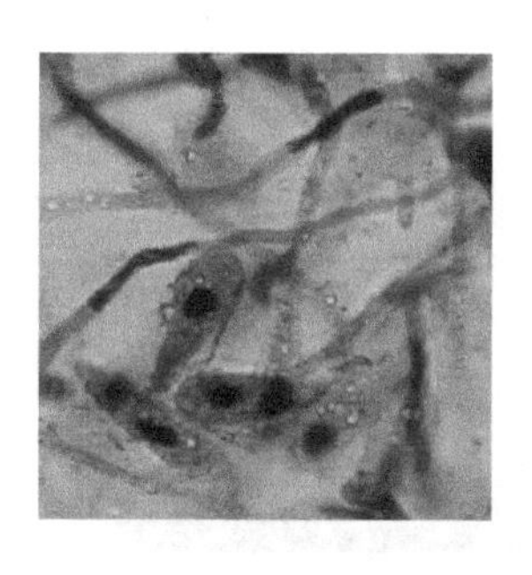

图 2.134 摇蚊虫疫霉初生分生孢子（示细胞核，400×）

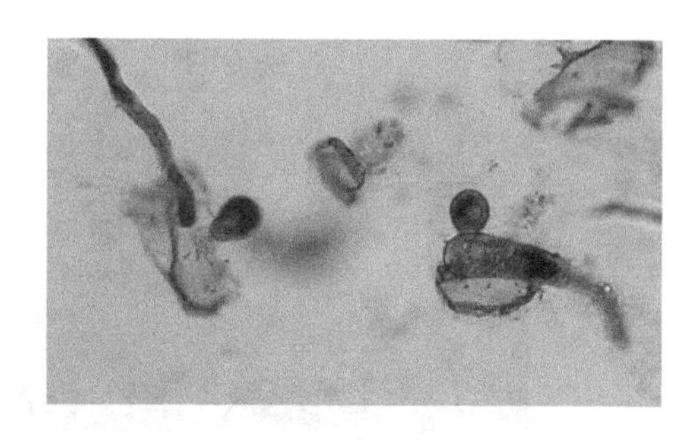

图 2.135 摇蚊虫疫霉次生分生孢子（400×）

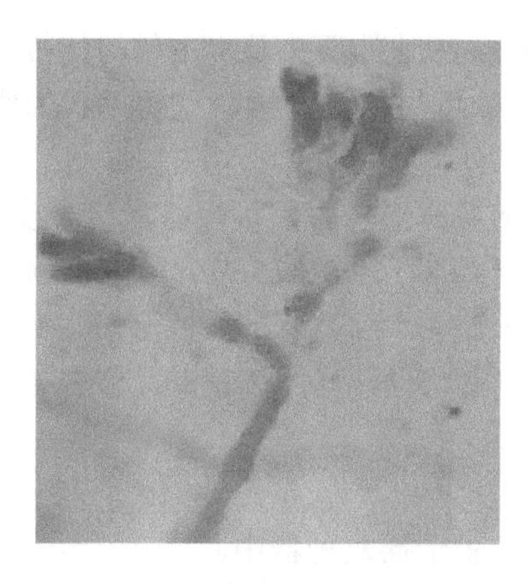

图 2.136 摇蚊虫疫霉分生孢子梗（400×）

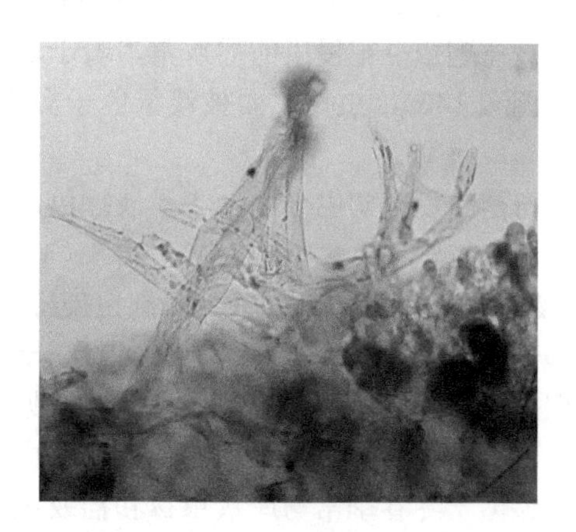

图 2.137 摇蚊虫疫霉假根（400×）

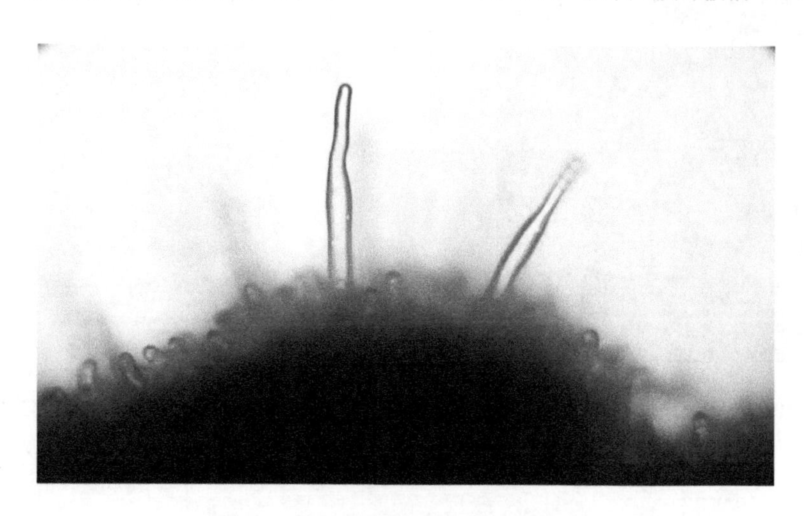

图 2.138 摇蚊虫疫霉假囊状体（200×）

图 2.139　摇蚊虫疫霉假囊状体（100×）

（2）弯孢虫疫霉 *Erynia curvispora*

被弯孢虫疫霉侵染的摇蚊常附着于墙壁、水沟壁、岸边的石头及水中的树枝等基质上（图 2.140），虫体表面被淡绿色子实层覆盖，两侧可见比较密集、呈短毛状的假囊状体。

弯孢虫疫霉初生分生孢子呈淡绿色，椭圆形或倒拟卵形，香蕉状弯曲，顶部较圆，基部乳突较粗钝，大小为 28.9～40.5（31.8±1.2）μm×12.8～19.5（15.9±1.4）μm（*n*=30）（图 2.141）；单核；双囊壁。弯孢虫疫霉次生分生孢子有 2 种类型：一种形似其初生分生孢子，另一种呈近球形（图 2.142）。分生孢子梗呈掌状分枝（图 2.143）。假囊状体短而粗（图 2.144）。假根呈单菌丝状。未见休眠孢子。

弯孢虫疫霉的主要寄主为摇蚊科成虫。

该菌于冬春季常与库蚊虫霉和摇蚊虫疫霉混合发生于摇蚊种群中。

图 2.140　被弯孢虫疫霉侵染的摇蚊附着于漂浮物上

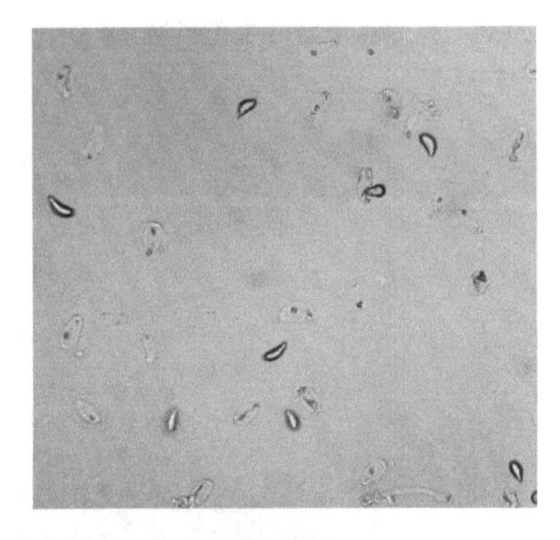

图 2.141　弯孢虫疫霉初生分生孢子及次生分生孢子（200×）

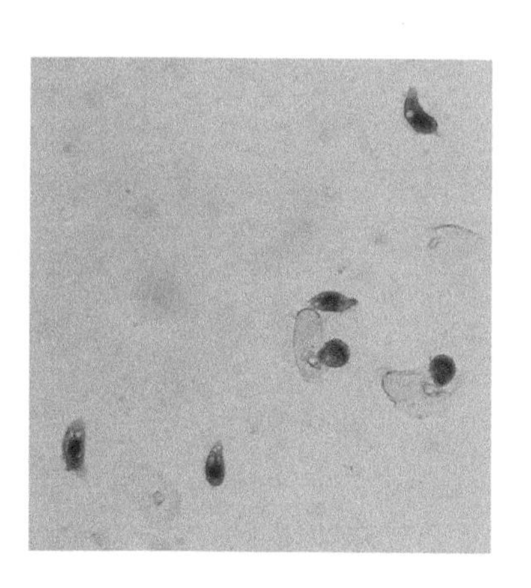

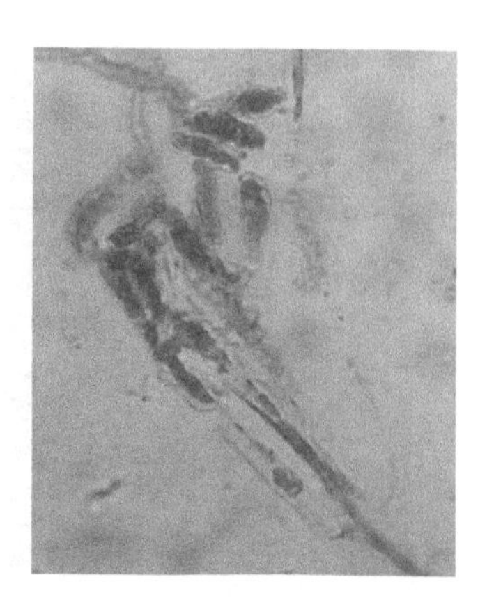

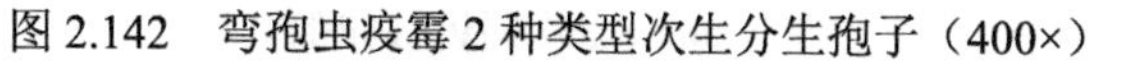

图 2.142 弯孢虫疫霉 2 种类型次生分生孢子（400×）

图 2.143 弯孢虫疫霉分生孢子梗（400×）

图 2.144 弯孢疫霉假囊状体（400×）

（3）卵孢虫疫霉 *Erynia ovispora*

被卵孢虫疫霉侵染的致倦库蚊头部朝上附着于树干或水沟两侧的壁上（图 2.145 和图 2.146），虫体被丰满的白色子实层覆盖，有时仅露出部分前翅和足，子实层表面密集、呈长毛状的假囊状体清晰可见。子实层新鲜时呈白色，干燥后呈微黄色。

卵孢虫疫霉初生分生孢子无色，呈卵形，内含 1 个大液泡，基部乳突明显，有时略弯向一侧，大小为 19.5～27.3（23.2±1.6）μm×10.4～14.3（12.6±1.0）μm，L/D 为 1.6～2.1（1.8±0.2）（*n*=30）；单核，直径为 3.9～6.5（4.5±1.1）μm（*n*=12）；双囊壁（图 2.147 和图 2.148）。卵孢虫疫霉次生分生孢子形似初生分生孢子，大小为 15.6～20.8（17.7±1.6）μm×9.1～13（11.5±1.1）μm，L/D 为 1.2～1.8（1.5±0.2）（*n*=20）（图 2.149）。分生孢子梗呈掌状分枝，排列紧密（图 2.150 和图 2.151）。假囊状体发达，长而粗。假根呈单菌丝状，末端似根状分枝。未见休眠孢子。

卵孢虫疫霉的主要寄主为致倦库蚊成虫。

该菌分布于广东韶关各地，多在春季发生。

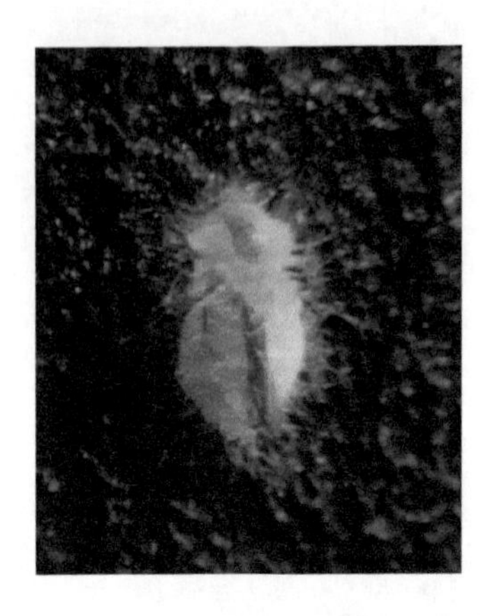

图 2.145　附着在树干上的被卵孢虫疫霉侵染的致倦库蚊

图 2.146　水沟附近被卵孢虫疫霉侵染的致倦库蚊

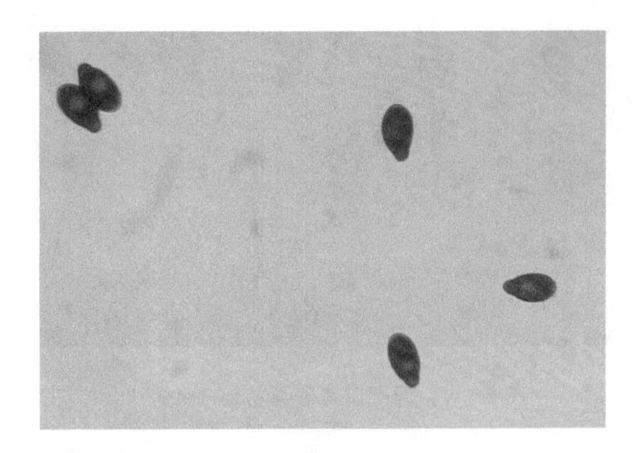

图 2.147　卵孢虫疫霉初生分生孢子（400×）

图 2.148　卵孢虫疫霉初生分生孢子（示双囊壁，400×）

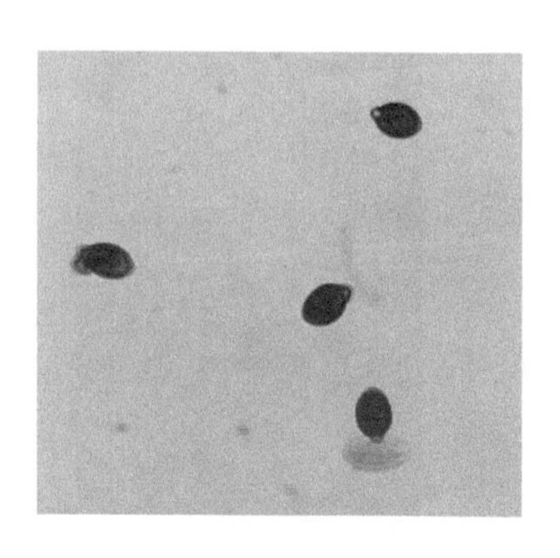

图 2.149 卵孢虫疫霉次生分生孢子（400×）

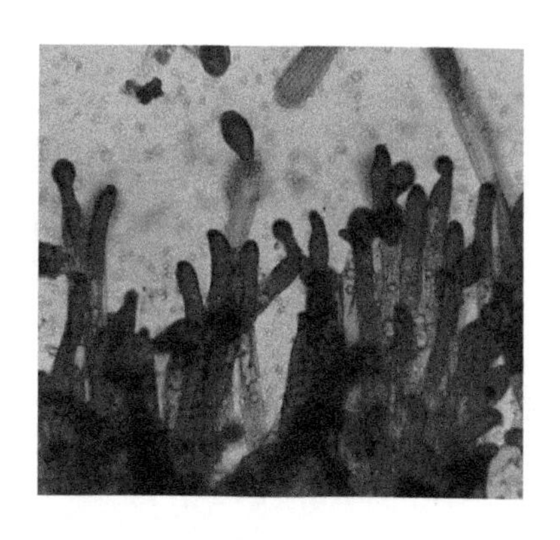

图 2.150 被乙酸地衣红染色的卵孢虫疫霉分生孢子梗（400×）

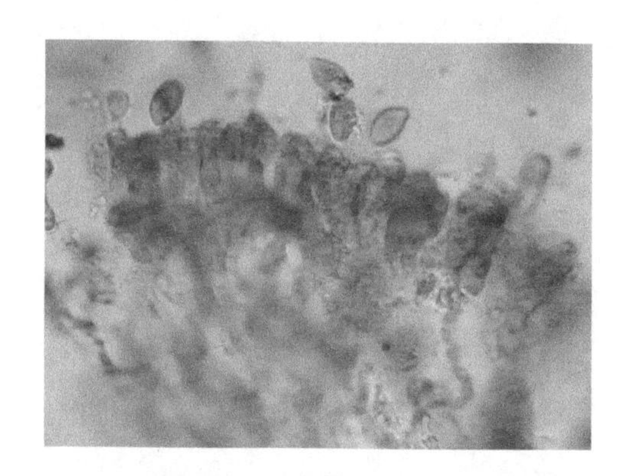

图 2.151 被棉蓝染色的卵孢虫疫霉分生孢子梗（400×）

（4）根孢虫疫霉 *Erynia rhizospora*，中国新记录种

被根孢虫疫霉侵染死亡的石蛾成虫附着于溪流中近水面的石壁上或附近植物上（图 2.152 和图 2.153），尸体极度膨大，表面覆盖淡黄白色子实层，干燥后子实层变为灰白色。

根孢虫疫霉初生分生孢子无色、透明，呈短棒形、香蕉形或弯月形，大小为 23.4～49.6（36.5±5.6）μm×9.1～12.8（9.6±1.1）μm，L/D 为 3.4～4.0（3.8±0.2），最大直径在上半部，多不对称，明显向一侧弯曲，顶部呈圆形，向基部渐尖削，乳突明显；单核；细胞质内含 2～5 个大液泡，多为 2 个；双囊壁（图 2.154）。根孢虫疫霉次生分生孢子有 2 种类型：一种形似初生分生孢子，但稍小而圆，大小为 16.9～27.8（23.7±3.4）μm×11.7～18.2（13.5±2.0）μm，L/D 为 1.5～1.8（1.7±0.1）；另一种呈球形（图 2.155）。次生分生孢子萌发形成短芽管。分生孢子梗呈掌状分枝，排列呈栅栏状。假囊状体长，呈单菌丝状，基部粗，向端部渐尖细。假根呈单菌丝状，末端膨大。未见休眠孢子。

根孢虫疫霉的主要寄主为石蛾成虫。

该菌夏季多分布于广东南岭山地溪流两岸近水面的石头或附近植物上。

图 2.152　被根孢虫疫霉侵染的石蛾附着于石壁上

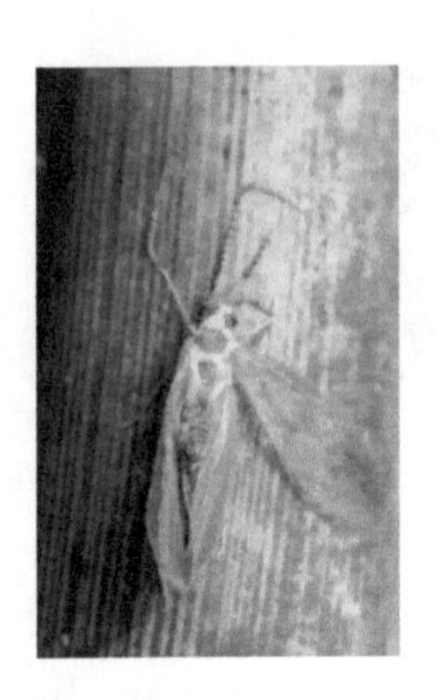

图 2.153　被根孢虫疫霉侵染的石蛾附着于植物上

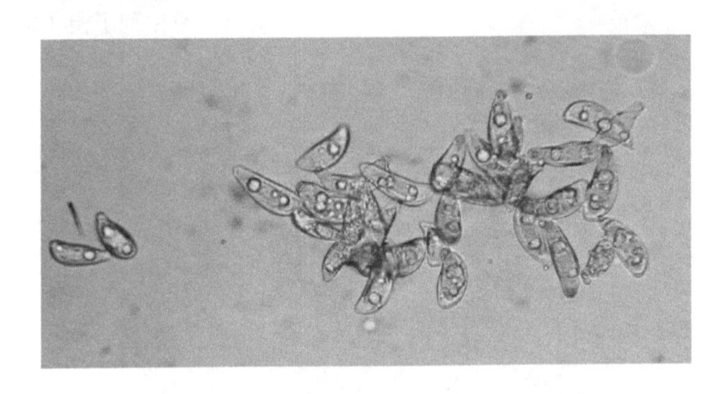

图 2.154　根孢虫疫霉初生分生孢子（400×）

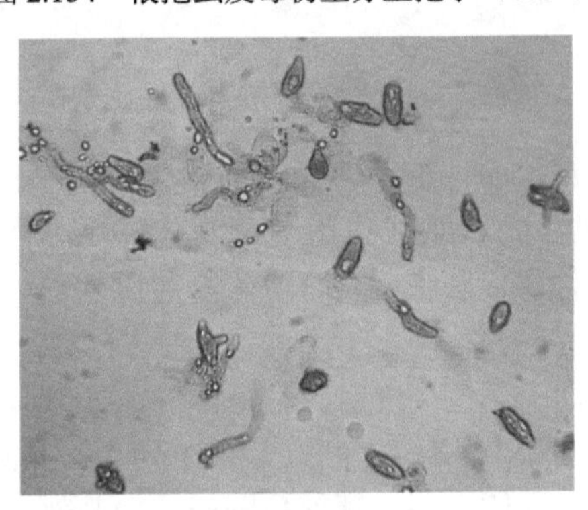

图 2.155　根孢虫疫霉 2 种类型次生分生孢子（400×）

（5）墓地虫疫霉 *Erynia sepulchralis*，中国新记录种

被墓地虫疫霉侵染的大蚊头部向上附着于森林溪流中的石头、枯木和阴香树干上（图 2.156 和图 2.157），双翅平展或稍向后张开，足呈自然伸展状，从节间膜长出白色子实体，在各节形成环状子实层，侵染后期，虫体几乎完全被白色子实层覆盖，在子实层表面突出很多白色毛状的假囊状体，蚊尸开始向外不断发射分生孢子，翅上和足上都有孢子附着（图 2.158）。

图 2.156 被墓地虫疫霉侵染的大蚊附着于石头上

图 2.157 被墓地虫疫霉侵染的大蚊附着于树干上

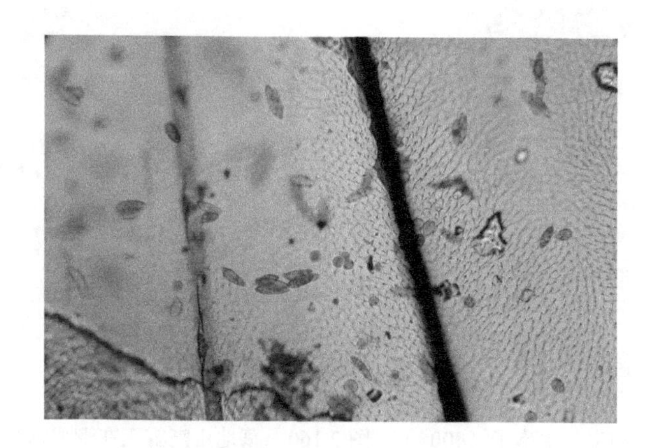

图 2.158 大蚊翅上的墓地虫疫霉分生孢子（200×）

墓地虫疫霉初生分生孢子呈倒拟卵形或拟梭形，最大直径多在下半部，多不对称，向一侧弯曲，顶部较尖削，基部乳突比较粗钝，大小为 32.9～49.4（41.9±3.8）μm×9.1～15.6（12.4±1.2）μm，L/D 为 2.5～4.6（3.4±0.5），通常含 2 个明显的大液泡（n=52）（图 2.159）；单核；双囊壁。墓地虫疫霉次生分生孢子多数形似其初生分生孢子，大小为 20.8～28.6（24.2±2.6）μm×9.1～15.6（13.5±1.4）μm，L/D 为 1.3～2.6（1.8±0.3），少数呈近球形，大小为 16.9～20.8（19.2±0.9）μm×14.3～16.9（15.3±0.7）μm，L/D 为 1.2～1.4（1.1±0.2），近球形次生分生孢子多从初生分生孢子中部产生，明显小于初生分生孢子（图 2.160 和图 2.161）。分生孢子梗呈栅栏状排列，顶端着生分生孢子，易于被染色，呈多掌状分枝，直径为 9.1～15.6（11.8±1.9）μm（n=36）（图 2.162）。菌丝段多呈蝌蚪状，少数呈短棒状或不规则状（图 2.163）。假囊状体粗大，耸立于子实层之上，肉眼明显可见，基部直径为 31.2～58.5（45.9±5.7）μm，端部直径为 19.5～37.7（29.0±4.3）μm（图 2.164）。假根呈单菌丝状，直径为 19.5～39.0（30.9±3.8）μm，末端有时分叉（图 2.165）。未见休眠孢子。

该菌的初生分生孢子形态与巨孢虫疫霉 *Erynia gigantea*（李增智，2000）形态相似，但明显小于巨孢虫疫霉（平均大小为 57.6μm×18.6μm），与巨孢虫疫霉相比，液泡数量少而大，且寄主不相同。

2017 年 4～6 月，在广东韶关地区对墓地虫疫霉进行调查时发现，墓地虫疫霉发生时间为 4 月 10～16 日，发生时间极为短暂。被侵染的大蚊多发现于荫蔽的树干和墙壁等潮湿处，孢子很快散射完毕，最后只余下黑褐色躯壳。镜检发现被侵染的多为雌蚊，多数死亡的雌蚊体内有卵。4 月 14 日下午，室内饲养观察 120 头野外采集的大蚊，当日 20 时发现 1 头大蚊死亡，当时其体表已长出白色菌丝。至 4 月 16 日中午已观察到 15 头大蚊死亡，大蚊侵染致死率为 12.5%（图 2.166）。

墓地虫疫霉的主要寄主为大蚊科成虫。

该菌在春季及秋冬季发生于绿地及森林溪流中。

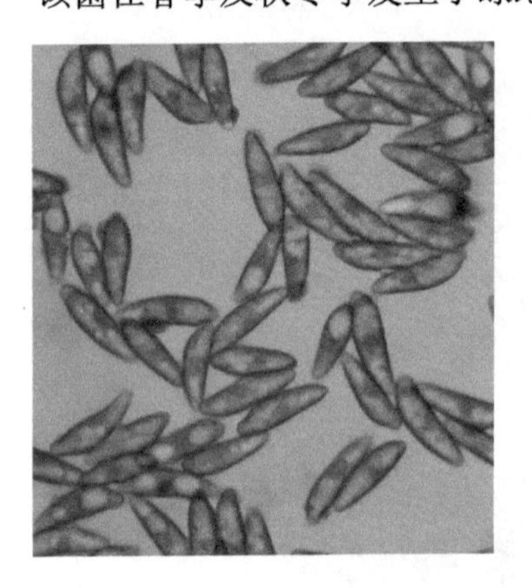

图 2.159　墓地虫疫霉初生分生孢子（400×）

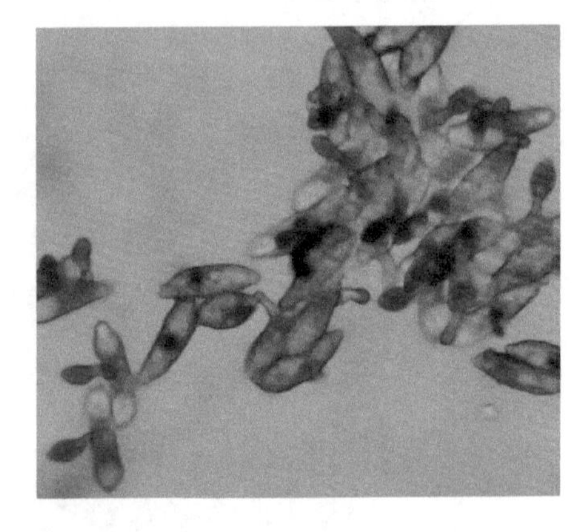

图 2.160　墓地虫疫霉正在形成次生分生孢子（400×）

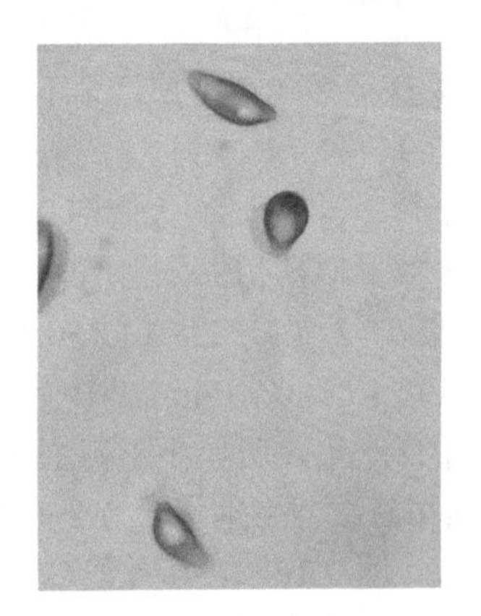

图2.161　墓地虫疫霉2种类型次生分生孢子（400×）

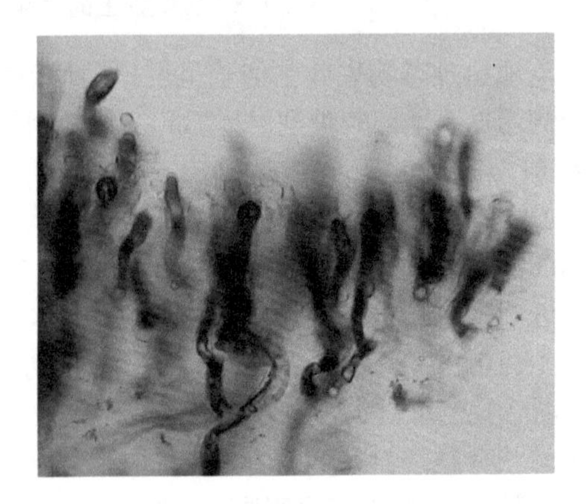

图 2.162　墓地虫疫霉分生孢子梗（200×）

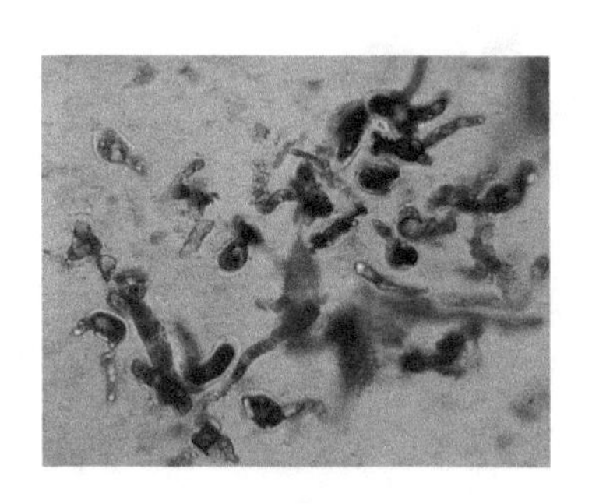

图 2.163　墓地虫疫霉菌丝段（200×）

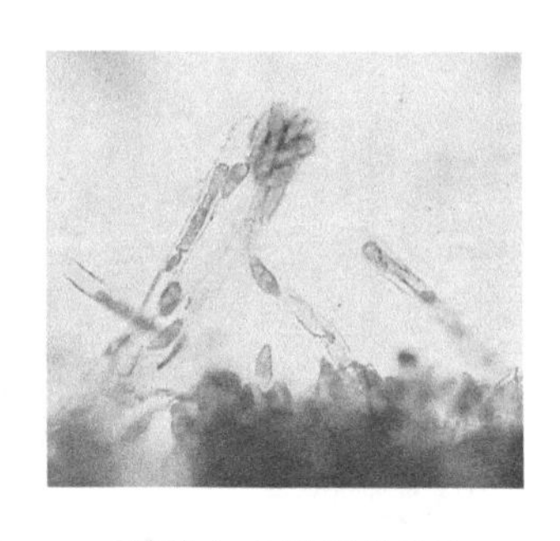

图 2.164　墓地虫疫霉假囊状体（200×）

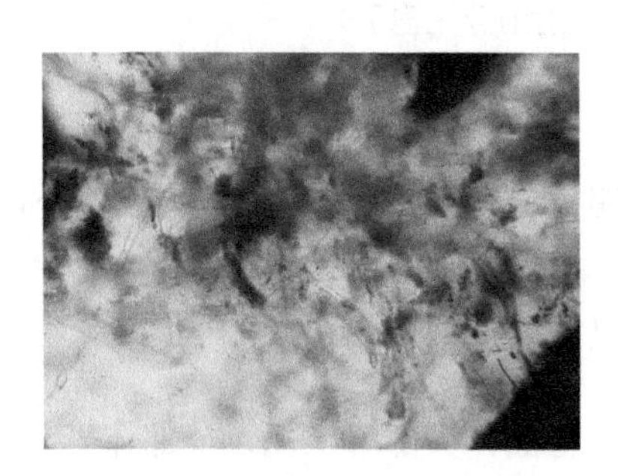

图 2.165　墓地虫疫霉假根（200×）

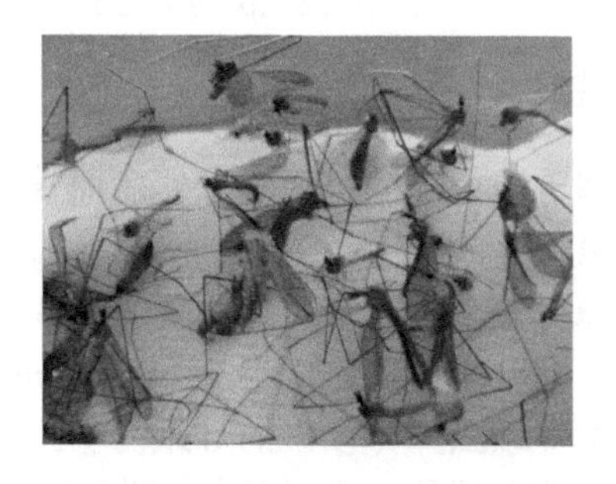

图 2.166　室内饲养观察墓地虫疫霉对大蚊的侵染率

（6）亨里克虫疫霉 *Erynia henrici*，中国新记录种

被亨里克虫疫霉侵染的致倦库蚊附着于靠近河沟边的水中漂浮物上，虫体上覆盖着白色子实层或灰色子实层，虫体两侧伸出很多密集的、呈白色毛状的假囊状体（图 2.167～图 2.169）。

亨里克虫疫霉初生分生孢子呈卵形，无色透明，大小为 21.5～25.2μm×12.6～18.2μm；单核；双囊壁。亨里克虫疫霉次生分生孢子基本与初生分生孢子同形。分生孢子梗呈掌状分枝。假囊状体多而粗壮。未见休眠孢子。

亨里克虫疫霉的主要寄主为致倦库蚊成虫。

该菌在春季发生于村庄附近的河沟中。

图 2.167　被亨里克虫疫霉侵染的致倦库蚊（示假囊状体）

图 2.168　被亨里克虫疫霉侵染的致倦库蚊（形成比较饱满的白色子实体）

图 2.169　被亨里克虫疫霉侵染的致倦库蚊
（形成饱满的灰色子实体，在周边可见发射的分生孢子）

2.2.5　虫瘴霉属 *Furia*

虫瘴霉属虫霉为昆虫的专性病原真菌，侵染鳞翅目、双翅目、革翅目、同翅目和半翅目昆虫。

虫瘴霉属虫霉在广东南岭至少有 3 种，在中国有 10 种，在世界有 17 种。

（1）枯叶蛾虫瘴霉 ***Furia gastropachae***

被枯叶蛾虫瘴霉侵染的灯蛾科幼虫附着于番薯叶背面，头部略上扬，全部体表几乎都被干燥的深褐色子实层覆盖（图 2.170）。室内保湿培养后，其子实层颜色变为淡褐色，虫体两侧明显可见发射出的分生孢子（图 2.171）。被侵染的毒蛾科幼虫头部朝下附着于榕树下垂的气生根上，虫体上的子实层呈黄白色（图 2.172）。

枯叶蛾虫瘴霉初生分生孢子无色，呈卵圆形或椭圆形，顶端呈近圆形，乳突粗钝，偶尔弯向一侧，大小为 15.8～25.3（23.8 ±2.5）μm×8.2～15.1（11.9±1.7）μm（*n*=30），含有 1～3 个较大的液泡；单核；双囊壁（图 2.173）。枯叶蛾虫瘴霉次生分生孢子形似初生分生孢子，但较短而圆（图 2.174）。菌丝段形态多样，呈梨形、卵形、棍棒形等。分生孢子梗呈掌状分枝。未见假囊状体、假根和休眠孢子。

枯叶蛾虫瘴霉的主要寄主为鳞翅目灯蛾科、毒蛾科幼虫。

该菌春、秋两季发生于森林、绿地和农田等生境。

图 2.170　被枯叶蛾虫瘴霉侵染的灯蛾科幼虫

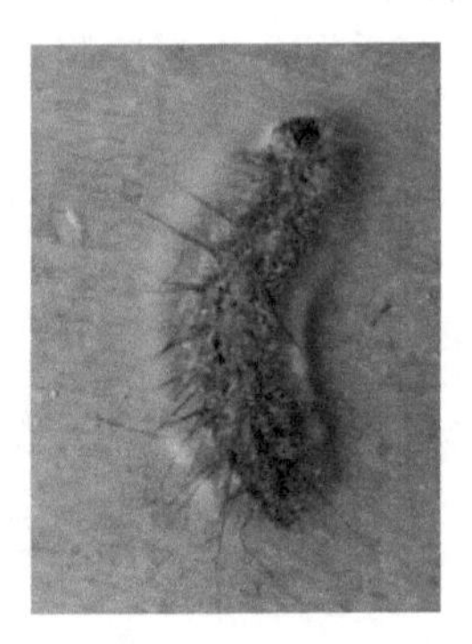

图 2.171　被枯叶蛾虫瘴霉侵染的灯蛾科幼虫（室内培养）

图 2.172 被枯叶蛾虫瘴霉侵染的毒蛾科幼虫

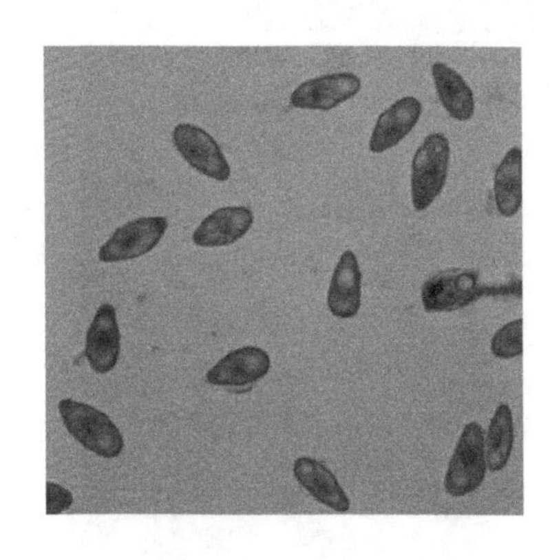

图 2.173 枯叶蛾虫瘴霉初生分生孢子（400×）

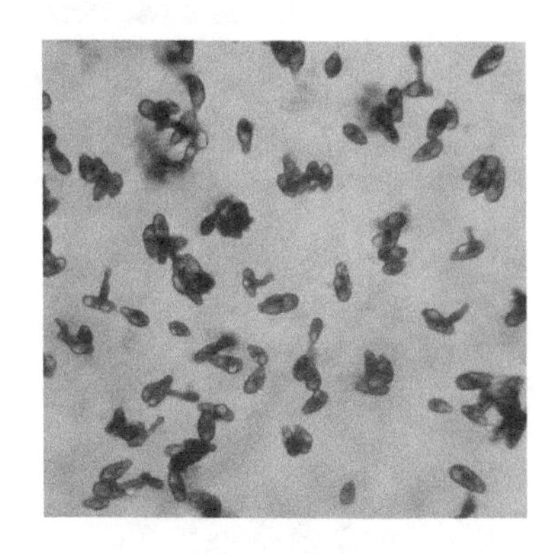

图 2.174 枯叶蛾虫瘴霉已经形成和正在形成的次生分生孢子（200×）

（2）美洲虫瘴霉 *Furia americana*

被美洲虫瘴霉侵染的麻蝇头部向下附着于草穗上，翅向侧上方展开，腹部节间膜处可见深褐色子实层带（图 2.175）。

美洲虫瘴霉初生分生孢子呈卵圆形，大小为 27.0～34.0（30.8±2.1）μm×13.0～15.0（13.8±0.7）μm，L/D 为 2.24±0.2，基部乳突多偏向一侧，内含大量形状、大小比较规则的小脂肪球；单核；双囊壁（图 2.176）；其初生分生孢子萌发产生细长的芽管（图 2.177）。美洲虫瘴霉次生分生孢子形似初生分生孢子（图 2.178）。分生孢子梗呈掌状分枝（图 2.179）。假根呈单菌丝状，末端具盘状固着器（图 2.180）。美洲虫瘴霉休眠孢子无色、透明，呈球形，直径为 30.0～43.0（36.3±3.3）μm（图 2.181）。

美洲虫瘴霉的主要寄主为麻蝇科 Sarcophagidae 成虫。

该菌在秋季发生于林缘和农田等生境。

广东韶关标本的初生分孢子大小及其内含物形态均符合 Thaxter（1888）的描述，但休眠孢子略小，假根端部具有盘状固着器。Keller（2007a）发现，瑞士的美洲虫瘴霉标本的假根呈单菌丝状，具有盘状固着器，与广东韶关标本相同。

图 2.175 被美洲虫瘴霉侵染的麻蝇头部向下附着于草穗上

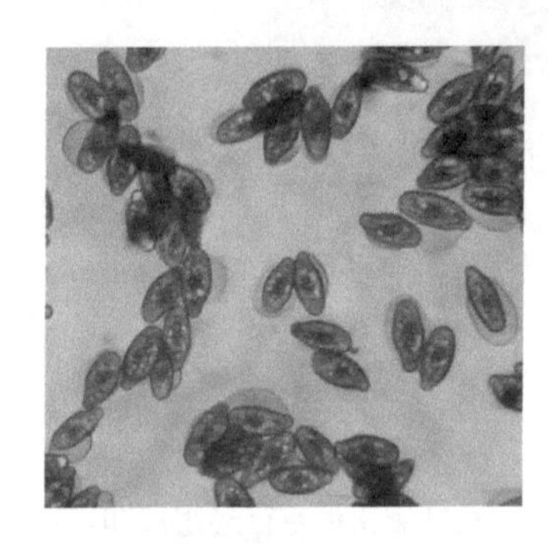

图 2.176 美洲虫瘴霉初生分生孢子（400×）

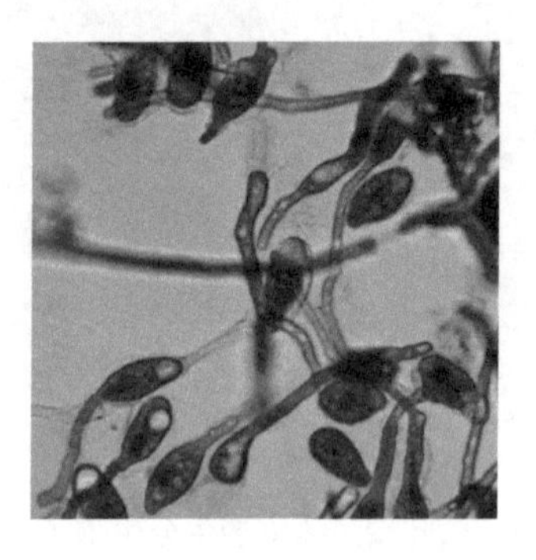

图 2.177 美洲虫瘴霉初生分生孢子萌发（400×）

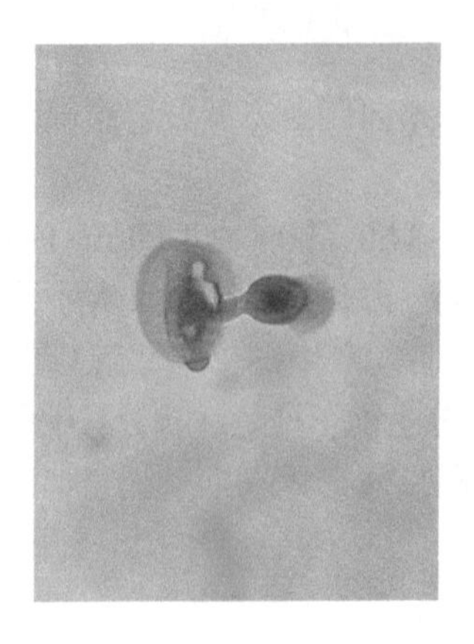

图 2.178 美洲虫瘴霉次生分生孢子（400×）

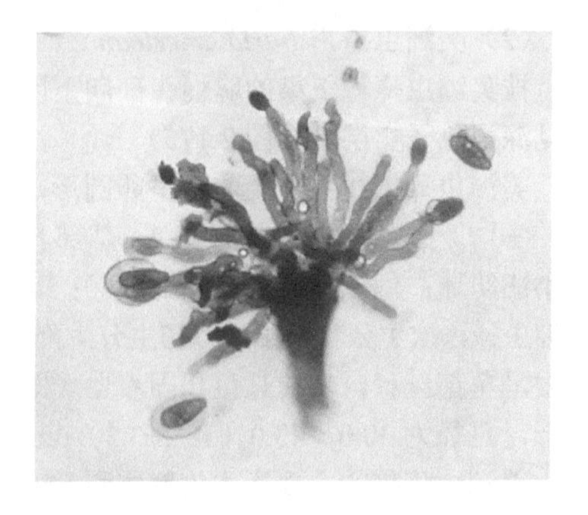

图 2.179 美洲虫瘴霉分生孢子梗（300×）

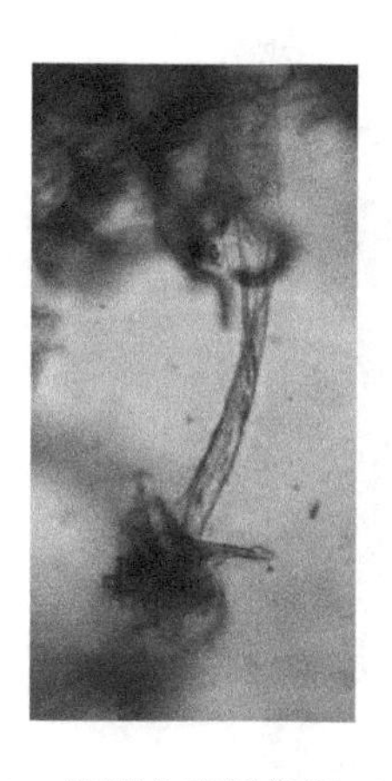

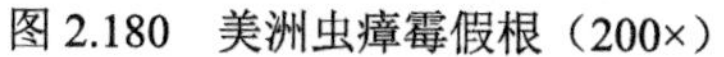

图 2.180 美洲虫瘴霉假根（200×）

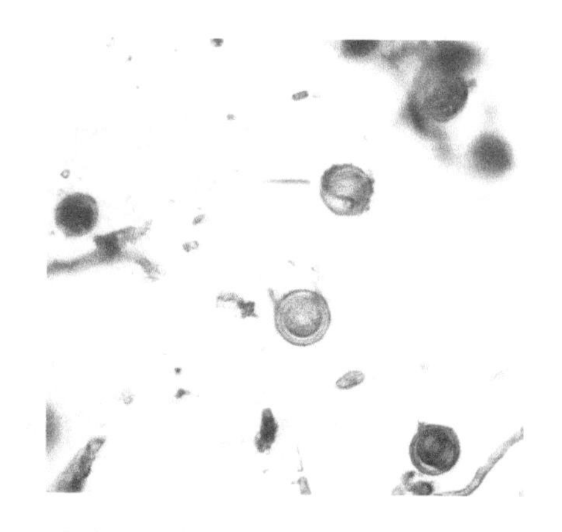

图 2.181 美洲虫瘴霉休眠孢子（200×）

（3）胶孢虫瘴霉 *Furia gloeospora*

被胶孢虫瘴霉侵染的蛾蚋成虫附着于排污沟边、潮湿墙壁及树干上，双翅向侧后方张开，浓密的灰白色虫霉子实层几乎覆盖整个虫体，四周可见比较密集的假囊状体伸出，双翅上散落着分生孢子（图 2.182～图 2.185）。

胶孢虫瘴霉初生分生孢子无色、透明，呈倒拟卵形，大小为 19.5～26.0（22.3±1.6）μm×13.0～16.9（14.8±1.1）μm，L/D 为 1.3～1.8（1.5±0.1），内部通常含有 4～8 个液泡，直径为 3.0～8.0（5.0±1.4）μm；单核，呈近球形，直径为 3.9～9.1（6.8±1.2）μm；双囊壁（图 2.186）；初生分生孢子萌发产生的芽管直径为 5.2～6.5（5.5±0.6）μm。胶孢虫瘴霉次生分生孢子形似初生分生孢子或呈近球形，大小为 14.3～19.5（16.1±2.1）μm×9.1～11.7（10.9±1.2）μm，L/D1.2～1.7（1.5±0.2）（图 2.187）。分生孢子梗多为二叉状分枝，直径为 9.1～13.0（11.1±2.3）μm（图 2.188）。假囊状体多，呈单菌丝状。假根呈单菌丝状，端部不分化为盘状固着器。休眠孢子直径为 24.7～35.1（29.2±2.7）μm，壁厚为 2.6～3.9（2.8±0.4）μm（图 2.189）。

胶孢虫瘴霉的主要寄主为蛾蚋属昆虫成虫。

该菌在冬末至夏初多发生于林缘、绿地及居民区水沟附近。

图 2.182 墙壁上被胶孢虫瘴霉侵染的蛾蚋成虫

图 2.183　树干上被胶孢虫瘴霉侵染的蛾蚋成虫

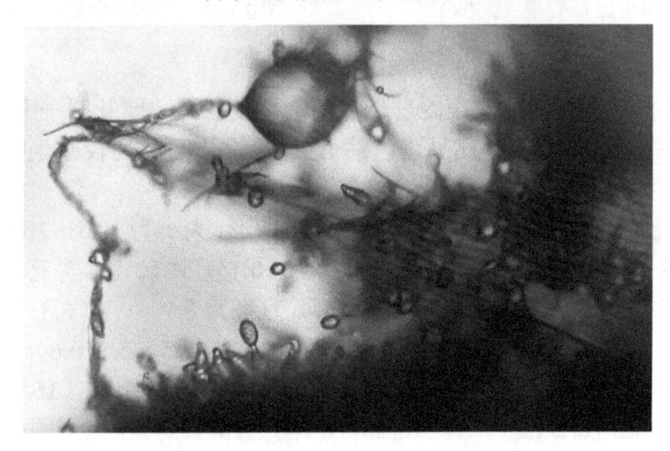

图 2.184　蛾蚋成虫体表上的胶孢虫瘴霉子实层（200×）

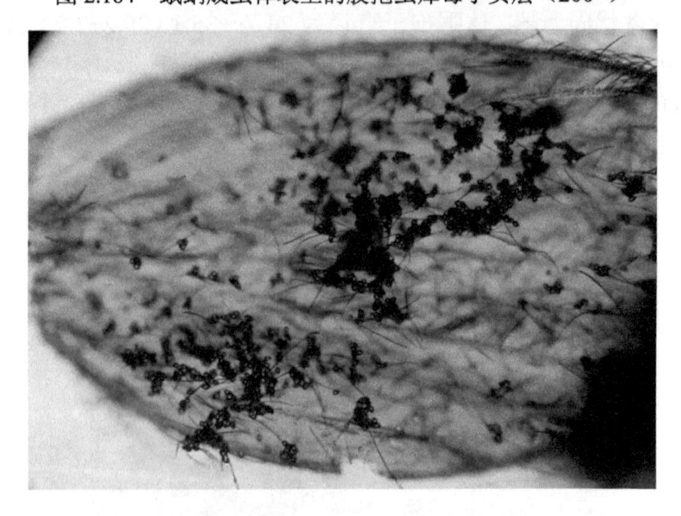

图 2.185　发射到蛾蚋翅上的胶孢虫瘴霉分生孢子（100×）

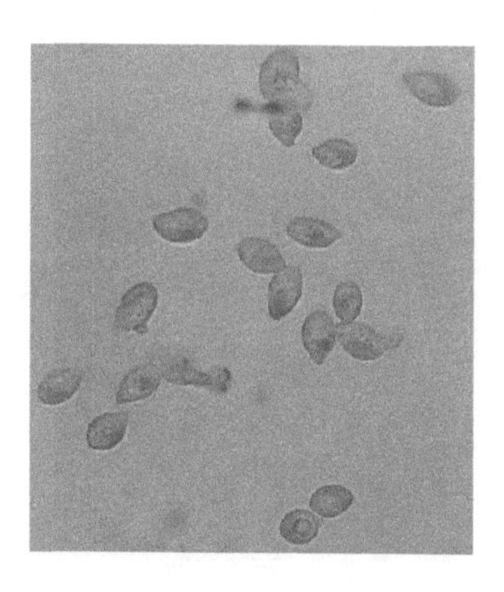

图 2.186 胶孢虫瘴霉初生分生孢子（400×）

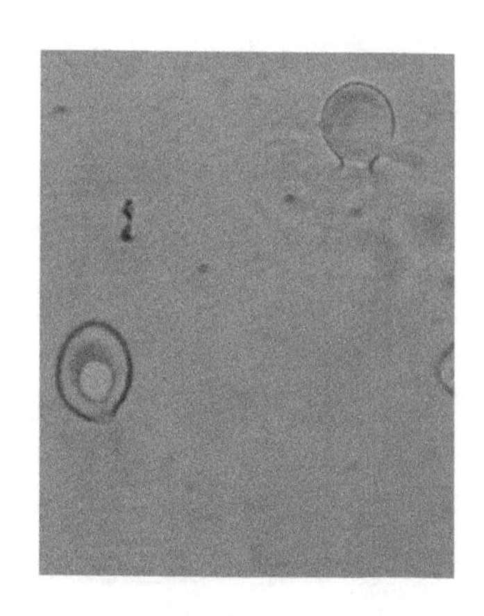

图 2.187 胶孢虫瘴霉次生分生孢子（500×）

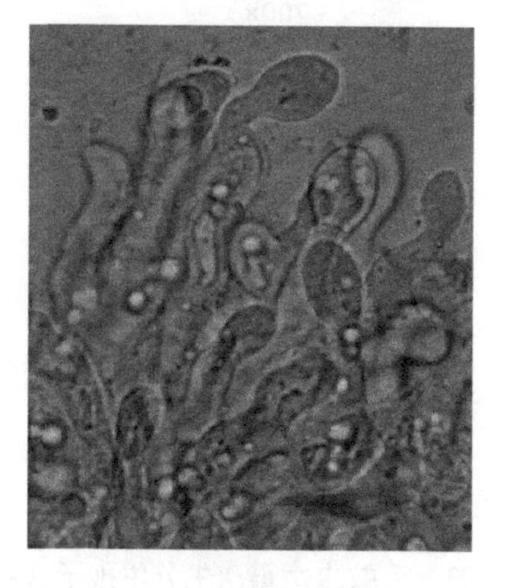

图 2.188 胶孢虫瘴霉分生孢子梗（400×）

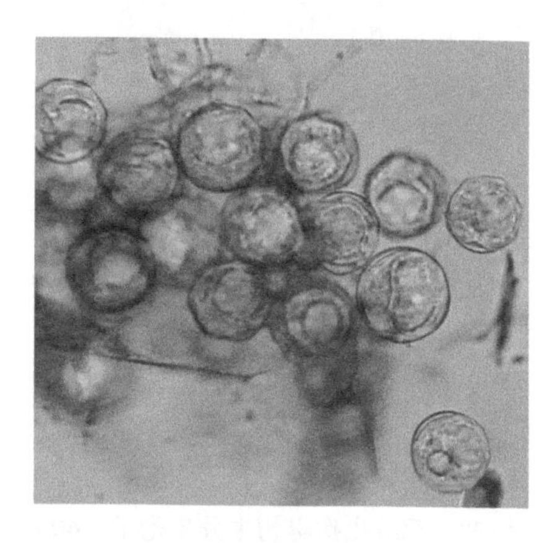

图 2.189 胶孢虫瘴霉休眠孢子（400×）

2.2.6 虫疠霉属 *Pandora*

虫疠霉属虫霉为昆虫和蜘蛛的专性病原真菌，侵染同翅目、双翅目、膜翅目、鳞翅目、鞘翅目和半翅目昆虫及盲蛛。

虫疠霉属虫霉在广东南岭至少有 10 种，在中国有 15 种，在世界有 33 种。

（1）毛蚊虫疠霉 *Pandora bibionis*

被毛蚊虫疠霉侵染的眼蕈蚊附着于叶背面，双翅向两侧张开，虫体覆盖淡黄色的子实层，虫体周围和翅面常可见发射出的分生孢子（图 2.190 和图 2.191）。

毛蚊虫疠霉初生分生孢子无色，呈卵形，大小为 15.6～22.1（18.3±1.3）μm×8.2～12.8（10.2±0.8）μm，L/D 为 1.5～2.3（1.8±0.9）（*n*=30）；单核；双囊壁（图 2.192）。毛蚊虫疠霉次生分生孢子形似初生分生孢子(图 2.193)。分生孢子梗呈掌状分枝(图 2.194)。假囊状体呈单菌丝状，比较长且粗壮（图 2.195）。假根呈单菌丝状，末端有盘状固着器（图 2.196）。未见休眠孢子。

毛蚊虫疠霉的主要寄主为毛蚊属 *Bibio* 昆虫成虫。

该菌在夏秋季发生于森林中。

图 2.190　被毛蚊虫疠霉侵染的眼蕈蚊

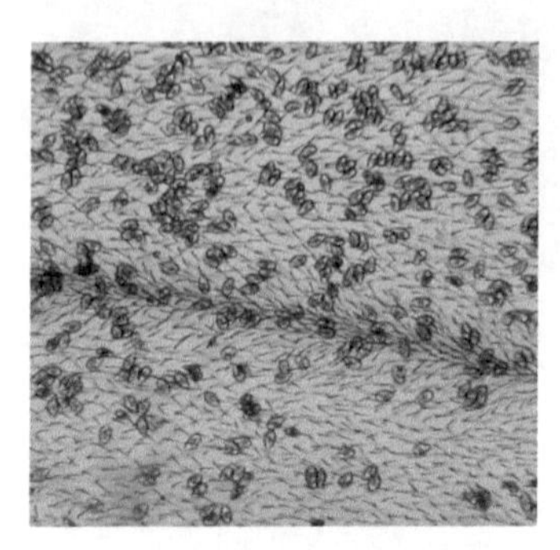

图 2.191　眼蕈蚊翅上的毛蚊虫疠霉分生孢子（200×）

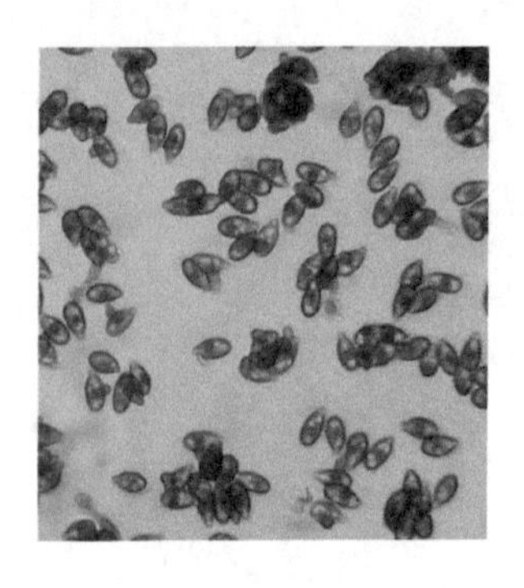

图 2.192　毛蚊虫疠霉初生分生孢子（400×）

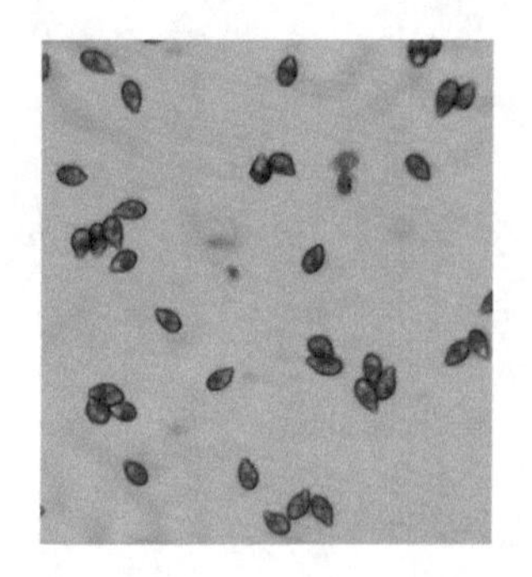

图 2.193　毛蚊虫疠霉次生分生孢子（400×）

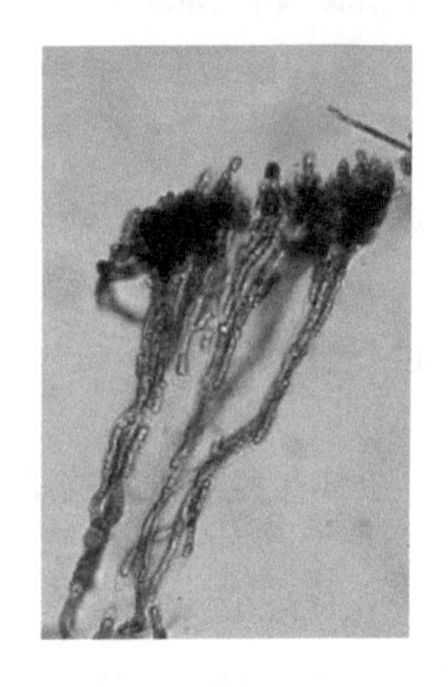

图 2.194　毛蚊虫疠霉分生孢子梗（200×）

图 2.195　毛蚊虫疠霉假囊状体（200×）

图 2.196　毛蚊虫疠霉假根（100×）

（2）布伦克虫疠霉 *Pandora blunckii*

布伦克虫疠霉一般侵染小菜蛾 3、4 龄幼虫及蛹。被该菌侵染的幼虫或蛹多死于叶面和茎上，尸体通体覆盖乳白色子实层，有时子实层呈褶皱状，尸体以假根固定于寄主所在植物上，尸体周围特别是其两侧有时明显可见从虫体发射出的分生孢子形成的孢子圈（图 2.197～图 2.200）。野外被侵染致死的幼虫尸体经室内培养后，尸体上的子实层颜色为灰色至黄褐色（图 2.201）。

图 2.197　布伦克虫疠霉侵染初期的小菜蛾幼虫

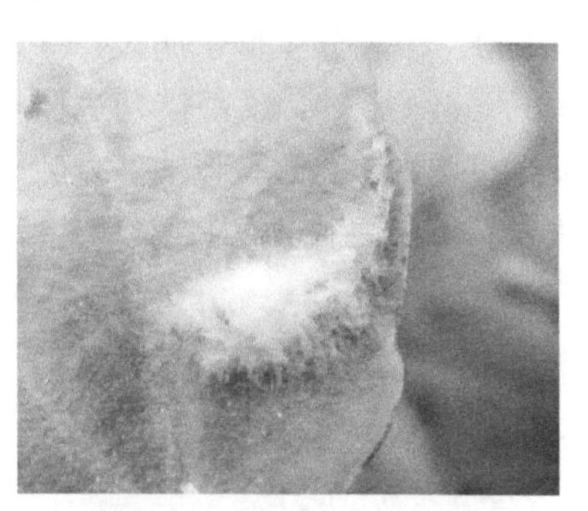

图 2.198　布伦克虫疠霉侵染中期的小菜蛾幼虫

图 2.199　布伦克虫疠霉侵染末期的小菜蛾幼虫

图 2.200　布伦克虫疠霉侵染末期的小菜蛾的蛹

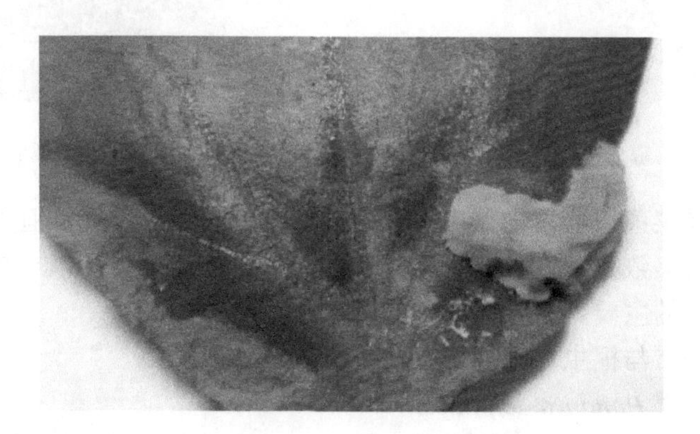

图 2.201　被布伦克虫疠霉侵染的小菜蛾幼虫（室内培养）

布伦克虫疠霉初生分生孢子无色、透明，呈倒拟卵形，顶部呈圆形，乳突较明显，大小为（16.0±1.9）μm×（8.6±1.2）μm（*n*=50），L/D 为 1.9±0.2（*n*=50）；单核，呈椭圆形或球形，直径为 4.6±0.8μm（*n*=23），易被乙酸地衣红染色；双囊壁（图 2.202）。本种大于李增智（2000）报道的侵染松线小卷蛾 *Zeiraphera diniana* 的布伦克虫疠霉初生分生孢子的长（*t*=3.1，*df*=49，*P*<0.01）和宽（*t*=3.8，*df*=49，*P*<0.01）。布伦克虫疠霉次生分生孢子与初生分生孢子同形，略小，大小为（10.0±1.0）μm×（7.2±0.74）μm（*n*=30）（图 2.203）。次生分生孢子萌发产生双芽管或单芽管。分生孢子梗呈掌状分枝，直径为（6.5±1.6）μm（*n*=8），紧密排列呈栅栏状（图 2.204）。假囊状体细长，直径为（7.8±3.7）μm（*n*=10）（图 2.205）。假根多且较密集，呈单菌丝状，直径为（22.5±6.9）μm（*n*=4），有盘状固着器，直径为（114.4±41.4）μm（*n*=4）。未见休眠孢子。

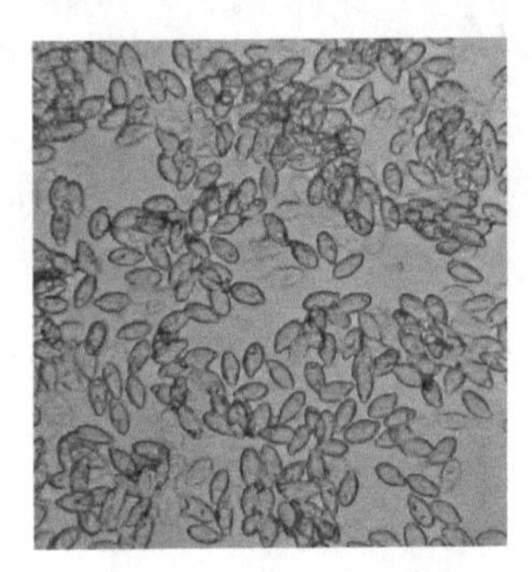

图 2.202　布伦克虫疠霉初生分生孢子（400×）

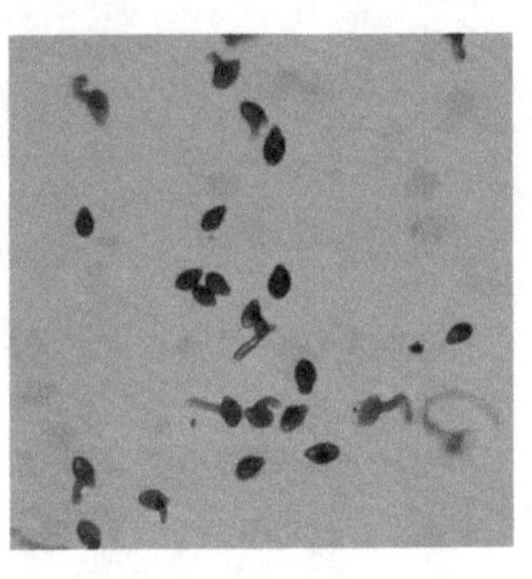

图 2.203　布伦克虫疠霉次生分生孢子（400×）

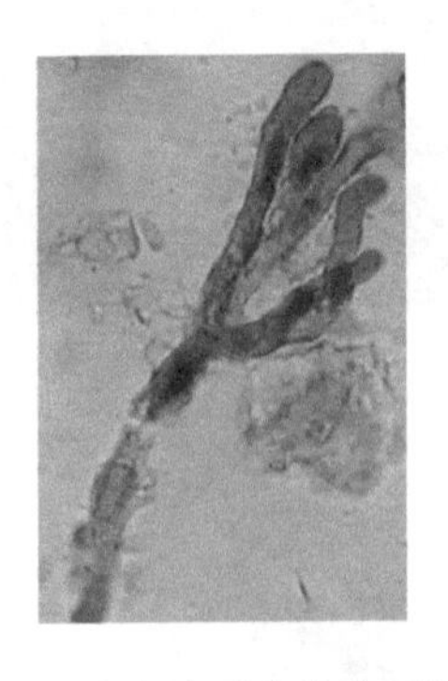

图 2.204　布伦克虫疠霉分生孢子梗（400×）

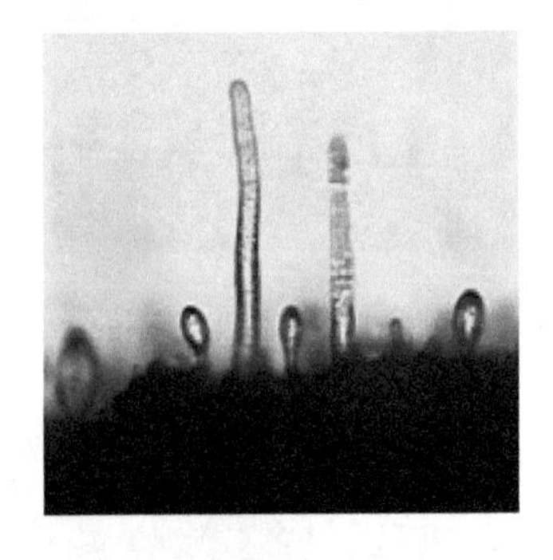

图 2.205　布伦克虫疠霉假囊状体（400×）

在韶关市西洋菜菜田，布伦克虫疠霉侵染小菜蛾的幼虫和蛹，但主要侵染 3、4 龄幼虫，对幼虫的侵染致死率为 17.1%，对蛹的侵染致死率仅为 3.6%（贾春生，2010c）。

布伦克虫疠霉的主要寄主为小菜蛾的幼虫和蛹。

该菌在冬春季常与根虫瘟霉混合发生于小菜蛾种群中。

（3）飞虱虫疠霉 *Pandora delphacis*

被飞虱虫疠霉侵染的稻飞虱附着于水稻茎叶上或落到地面上，虫体几乎被白色子实层完全覆盖，虫体周围常可见发射出的白色分生孢子（图 2.206～图 2.209）。

图 2.206 水稻茎上被飞虱虫疠霉侵染的褐飞虱

图 2.207 水稻叶上被飞虱虫疠霉侵染的褐飞虱

图 2.208 叶片上的飞虱虫疠霉分生孢子

图 2.209 地面上的飞虱虫疠霉分生孢子

飞虱虫疠霉初生分生孢子无色、透明，多呈拟卵形，少数呈近椭圆形，顶部呈圆形，基部乳突不甚明显，大小为(23.4～26.0)μm×(11.7～19.5)μm，L/D 为 1.6～2.2(1.7±0.1)；单核，呈近圆形或椭圆形，直径为 3.9～6.5（5.2±0.2）μm；双囊壁（图 2.210）。飞虱虫疠霉次生分生孢子形似初生分生孢子，较短粗（图 2.211）。分生孢子梗呈掌状分枝（图 2.212）。假根呈单菌丝状，末端具盘状固着器。菌丝段呈长圆筒形，个别不规则，大小为（19.5～53.3）μm×（9.1～11.7）μm。

飞虱虫疠霉的主要寄主为稻飞虱成虫。

该菌在夏秋季发生于稻田及其附近的森林边缘，在冬季有时发生于田间的稻草堆下，是广东南岭稻飞虱的重要自然控制因子。

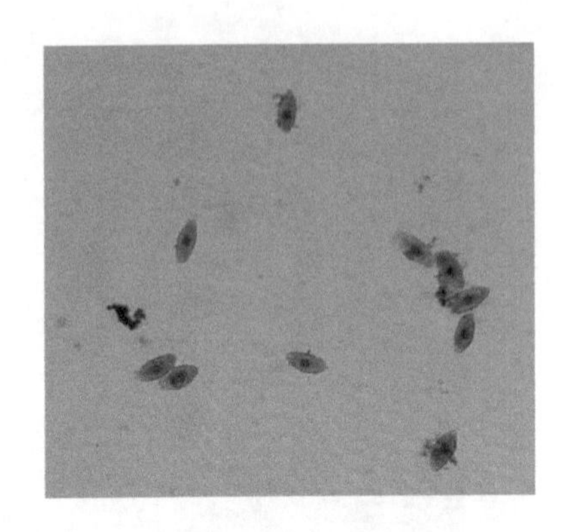

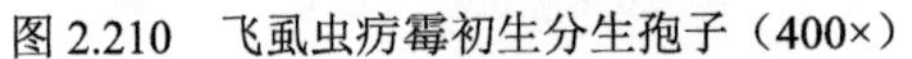

图 2.210　飞虱虫疠霉初生分生孢子（400×）

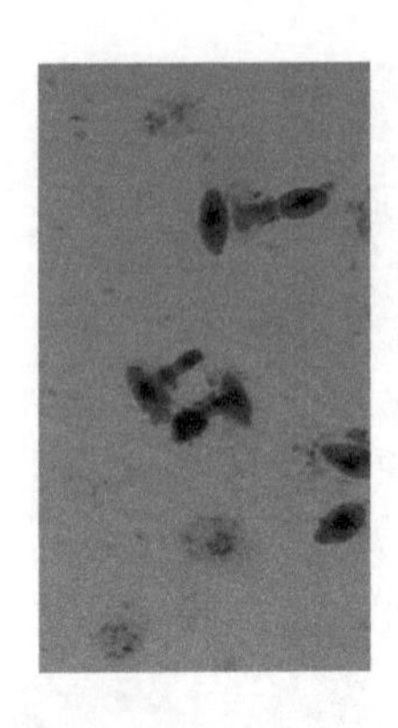

图 2.211　飞虱虫疠霉次生分生孢子(400×)

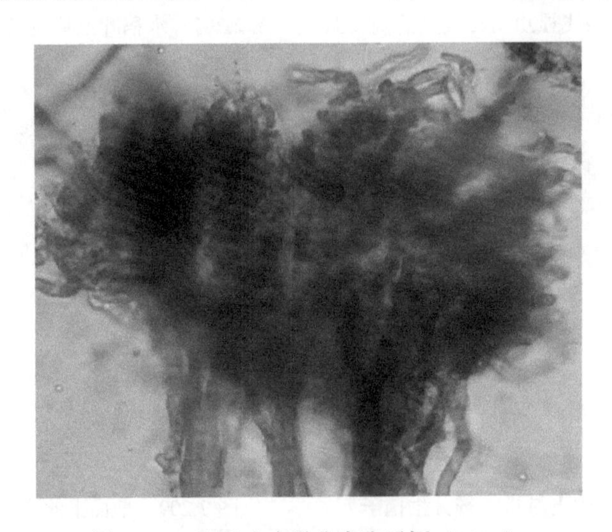

图 2.212　飞虱虫疠霉分生孢子梗（200×）

（4）双翅虫疠霉 *Pandora dipterigena*

被双翅虫疠霉侵染的蝇成虫附着于树干或河岸边，虫体几乎被浓密的灰白色子实层完全覆盖，只有双翅部分外露，四周可见多而细长的假囊状体伸出(图 2.213 和图 2.214)。

双翅虫疠霉初生分生孢子呈长椭圆形或近纺锤形，大小为 22.1～28.6(24.8±1.8)μm×9.1～14.3（10.8±0.9）μm，L/D 为 1.89～2.86（2.3±0.2)；单核；双囊壁（图 2.215）。双翅虫疠霉次生分生孢子形似初生分生孢子，大小为 15.6～19.5（17.3±1.4）μm×9.1～13.0（11.5±1.0）μm，L/D 为 1.3～1.7（1.5±0.1）（图 2.216）。分生孢子梗呈掌状分枝（图 2.217）。假囊状体多，呈单菌丝状，基部直径为 16.2～22.9（19.7±1.3）μm，端部直径为 4.0～6.1（5.4±1.2）μm（图 2.218）。假根呈单菌丝状，直径为 16.6～21.4（19.5±0.9）μm，端部分化为盘状固着器。未见休眠孢子（贾春生，2010a）。

双翅虫疠霉的主要寄主为丽蝇科 Calliphoridae 等蝇类成虫。

该菌在夏季发生于绿化带、森林等生境。

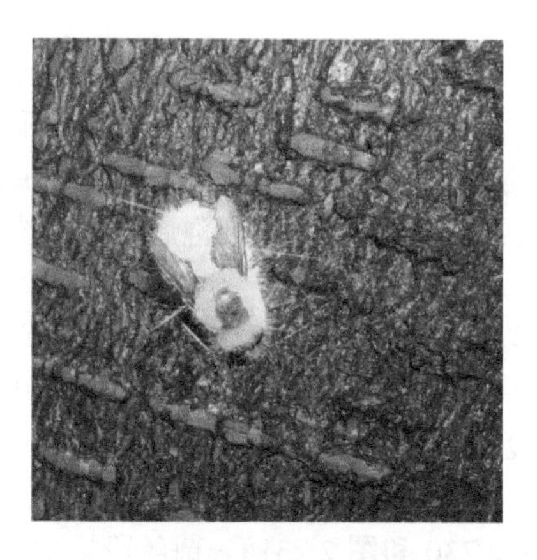

图 2.213 被双翅虫疠霉侵染的丽蝇附着于榕树的树干上

图 2.214 被双翅虫疠霉侵染的蝇附着于河岸边

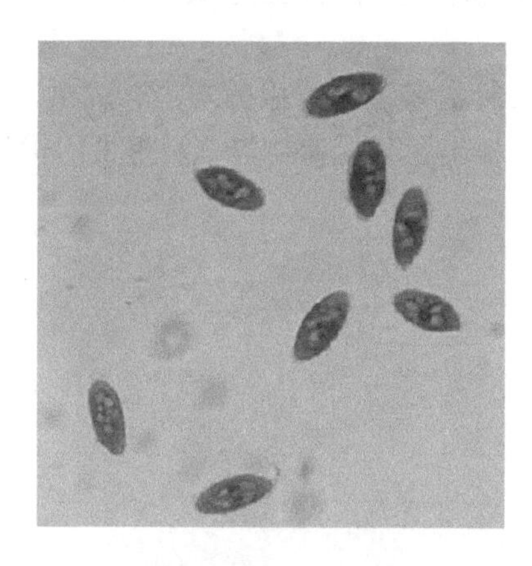

图 2.215 双翅虫疠霉初生分生孢子（400×）

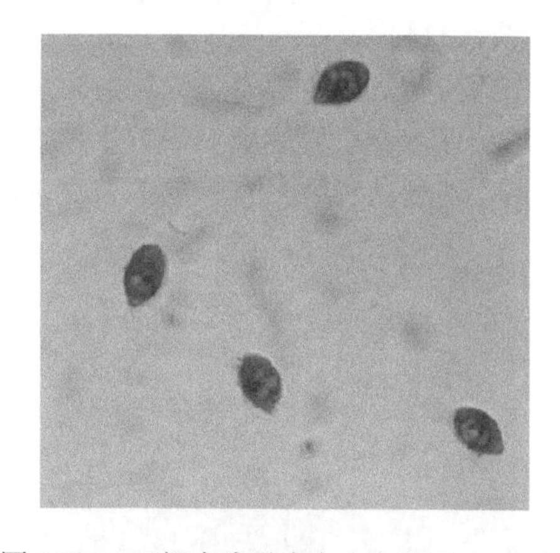

图 2.216 双翅虫疠霉次生分生孢子（400×）

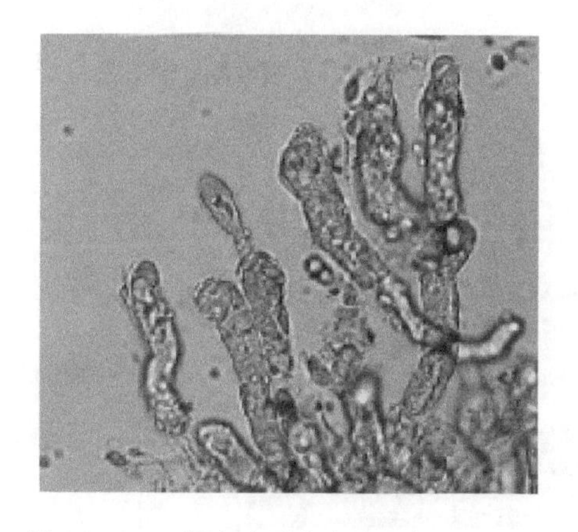

图 2.217 双翅虫疠霉分生孢子梗（400×）

图 2.218 双翅虫疠霉假囊状体（200×）

（5）新蚜虫疠霉 *Pandora neoaphidis*

被新蚜虫疠霉侵染的菜蚜附着于菜叶背面，虫体被淡黄色或褐色的子实层覆盖（图 2.219～图 2.222），足内可见菌丝体（图 2.223），发射出的分生孢子有的附着于菜蚜的足或触角上（图 2.224 和图 2.225）。被新蚜虫疠霉侵染的麦长管蚜附着于稻穗上，侵染初期虫体呈褐色，侵染中期虫体体表开始形成白色子实层，开始产孢后虫体呈淡黄色（图 2.226 和图 2.227）。

新蚜虫疠霉初生分生孢子呈椭圆形或近卵形，对称或不对称，乳突偏向一侧，顶部呈圆形，基部乳突明显，大小为（22.1～27.3）μm×（9.1～11.7）μm（*n*=50）；单核；双囊壁（图 2.228）。新蚜虫疠霉次生分生孢子呈近球形，但较小，大小为（14.3～24.7）μm×（11.7～18.2）μm，L/D 为 2.3～3.0（图 2.229）。分生孢子梗呈掌状分枝，大小为（29.9～111.8）μm×（7.8～11.7）μm，呈栅栏状排列（图 2.230 和图 2.231）。菌丝段呈菌丝状，多核（图 2.232）。假囊状体无隔，基部粗，向端部逐渐变细（图 2.233）。假根呈单菌丝状，直径为 13～14.3（13.7±0.9）μm，端部具规则的盘状固着器，直径为 46～52（49.5±2.5）μm（图 2.234）。

新蚜虫疠霉的主要寄主为桃蚜、萝卜蚜、麦长管蚜等多种蚜虫的若虫和成虫。

该菌在冬春季发生于农田等生境，秋季发生于稻田及林缘等生境，是蚜虫的优势病原真菌，对蚜虫种群具有重要的自然控制作用。

图 2.219　被新蚜虫疠霉侵染的无翅桃蚜

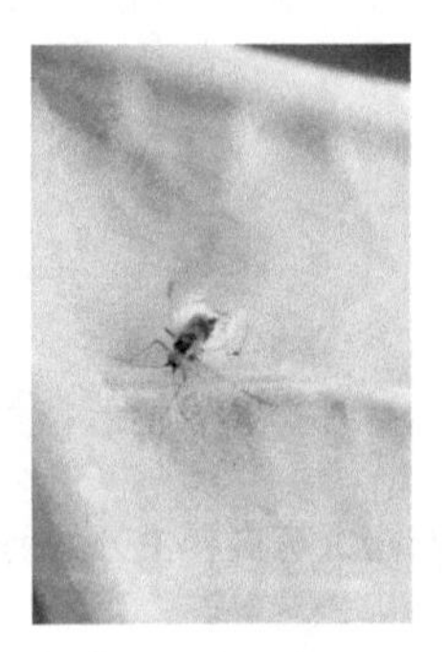

图 2.220　被新蚜虫疠霉侵染的有翅桃蚜

图 2.221　被新蚜虫疠霉侵染的萝卜蚜

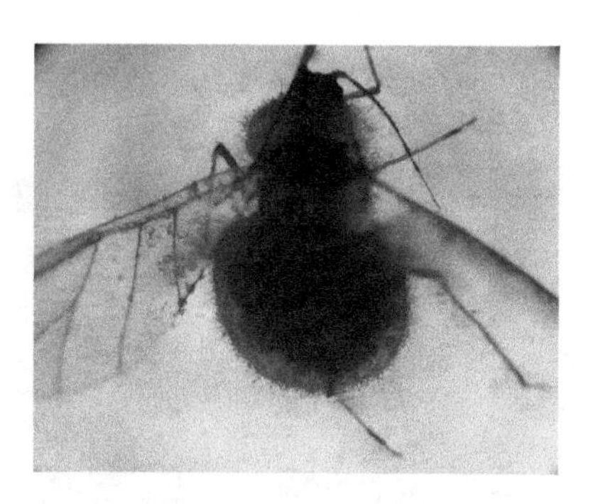

图 2.222 被新蚜虫疠霉侵染的有翅桃蚜体表上的子实层（40×）

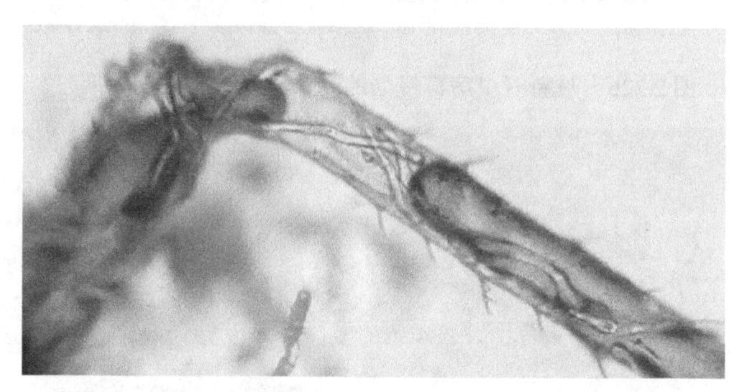

图 2.223 桃蚜足内的新蚜虫疠霉菌丝（200×）

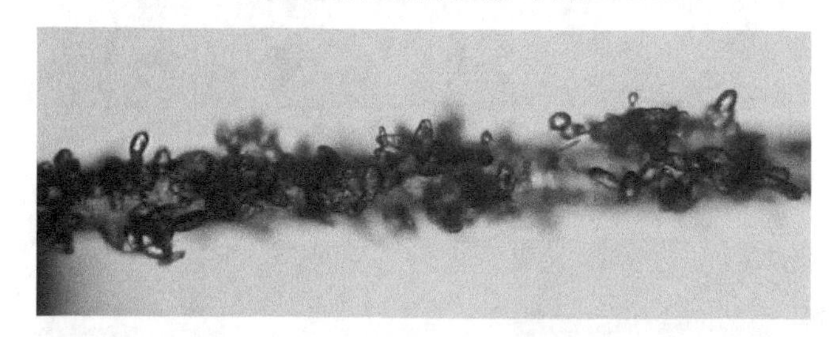

图 2.224 附着于桃蚜足上的新蚜虫疠霉分生孢子（200×）

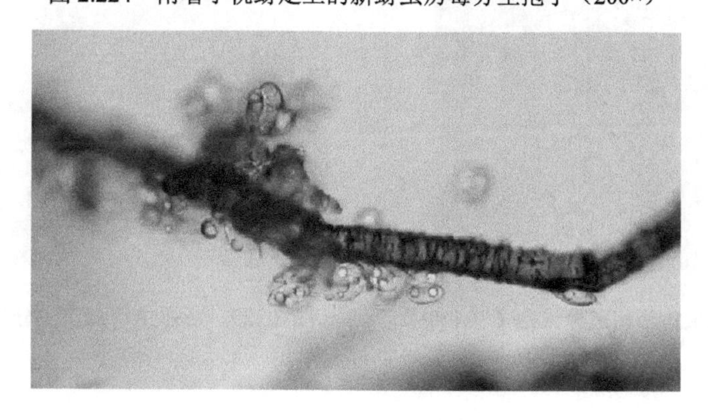

图 2.225 附着于桃蚜触角上的新蚜虫疠霉分生孢子（200×）

图 2.226 被新蚜虫疠霉侵染的麦长管蚜（初期至中期）

图 2.227 新蚜虫疠霉在麦长管蚜虫体上产孢

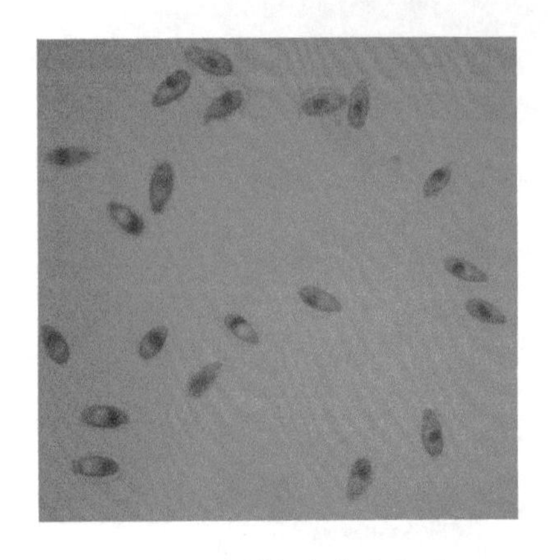

图 2.228 新蚜虫疠霉初生分生孢子（400×）

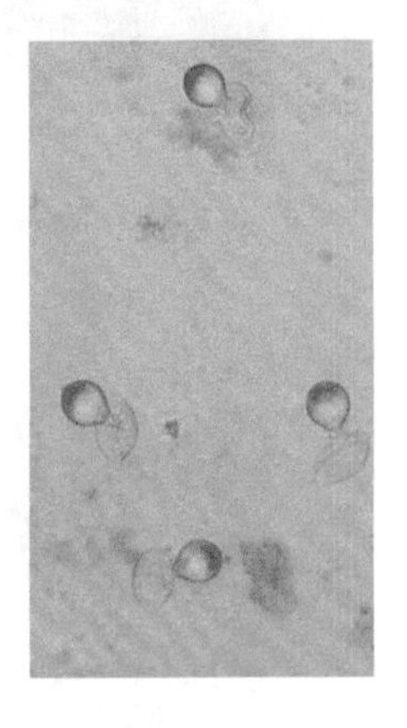

图 2.229 新蚜虫疠霉次生分生孢子（400×）

图 2.230 新蚜虫疠霉分生孢子梗（200×）

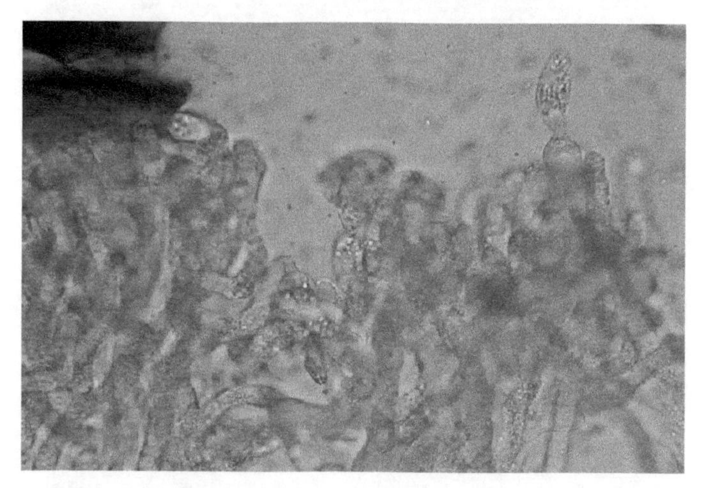

图 2.231 新蚜虫疠霉正在发育中的分生孢子梗（400×）

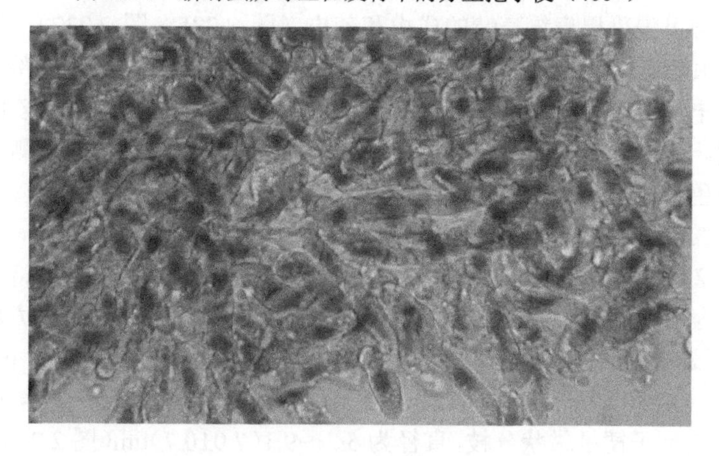

图 2.232 新蚜虫疠霉菌丝段（400×）

图 2.233　新蚜虫疠霉假囊状体（200×）

图 2.234　新蚜虫疠霉假根（400×）

（6）广东虫疠霉 *Pandora guangdongensis*

广东虫疠霉可侵染黑肩绿盲蝽的成虫和若虫（图 2.235～图 2.237），但以侵染成虫为主。被广东虫疠霉侵染致死的盲蝽多数头部朝上附着于水稻叶部或茎部。广东虫疠霉在虫体上形成丰满的绿色子实层，有时甚至可覆盖整个虫体。虫翅常被该菌子实层向后上方高高顶起。从虫体四周向外伸出很多绒毛状的假囊状体，虫体的一侧或两侧有时可见发射出的绿色分生孢子堆（图 2.238 和图 2.239）。

广东虫疠霉初生分生孢子为浅绿色，透明，呈椭圆形或拟卵形，对称，乳突钝圆或略平截，内有 1～2 个明显的液泡，大小为 23.4～27.3（25.7±1.1）μm×10.4～13.0（11.5±0.9）μm（*n*=50），L/D 为 1.8～2.6（2.2±0.2）（图 2.240）；单核；双囊壁。广东虫疠霉次生分生孢子呈卵圆形，较初生分生孢子稍短而粗，大小为 17.7～20.9（19.7±1.5）μm×11.5～12.3（11.7±0.5）μm（*n*=50）（图 2.241）。菌丝段呈菌丝状，直径为 6.5～10.4（8.3±1.0）μm（图 2.242）。分生孢子梗呈掌状分枝，直径为 5.2～9.1（7.0±0.7）μm（图 2.243 和图 2.244）。假囊状体密集，长 231.2～418.7（336.0±95.3）μm，基部直径为 9.0～18.0（13.4±3.5）μm，端部直径为 5.1～7.7（6.0±1.5）μm（图 2.245）。假根多，呈单菌丝状，无隔，直径为

15.4～20.6（17.7±2.2）μm，端部膨大为盘状固着器（图 2.246 和图 2.247）。未见休眠孢子。

广东虫疠霉的主要寄主为黑肩绿盲蝽的若虫和成虫。

该菌在秋季发生于稻田中。

图 2.235 被广东虫疠霉侵染的黑肩绿盲蝽成虫（正面观）

图 2.236 被广东虫疠霉侵染的黑肩绿盲蝽成虫（侧面观）（2×）

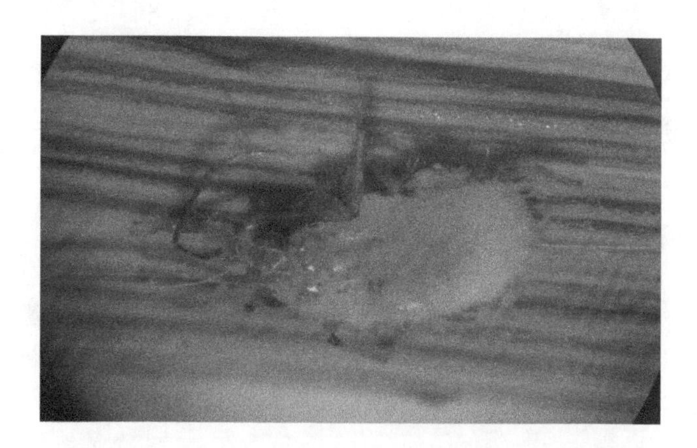

图 2.237 被广东虫疠霉侵染的黑肩绿盲蝽若虫（6×）

图 2.238 广东虫疠霉在黑肩绿盲蝽成虫虫体上产孢

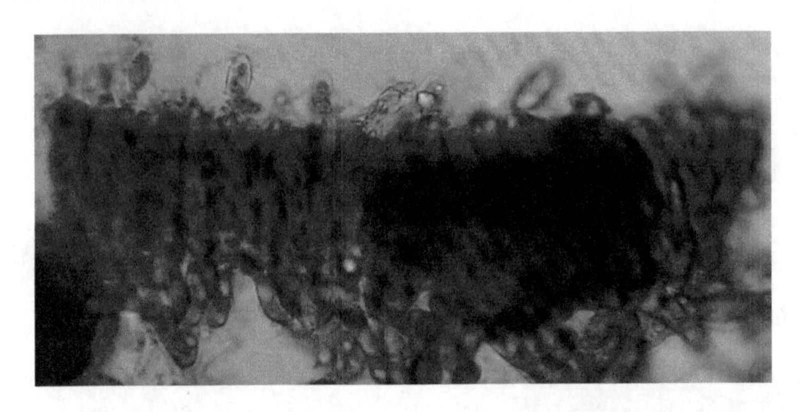

图 2.239　广东虫疠霉在黑肩绿盲蝽体表形成的子实层（400×）

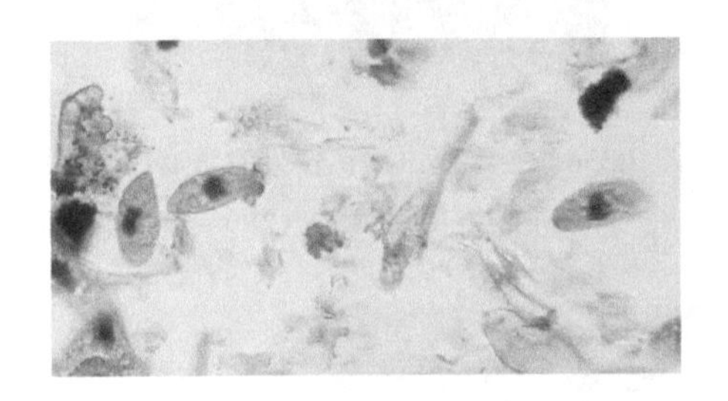

图 2.240　广东虫疠霉初生分生孢子（400×）

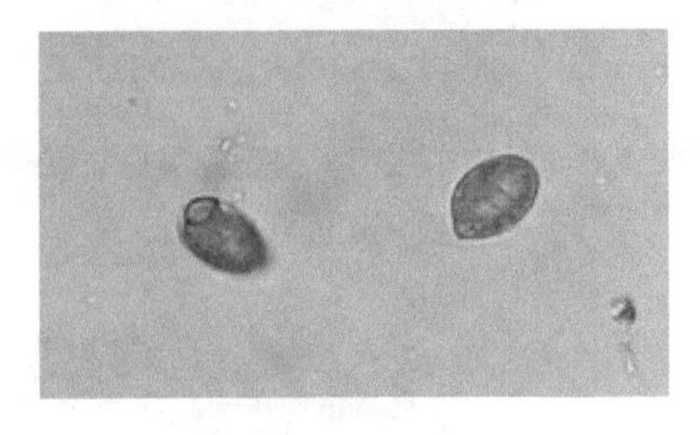

图 2.241　广东虫疠霉次生分生孢子（400×）

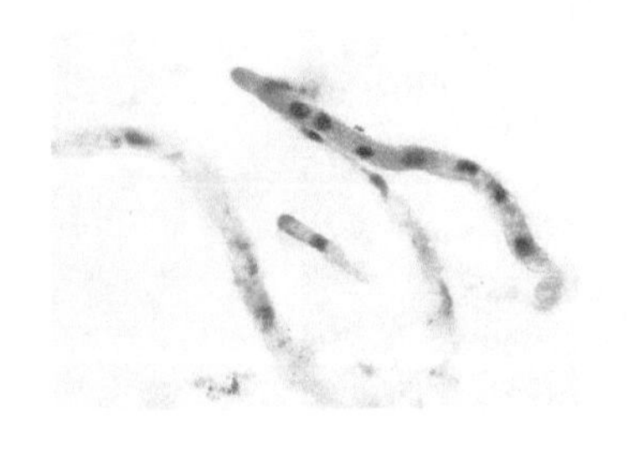

图 2.242　广东虫疠霉菌丝段（400×）

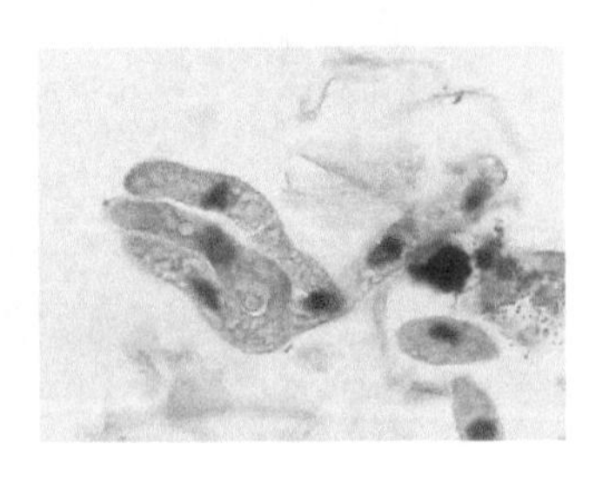

图 2.243　广东虫疠霉发育中的分生孢子梗（500×）

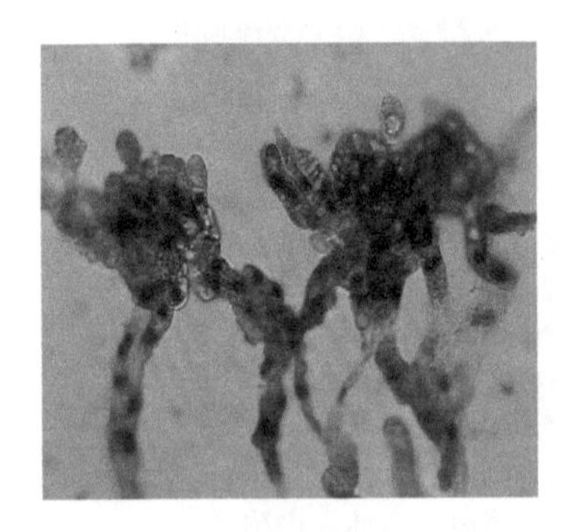

图 2.244　广东虫疠霉发育成熟的分生孢子梗（400×）

图 2.245　广东虫疠霉假囊状体（200×）

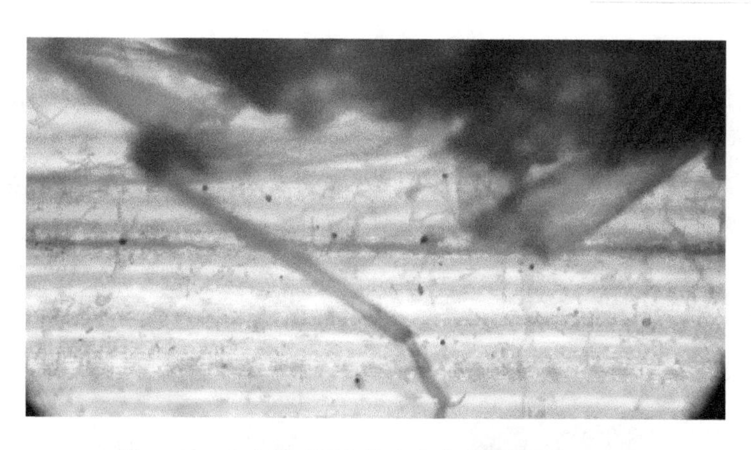

图 2.246 在水稻叶面上的广东虫疠霉假根（10×）

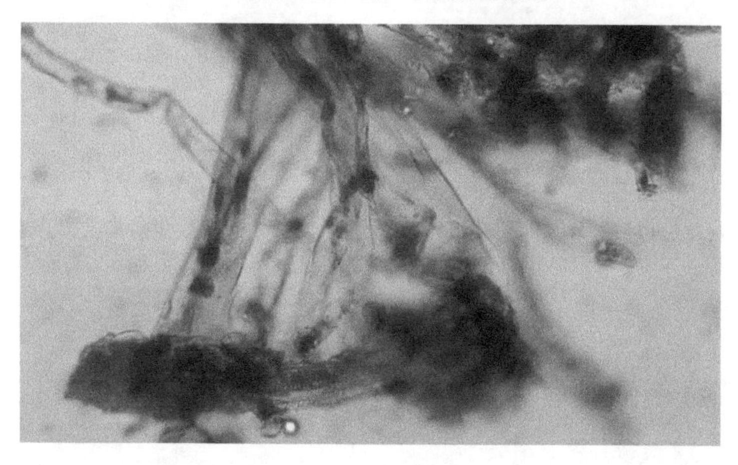

图 2.247 广东虫疠霉假根（400×）

（7）眼蕈蚊虫疠霉 *Pandora sciarae*，中国新记录种

被眼蕈蚊虫疠霉侵染死亡的眼蕈蚊成虫附着于叶片背面，双翅向两侧张开，尸体膨大，表面覆盖乳白色子实层，周围可见白色毛状假囊状体伸出，翅上通常散落着一些从虫体发射出的分生孢子（图 2.248 和图 2.249）。

眼蕈蚊虫疠霉初生分生孢子无色、透明，呈椭圆形或卵形，多对称，顶部呈圆形，乳突明显，大小为 16.6～24.1（19.7±1.6）μm×11.8～17.7（15.6±1.0）μm，L/D 为 1.2～1.4（1.3±0.1）（*n*=30）；单核；双囊壁（图 2.250）。眼蕈蚊虫疠霉次生分生孢子形似初生分生孢子，但稍小而圆，大小为 13.7～20.1（16.2±1.8）μm×9.4～15.5（13.7±0.2）μm，L/D 为 1.2～1.3（1.2±0.1）（*n*=20）（图 2.251）。分生孢子梗呈掌状分枝，排列呈栅栏状（图 2.252）。假囊状体丰富，呈单菌丝状（图 2.253）。假根呈单菌丝状，直径为 10.4～13.0μm（*n*=2），末端形成盘状固着器（图 2.254）。未见休眠孢子。

眼蕈蚊虫疠霉的主要寄主为眼蕈蚊成虫。

该菌在夏季多发生于森林。

图 2.248　被眼蕈蚊虫疠霉侵染的眼蕈蚊

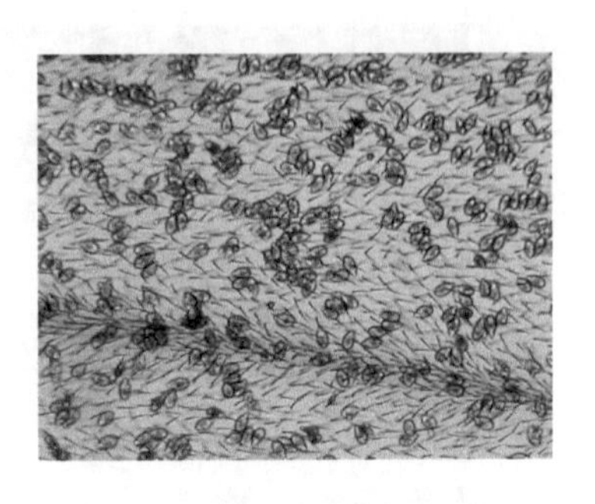

图 2.249　眼蕈蚊翅上的眼蕈蚊虫疠霉分生孢子（200×）

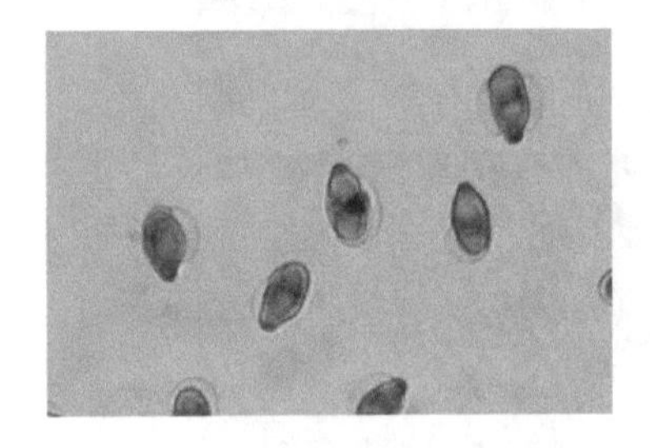

图 2.250　眼蕈蚊虫疠霉初生分生孢子（400×）

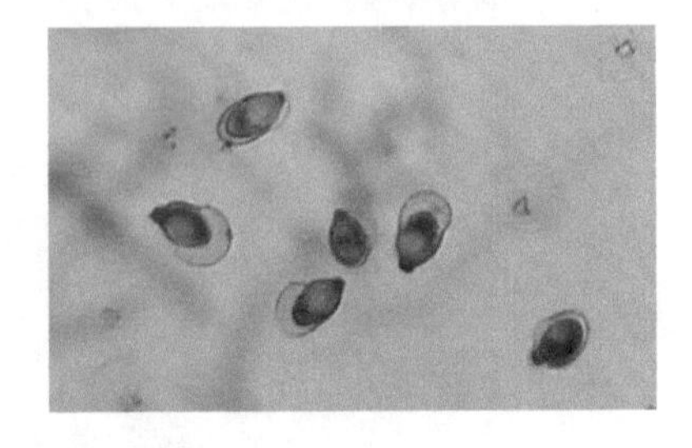

图 2.251　眼蕈蚊虫疠霉次生分生孢子（400×）

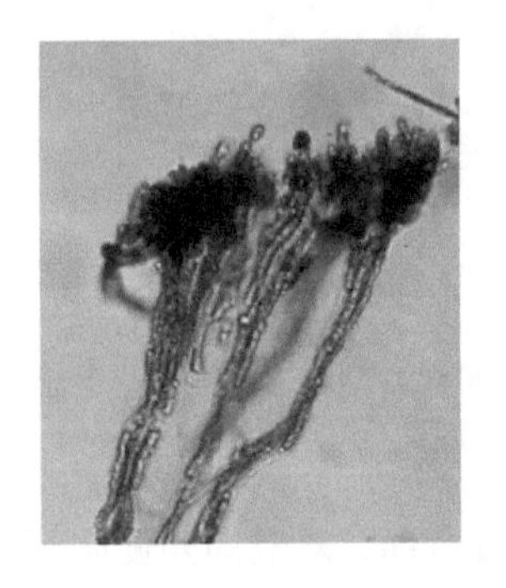

图 2.252　眼蕈蚊虫疠霉分生孢子梗（200×）

图 2.253　眼蕈蚊虫疠霉假囊状体（200×）

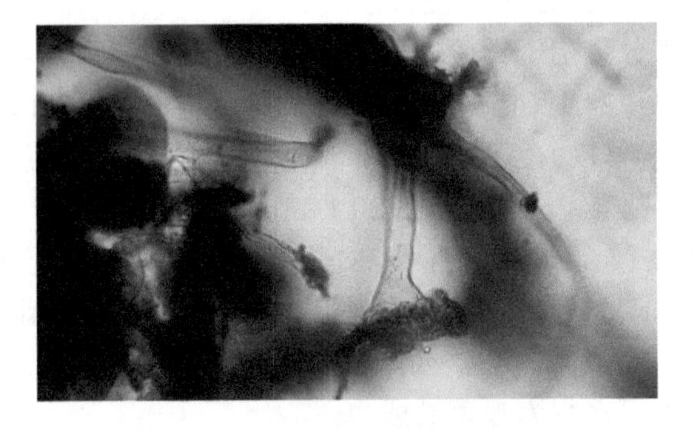

图 2.254　眼蕈蚊虫疠霉假根（400×）

（8）菲隐翅虫虫疠霉 *Pandora philonthi*，中国新记录种

被菲隐翅虫虫疠霉侵染的隐翅虫头部朝下，以足附着于田间杂草茎的顶端，胸部各节间明显可见白色带状子实层，腹面几乎长满了子实层（图 2.255 和图 2.256）。

菲隐翅虫虫疠霉初生分生孢子无色，呈卵形，大小为 18.2～27.8（23.5±2.0）μm×9.3～15.0（12.3±1.6）μm（*n*=50）（图 2.257）；单核；双囊壁。菲隐翅虫虫疠霉次生分生孢子呈卵形或近球形，较小（图 2.258）。分生孢子梗呈掌状分枝。未见休眠孢子。

菲隐翅虫虫疠霉的主要寄主为隐翅虫科昆虫幼虫。

该菌在夏季发生于农田、森林等生境。

图 2.255 被菲隐翅虫虫疠霉侵染的隐翅虫（正面观）

图 2.256 被菲隐翅虫虫疠霉侵染的隐翅虫（腹面观）

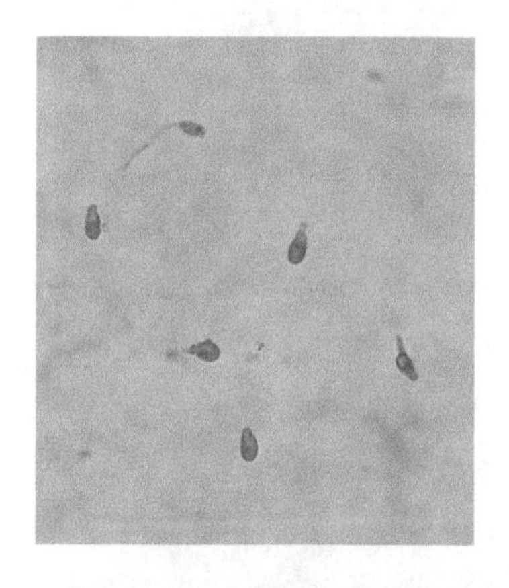

图 2.257 菲隐翅虫虫疠霉初生分生孢子（300×）

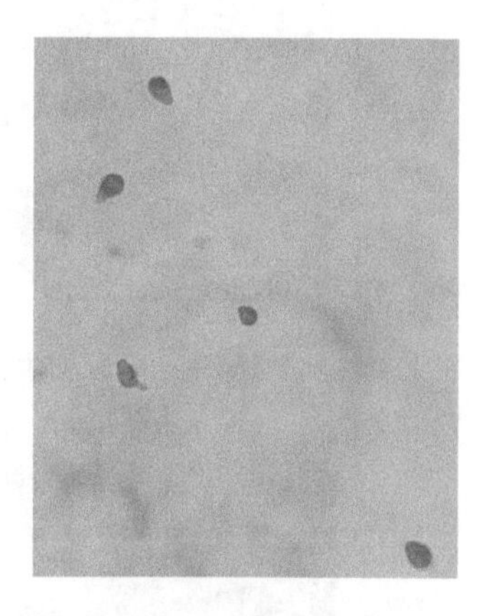

图 2.258 菲隐翅虫虫疠霉次生分生孢子（300×）

（9）泡泡虫疠霉 *Pandora bullata*，中国新记录种

泡泡虫疠霉侵染丽蝇和家蝇等蝇类。绝大多数被该菌侵染的蝇单独附着于榕树的气生根上，偶尔会几头聚集在一起，头部向上，虫体腹部被黄白色或黄色子实层覆盖，有时甚至只露出双翅（图 2.259）。

泡泡虫疠霉初生分生孢子无色、透明，呈卵形或椭圆形，顶部呈圆形，乳突较明显，大小为（22.8～34.0）μm×（11.2～16.0）μm；单核，呈椭圆形至球形，易被乙酸地衣红染色；双囊壁。泡泡虫疠霉次生分生孢子与初生分生孢子基本同形（图 2.260），略小。分生孢子梗呈掌状分枝，呈栅栏状紧密排列（图 2.261 和图 2.262）。休眠孢子呈球形，表面具有很多瘤状突起，直径为 36.8μm（图 2.263）。假囊状体细长。假根多且较密集，呈单菌丝状，有盘状固着器，直径为 114.4±41.4μm（图 2.264）。

泡泡虫疠霉的主要寄主为丽蝇科、蝇科等蝇类成虫。

该菌在夏季发生于绿地及森林等生境。

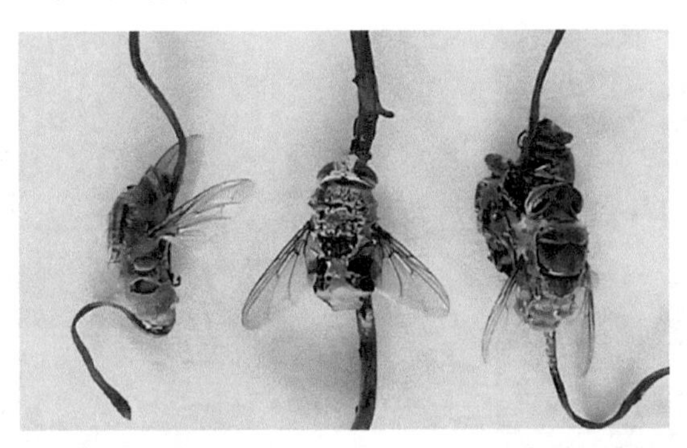

图 2.259　被泡泡虫疠霉侵染的蝇

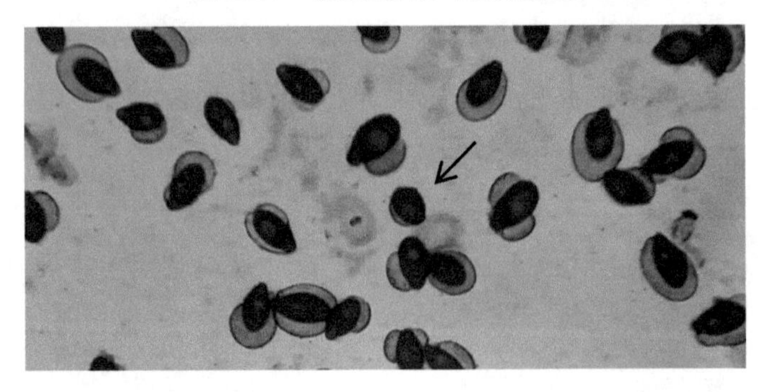

图 2.260　泡泡虫疠霉初生分生孢子和次生分生孢子（箭头所示，400×）

图 2.261　泡泡虫疠霉的子实层（200×）

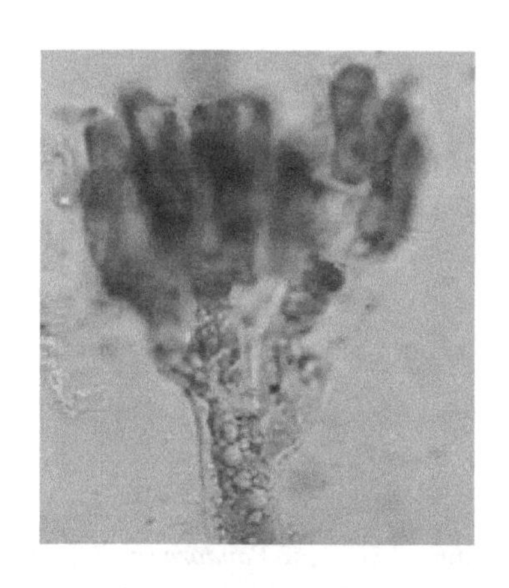

图 2.262 泡泡虫疠霉分生孢子梗（400×）

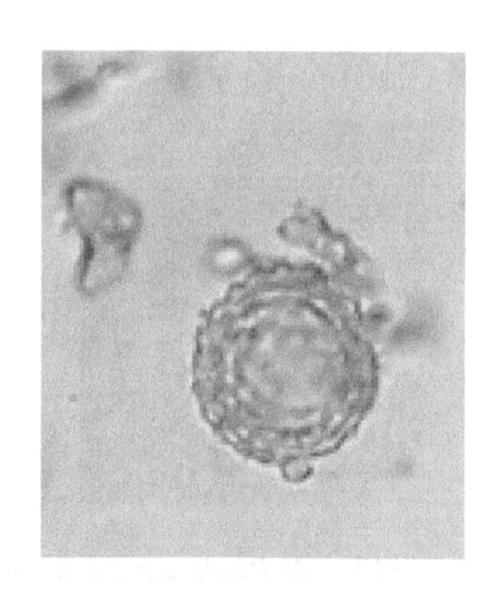

图 2.263 泡泡虫疠霉休眠孢子（400×）

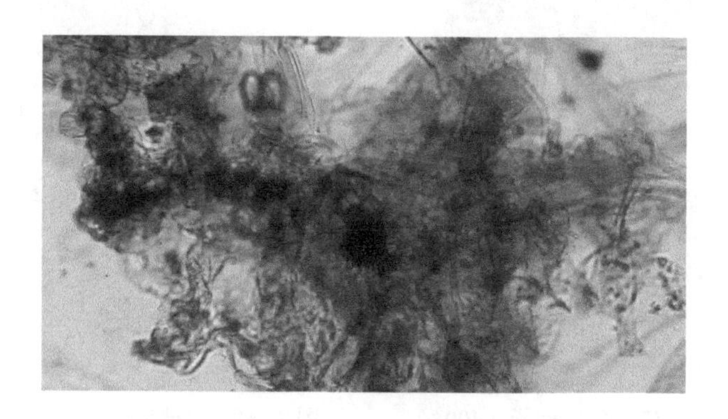

图 2.264 泡泡虫疠霉假根（400×）

（10）*Pandora* sp.

被 *Pandora* sp.侵染的沫蝉头部向上紧紧地附着于树干上，虫体覆盖着浓密的白色子实层，双翅向后上方张开（图 2.265）。被该菌侵染的蜡蝉附着于枯枝上（图 2.266）。

该菌初生分生孢子无色，呈椭圆形，大小为 19.5～27.3（24.1±1.7）μm×7.8～11.7（9.2±0.8）μm，L/D 为 2.1～3.3（2.6±0.2）（*n*=31）；单核；双囊壁（图 2.267）。该菌次生分生孢子呈卵圆形，大小为 11.7～20.8（16.3±1.9）μm×7.8～14.3（11.0±1.2）μm，L/D 为 2.1～3.3（2.6±0.2）（*n*=30）（图 2.268）。分生孢子梗呈掌状分枝，直径为 6.5μm（*n*=1）。假囊状体细长（图 2.269）。假根呈单菌丝状，端部具盘状固着器，直径为 20.5μm（*n*=1）（图 2.270）。未见休眠孢子。

该菌的初生分生孢子大小虽在飞虱虫疠霉的大小范围内，但与其相比明显偏小，而 L/D 又明显大于飞虱虫疠霉（2.0～2.3），虽与叶蝉虫疠霉的分生孢子大小相似，但 L/D 明显大于叶蝉虫疠霉（1.6～1.2）（李增智，2000），故暂被鉴定为 *Pandora* sp.。

该菌的主要寄主为沫蝉科 Cercopidae、蜡蝉科 Fulgoridae 昆虫成虫。

该菌在夏初发生于森林中。

图 2.265　树干上被 *Pandora* sp.侵染的蜡蝉

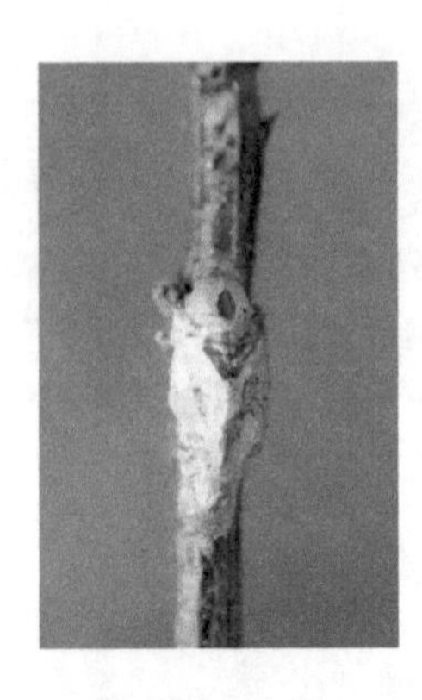

图 2.266　枯枝上被 *Pandora* sp.侵染的蜡蝉

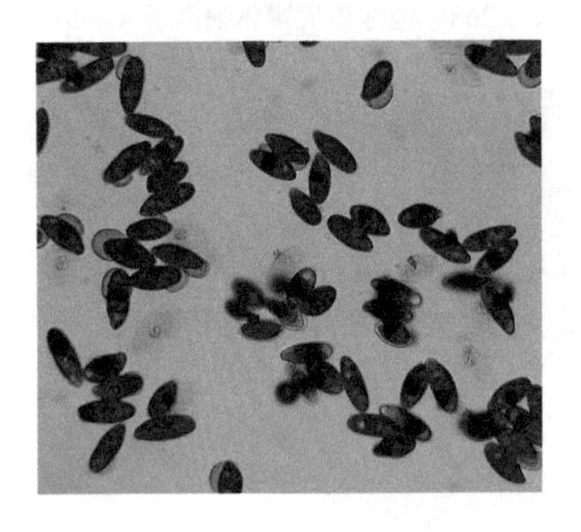

图 2.267　*Pandora* sp.初生分生孢子（400×）

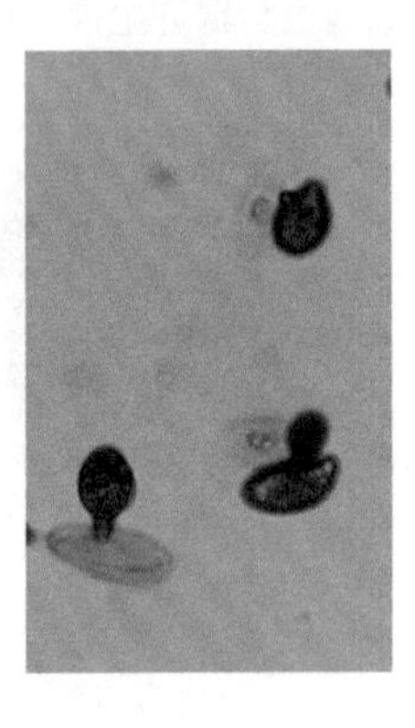

图 2.268　*Pandora* sp.次生分生孢子（400×）

图 2.269　*Pandora* sp.假囊状体（200×）

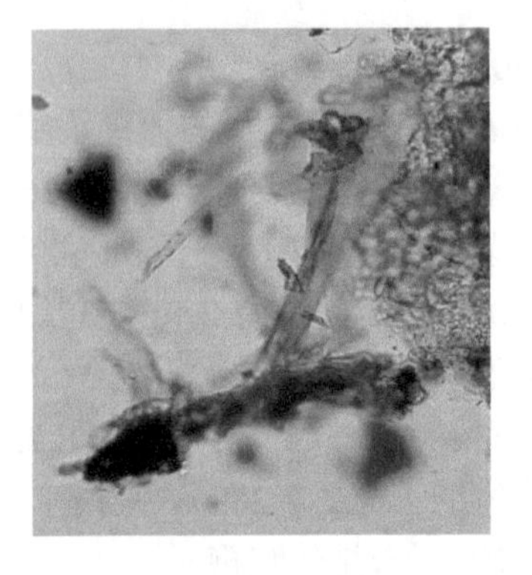

图 2.270　*Pandora* sp.假根（200×）

2.2.7　虫瘟霉属 *Zoophthora*

虫瘟霉属虫霉为昆虫的专性病原真菌，侵染同翅目、双翅目、鞘翅目、鳞翅目、半翅目、膜翅目、革翅目和直翅目昆虫。

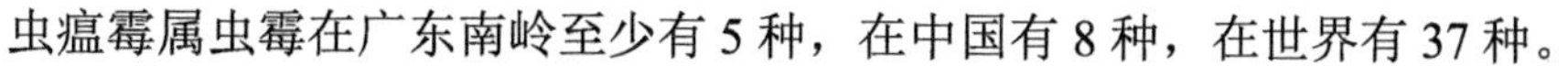

虫瘟霉属虫霉在广东南岭至少有 5 种，在中国有 8 种，在世界有 37 种。

（1）安徽虫瘟霉 *Zoophthora anhuiensis*

被安徽虫瘟霉侵染的菜蚜附着于叶背面，虫体被黄白色至淡黄色子实层覆盖（图 2.271）。

安徽虫瘟霉初生分生孢子无色、透明，呈长椭圆形，乳突锥形，大小为 28.6～32.5μm×5.2～9.1μm（*n*=50）；单核；双囊壁（图 2.272）。毛梗分生孢子呈香蕉形（图 2.273）。次生分生孢子呈卵形，大小为 12.3～30.1μm×7.8～10.2μm（*n*=50）（图 2.274）。分生孢子梗呈掌状分枝，长 45.5～185.9μm（*n*=16），直径为 6.5～9.1μm（*n*=10），细胞核直径为 5.2～6.5μm（*n*=30）。菌丝段长 31.2～62.4μm（*n*=20），直径为 9.1～11.7μm（*n*=20）。假根呈单菌丝状，端部有固着器。未见休眠孢子。

安徽虫瘟霉的主要寄主为菜蚜的若虫和成虫。

该菌在冬春季多发生于农田。

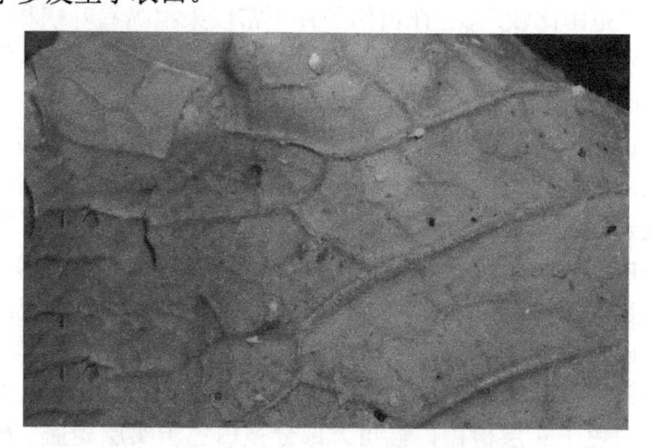

图 2.271　被安徽虫瘟霉侵染的菜蚜

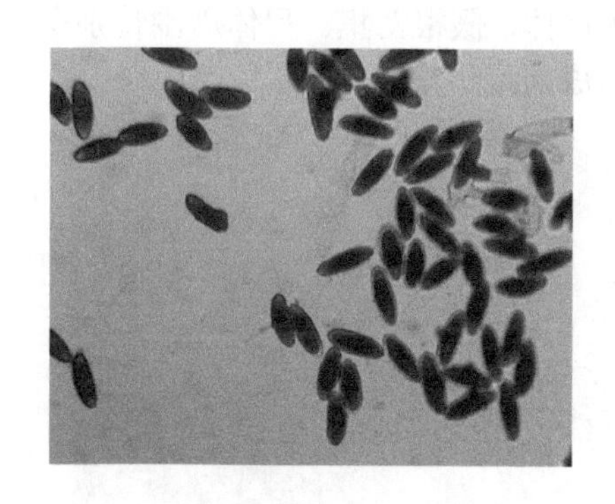

图 2.272　安徽虫瘟霉初生分生孢子（400×）

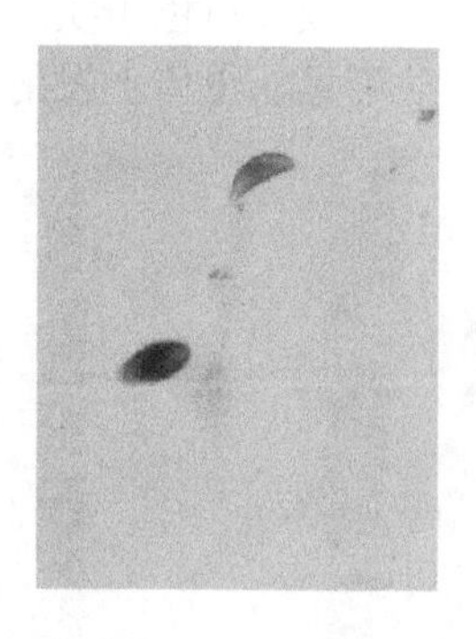

图 2.273　安徽虫瘟霉毛梗分生孢子（400×）

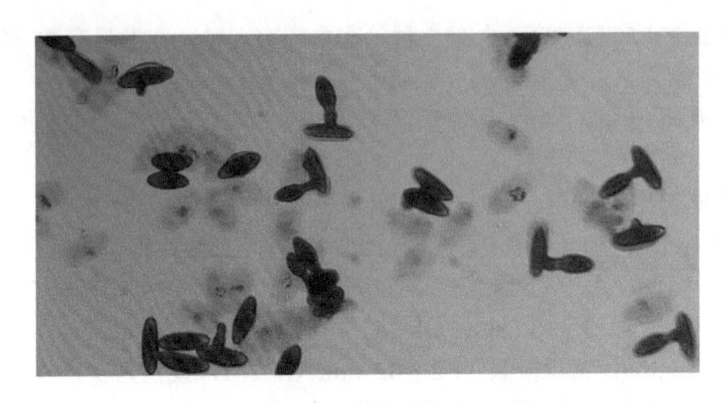

图 2.274　安徽虫瘟霉次生分生孢子（400×）

（2）根虫瘟霉 *Zoophthora radicans*

根虫瘟霉的寄主范围比较广泛，在自然条件下常侵染稻纵卷叶螟和小菜蛾（图 2.275～图 2.277）。该菌多侵染稻纵卷叶螟的 4～5 龄幼虫。健康的 5 龄稻纵卷叶螟幼虫呈黄绿色，体色透明。被侵染致死后，虫体初期变为黄色，中期变为褐色，后期因被虫霉子实体完全覆盖而呈黄白色。当被侵染虫体上的分生孢子全部发射出去后，虫体只剩下黄褐色表皮贴于叶片上，这些残留的表皮上经常有枝孢霉等杂菌腐生。掉落到地面的虫体，其两侧明显可见发射出的灰白色分生孢子堆（图 2.278）。在水稻生长季节末期，有少部分被侵染的幼虫体内形成休眠孢子，侵染初期虫体呈褐色（图 2.279），侵染后期虫体干燥后变为灰白色。在室内 25℃、0L∶24D 培养条件下，虫体上形成的虫霉子实层呈黄褐色，其两侧发射出黄褐色的分生孢子堆（图 2.280）。

被根虫瘟霉侵染致死的小菜蛾成虫多附着于叶面及田边的杂草上，头部向上，头、胸部和腹部背面被白色子实层覆盖，触角大部分被白色子实层覆盖。根虫瘟霉一般侵染小菜蛾 3～4 龄幼虫，被侵染的幼虫多死于叶面。幼虫死后不久，即可见假根形成，继而虫体上逐渐形成黄白色子实层，最后完全覆盖尸体，假根密集。尸体周围特别是其两侧，有时明显可见从虫体上发射出的分生孢子形成的孢子堆。

图 2.275　被根虫瘟霉侵染的稻纵卷叶螟

图 2.276　被根虫瘟霉侵染的小菜蛾成虫

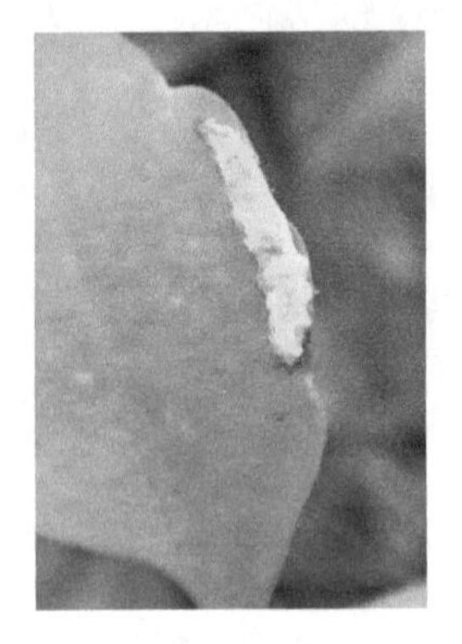

图 2.277　被根虫瘟霉侵染的小菜蛾幼虫

图 2.278 根虫瘟霉发射的分生孢子

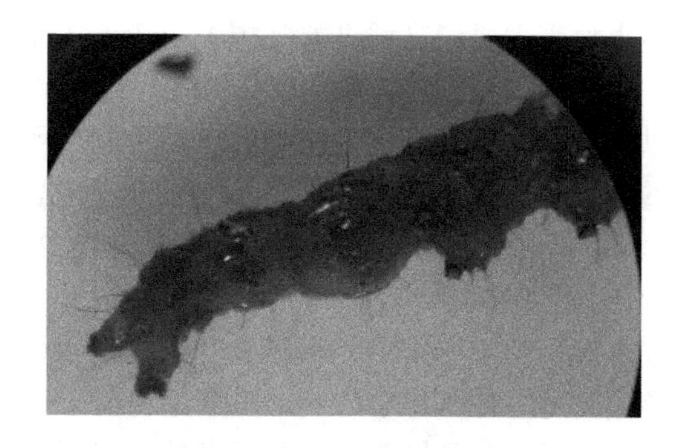

图 2.279 体内形成根虫瘟霉休眠孢子的稻纵卷叶螟幼虫（2×）

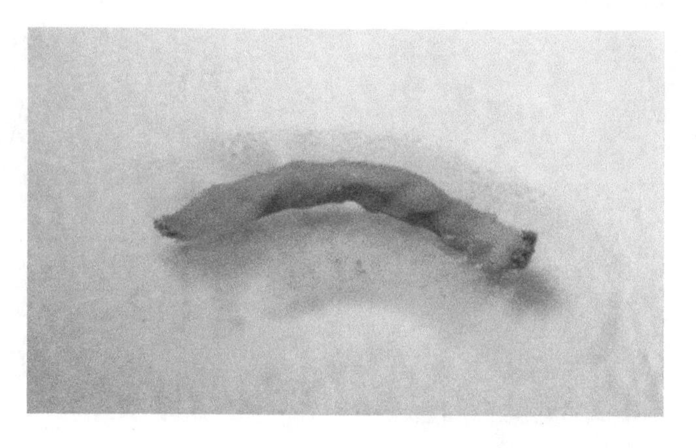

图 2.280 在室内 25℃、0L：24D 条件下培养被根虫瘟霉侵染的稻纵卷叶螟幼虫

根虫瘟霉初生分生孢子无色、透明，呈长椭圆形或拟梭形，顶部稍圆或微尖削，乳突锥形，大小为 19.5～28.6（23.6±2.4）μm×5.2～10.4（7.0±1.8）μm，L/D 为 2.1～4.5（3.4±0.7），内含物细粒状，有多个小液泡；单核，呈近球形，直径为 3.9～6.5（4.6±0.1）μm，易被乙酸洋红染色；双囊壁（图 2.281）。根虫瘟霉次生分生孢子与初生分生孢子同形，略小，大小为 12.7～25.3（16.9±1.7）μm×3.9～7.8（4.5±1.3）μm，L/D 为 1.9～3.5（2.6±0.3）；次生毛梗分生孢子大小为 16.9～27.3（21.0±3.2）μm×5.2～9.1（7.3±1.0）μm，L/D 为 2.6～4.3（3.0±0.8）。未成熟的休眠孢子细胞壁较薄，细胞质均匀地充满整个细胞，细胞核多，成熟后细胞壁加厚，细胞质浓缩，形成 1 个中心大液泡，无色、透明，直径为 21.0～35.9（26.8±3.5）μm（图 2.282）。分生孢子梗呈掌状分枝，直径为 7.8～11.7（9.1±0.7）μm，呈栅栏状紧密排列，在寄主尸体表面形成黄白色的子实层（图 2.283）。菌丝段呈棒状或不规则状。假囊状体稀少，呈菌丝状，无膈，较纤细，直径约为分生孢子梗直径的 1/2。假根多且密集，呈单菌丝状或假菌索状，从稻纵卷叶螟幼虫两侧向水稻叶片蔓延，有些末端具有盘状固着器（图 2.284 和图 2.285）。该菌生长在 SDAY 培养基平板和斜面上的菌落呈淡黄色，生长较快，在 25℃下培养 6d 后，菌落直径为 3.3±0.1cm，在老的培养基中易形成休眠孢子（图 2.286）。

根虫瘟霉主要侵染稻纵卷叶螟3～5龄幼虫，侵染率分别为2.71%、24.32%和72.97%。在10～11月，根虫瘟霉可持续引发稻纵卷叶螟幼虫高强度流行病，侵染率高达95%，对稻纵卷叶螟幼虫具有极为显著的自然控制作用。该菌以休眠孢子形式越冬，成为次年稻纵卷叶螟幼虫流行病的初侵染源（贾春生和洪波，2012）。在广东省韶关市西洋菜菜田中，根虫瘟霉春季对小菜蛾幼虫的侵染率为22.0%，对成虫的侵染率为8.0%（贾春生，2010b）。

根虫瘟霉的主要寄主为稻纵卷叶螟的幼虫、小菜蛾的幼虫和成虫及其他昆虫等。

该菌的寄主范围比较广泛，除鳞翅目外，还侵染同翅目、半翅目、渍翅目和毛翅目等昆虫，易于被分离培养，发生于森林、田野、茶园等生境，冬季、春季在蔬菜田中常与布伦克虫疠霉混合发生。

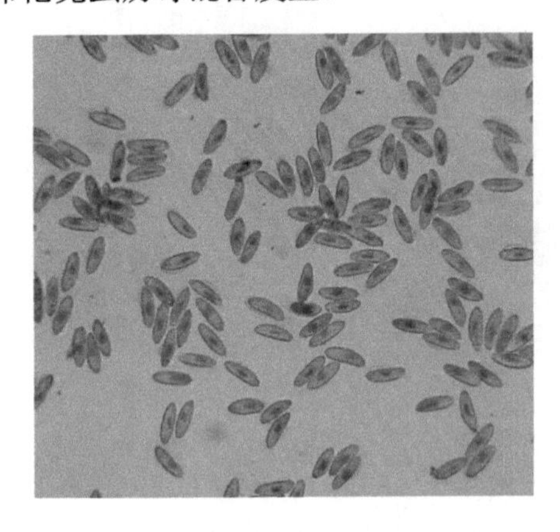

图2.281　根虫瘟霉初生分生孢子（400×）

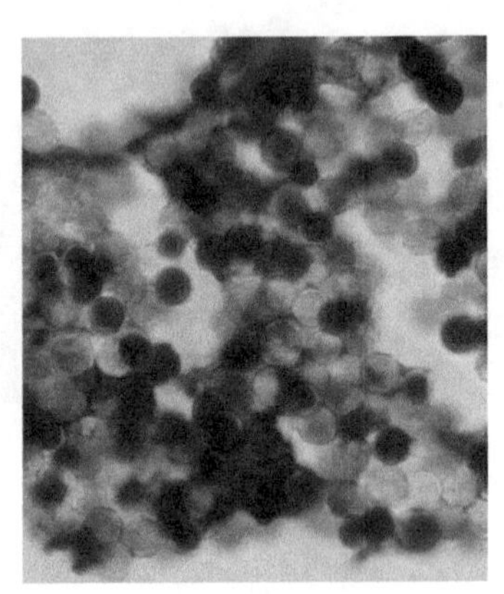

图2.282　根虫瘟霉休眠孢子（400×）

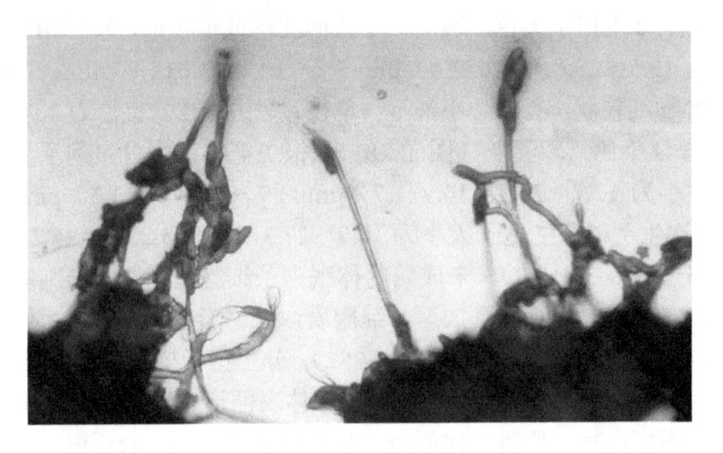

图2.283　根虫瘟霉分生孢子梗和假囊状体（400×）

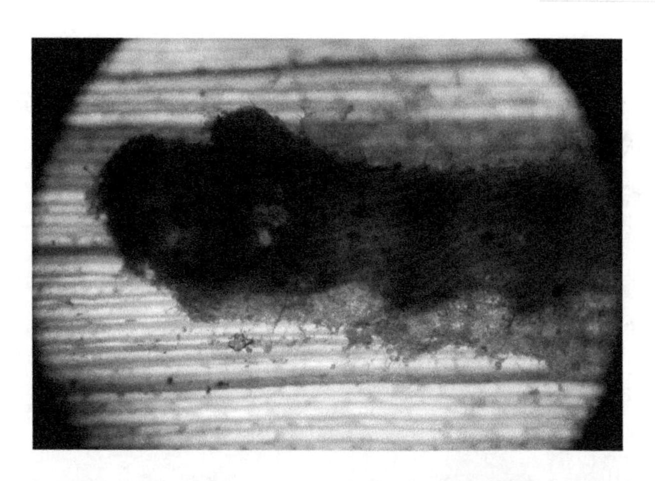

图 2.284 稻纵卷叶螟幼虫两侧密集的根虫瘟霉假根（40×）

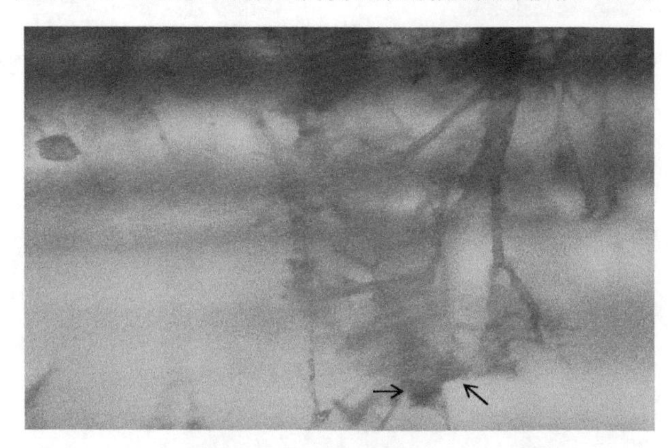

图 2.285 根虫瘟霉假根（箭头示盘状固着器，200×）

图 2.286 分离成功的根虫瘟霉菌株

（3）佩奇虫瘟霉 *Zoophthora petchii*，中国新记录种

被佩奇虫瘟霉侵染的叶蝉成虫附着于叶背，双翅向两侧张开，虫体被蓝绿色子实层覆盖，翅上散落着大量分生孢子，部分孢子已经萌发，假根比较密集(图 2.287 和图 2.288)。

佩奇虫瘟霉初生分生孢子无色，呈椭圆形，大小为 19.5～28.9（23.7±1.6）μm×6.0～7.8（7.1±1.0）μm，L/D 为 3.0～3.2（3.1±0.8）（n=50）；单核；双囊壁（图 2.289）。

佩奇虫瘟霉次生分生孢子形似初生分孢子（图 2.290）。毛梗分生孢子呈近镰刀形，中部宽（图 2.291）。分生孢子梗呈掌状分枝。假根呈单菌丝状或假菌索状，有些端部形成比较发达的盘状固着器（图 2.292 和图 2.293）。未见休眠孢子。

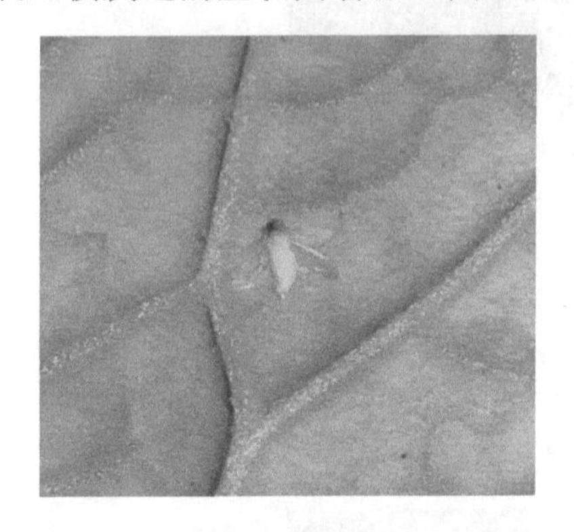

图 2.287　被佩奇虫瘟霉侵染的叶蝉

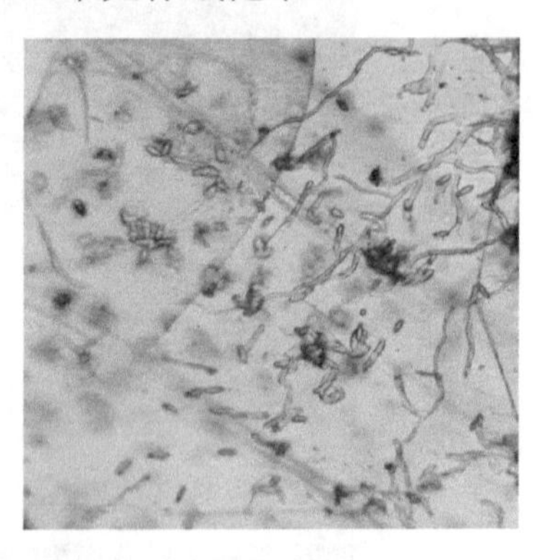

图 2.288　叶蝉翅上的佩奇虫瘟霉分生孢子（200×）

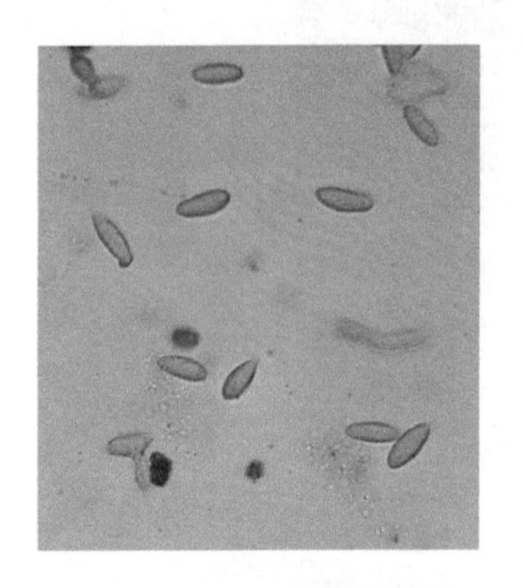

图 2.289　佩奇虫瘟霉初生分生孢子（400×）

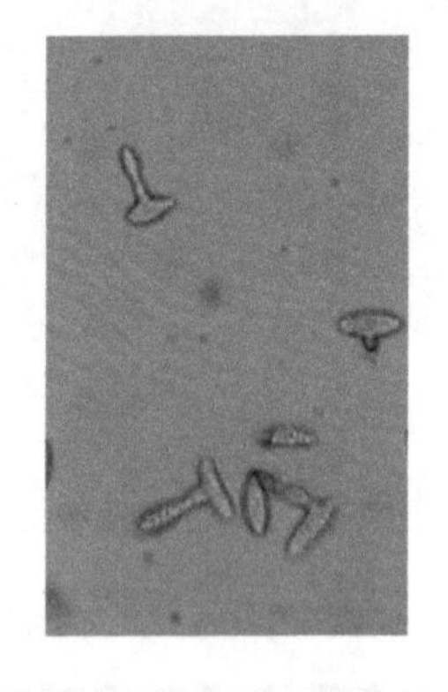

图 2.290　佩奇虫瘟霉次生分生孢子（400×）

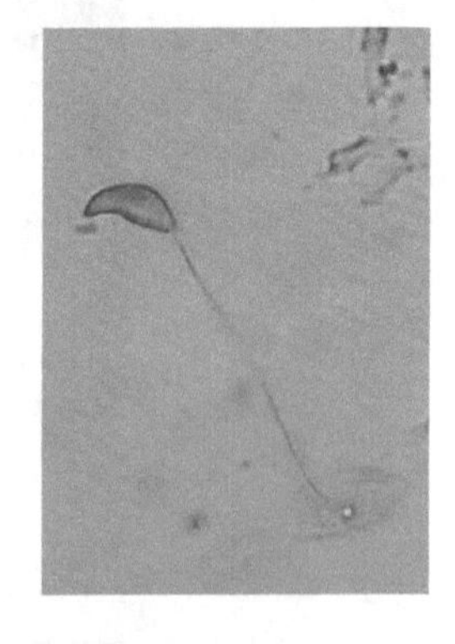

图 2.291　佩奇虫瘟霉毛梗分生孢子（400×）

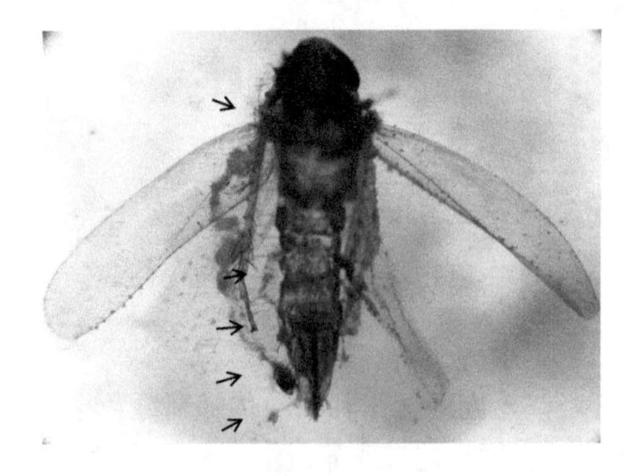

图 2.292　佩奇虫瘟霉假根（左侧假根尤其明显，如箭头所示，50×）

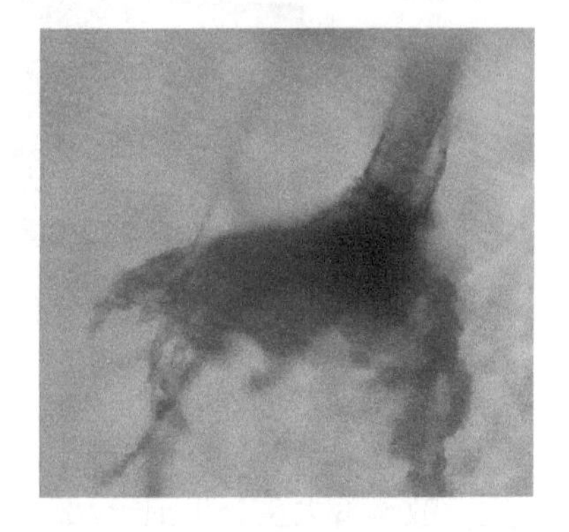

图 2.293　佩奇虫瘟霉假根末端盘状固着器（400×）

佩奇虫瘟霉的主要寄主为叶蝉科昆虫成虫。

该菌在冬春季发生于农田及森林等生境。

广东韶关标本的初生分生孢子大小在佩奇虫瘟霉的大小范围内，且毛梗分生孢子形态与其完全相同（Ben-Ze'ev and Kenneth，1981）。虽然两者寄主不同（佩奇虫瘟霉的寄主为沫蝉），但仍将其鉴定为佩奇虫瘟霉。Balazy（1993）和 Keller（2007a）都从叶蝉科昆虫中发现了佩奇虫瘟霉。韶关标本的子实层颜色与绿色虫瘟霉 *Zoophthora viridis* 比较相似（Keller，1991），但两者的毛梗分生孢子明显不同，前者呈镰刀形，后者呈梭形且一侧平直；此外，两者的寄主也不同，前者寄主为同翅目叶蝉科，后者寄主为半翅目盲蝽科昆虫长伸额盲蝽 *Notostira elongate*。另外，Ben-Ze'ev 和 Kenneth（1981）发现，根虫瘟霉在叶蝉虫体上的子实层新鲜时呈蓝绿色。由此可见，在虫瘟霉属中，子实层颜色可能不是鉴定的主要依据。

（4）矛孢虫瘟霉 *Zoophthora lanceolata*，中国新记录种

被矛孢虫瘟霉侵染的眼蕈蚊成虫附着于叶背，双翅向两侧展开，腹部节间膜明显可见灰白色的带状子实层（图 2.294）。

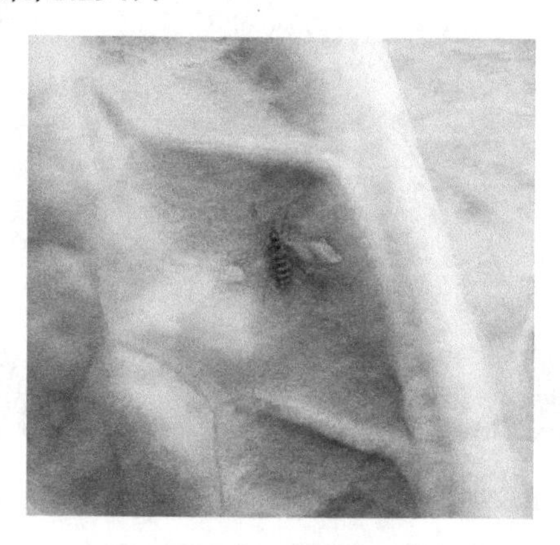

图 2.294　被矛孢虫瘟霉侵染的眼蕈蚊

矛孢虫瘟霉初生分生孢子无色、透明，呈长椭圆形，乳突呈圆锥形或三角形，大小为 16.2～25.8（18.5±1.3）μm×6.5～7.8（7.0±0.6）μm（*n*=50）；单核；双囊壁。矛孢虫瘟霉初生分生孢子产生丰富的毛梗分生孢子（图 2.295），毛梗分生孢子纤细，呈梭形，稍弯曲。虫体上的毛梗分生孢子较室内培养产生的毛梗分生孢子更纤细，顶端更尖锐，室内培养产生的毛梗分生孢子顶端有 1 个小球状结构（图 2.296～图 2.298）。假根呈单菌丝状。未见休眠孢子。

矛孢虫瘟霉的主要寄主为眼蕈蚊科 Sciaridae 昆虫成虫。

该菌在冬春季常发生于田野、森林等生境。

图 2.295　眼蕈蚊翅上的矛孢虫瘟霉初生分生孢子（400×）

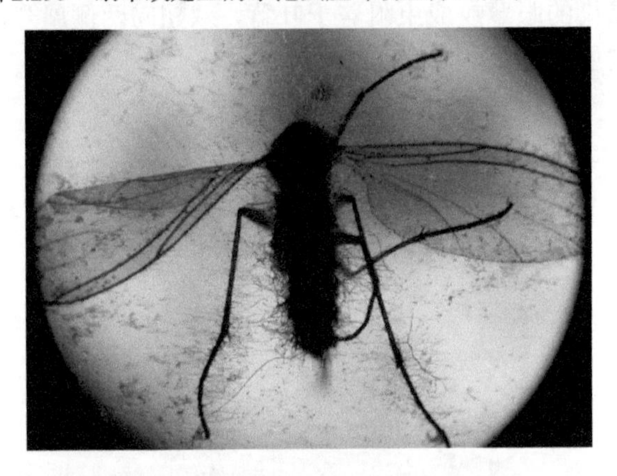

图 2.296　眼蕈蚊虫体周围密集的矛孢虫瘟霉毛梗分生孢子（50×）

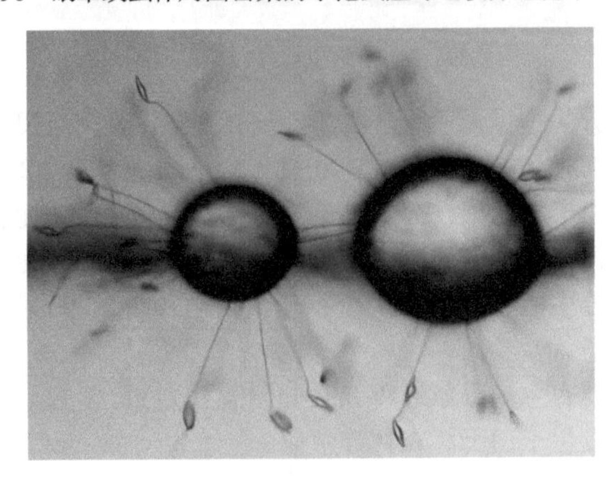

图 2.297　眼蕈蚊虫体上的矛孢虫瘟霉毛梗分生孢子（200×）

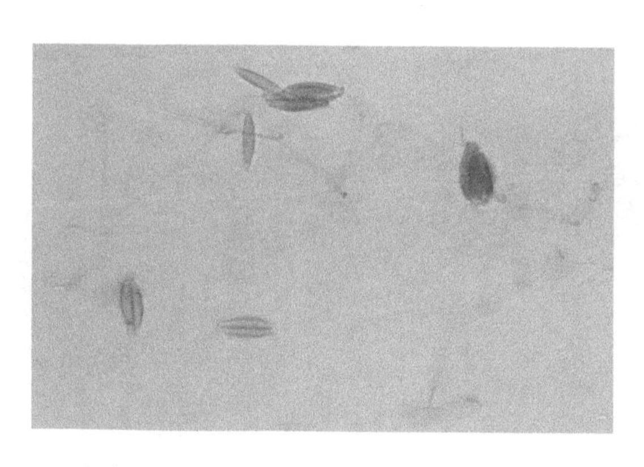

图 2.298 室内培养时矛孢虫瘟霉形成的毛梗分生孢子（400×）

（5）*Zoophthora* sp.

被 *Zoophthora* sp.侵染的小型蝇头部向下附着于野草的花柄上，左翅折向前方，右翅向侧方张开，虫体大部分都被白色子实层覆盖，翅上有分生孢子附着（图 2.299～图 2.301）。

该菌初生分生孢子无色、透明，呈长椭圆形或圆柱形，乳突呈圆锥形或圆形，大小为 16.9～24.7（20.6±1.8）μm×6.5～7.8（7.0±0.6）μm（*n*=22），L/D 为 2.9～0.3（2.2～3.4）（图 2.302 和图 2.303）；单核，细胞核直径为 4.7±0.5μm；双囊壁。休眠孢子直径为 18.2～25.4（21.4±2.0）μm（*n*=14），表面布满刺突，刺长为 2.6～5.2（3.5±0.9）μm（*n*=17）（图 2.304 和图 2.305）。假根密集，呈单菌丝状，有时末端具盘状固着器（图 2.306）。

该菌的主要寄主为一种中小型蝇类成虫。

该菌在春季发生于林缘的野草上。

在虫瘟霉属中，目前未见有其他外壁具刺的休眠孢子。虫疠霉属中的金龟虫疠霉 *Pandora brahmiae* 和刺孢虫疠霉 *Pandora echinospora* 的休眠孢子外壁具刺。该菌的休眠孢子大小在刺孢虫疠霉休眠孢子大小范围内，其寄主也同属于双翅目蝇类（李增智，2000），但该菌的分生孢子具有虫瘟霉属的典型特征，非刺孢虫疠霉。该菌被采集时是非常新鲜的标本，休眠孢子在寄主体内，不可能是其他植物病原真菌或腐生真菌的孢子，因此该菌可能是 1 个新种。

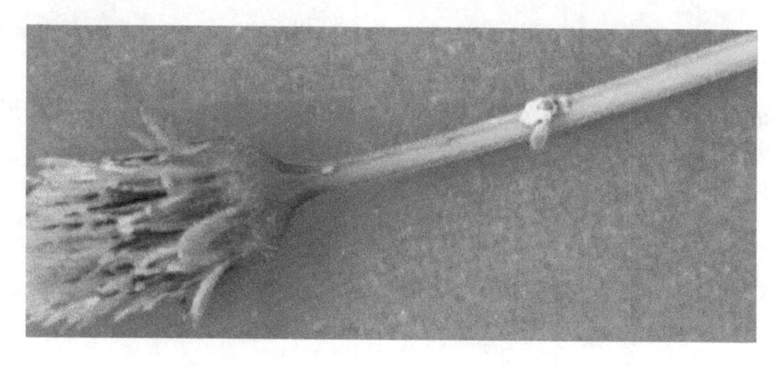

图 2.299 被 *Zoophthora* sp.侵染的中小型蝇类

图 2.300　被 *Zoophthora* sp.侵染的中小型蝇类（1.5×）

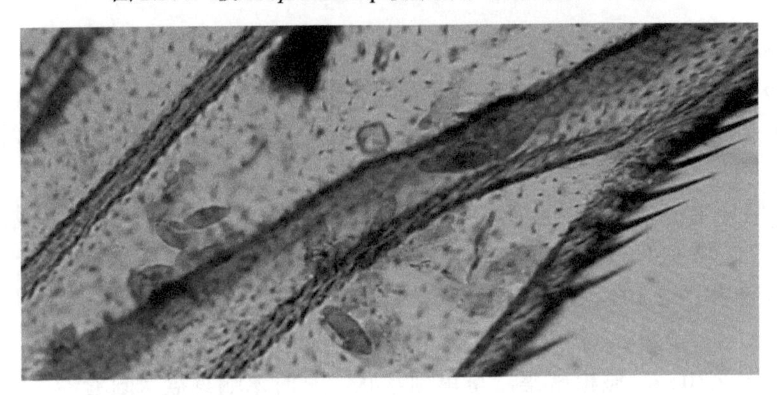

图 2.301　中小型蝇类翅上的 *Zoophthora* sp.分生孢子（400×）

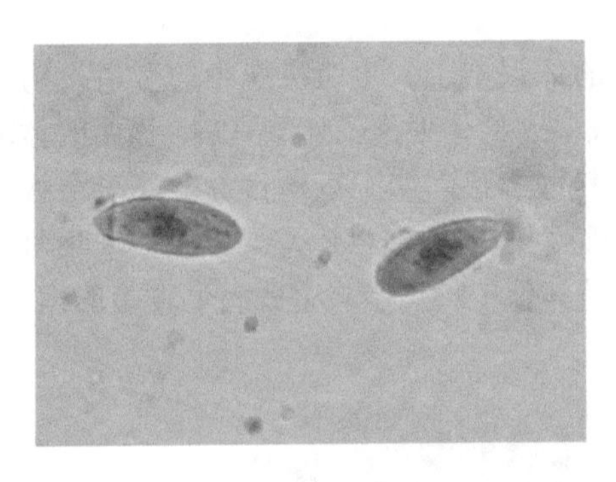

图 2.302　*Zoophthora* sp.椭圆形初生分生孢子（400×）

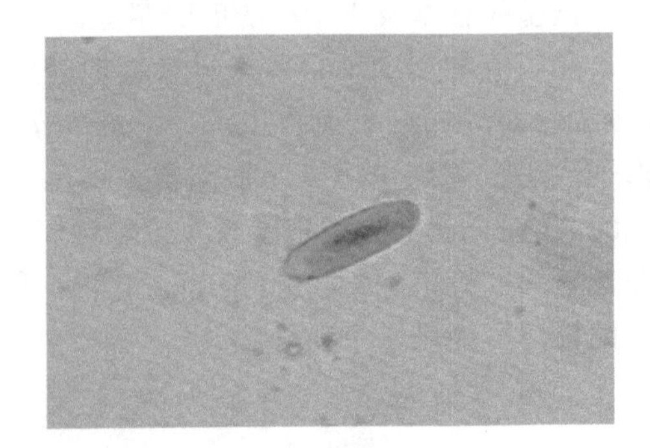

图 2.303　*Zoophthora* sp.圆柱形初生分生孢子（400×）

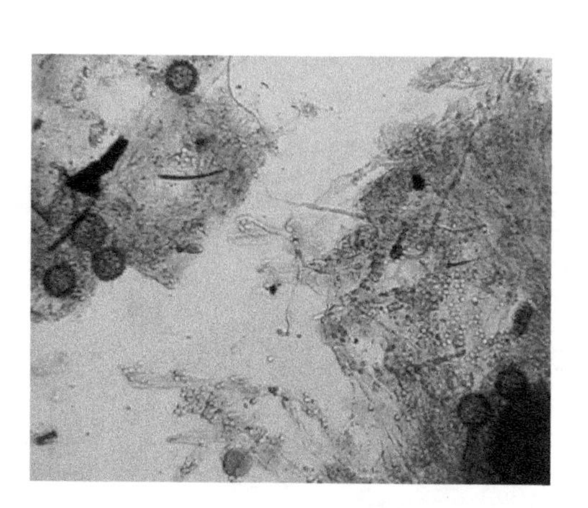

图 2.304 *Zoophthora* sp.休眠孢子（200×）

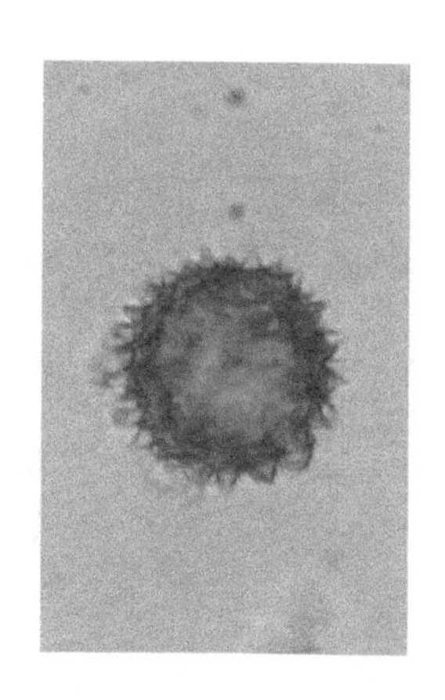

图 2.305 *Zoophthora* sp.休眠孢子（400×）

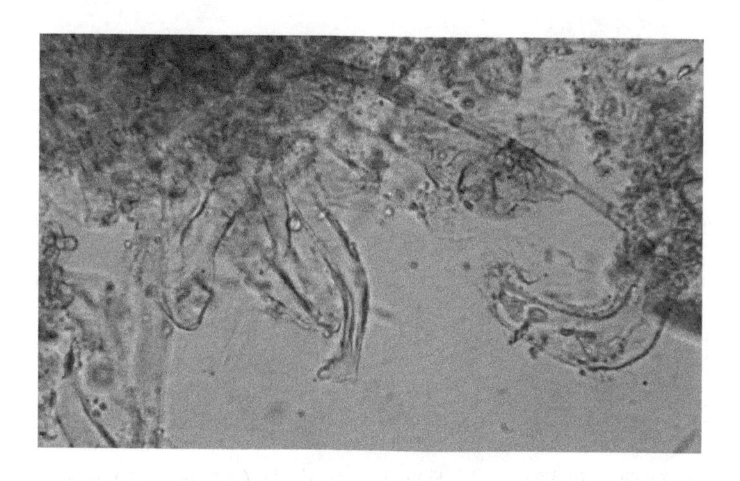

图 2.306 *Zoophthora* sp.假根（400×）

2.2.8 干尸霉属 *Tarichium*

干尸霉属虫霉为昆虫的专性病原真菌，侵染鞘翅目、鳞翅目、同翅目、双翅目、膜翅目昆虫和螨类，被侵染的寄主体表无子实体，一般很少有假根等结构存在，但寄主体腔内充满休眠孢子。如果发现了分生孢子或采集到足够的标本可供分子生物学研究，则该属的种类将被归属于新接霉科或虫霉科（Hajek et al.，2016b）。

干尸霉属虫霉在广东南岭有 1 种，在中国有 4 种，在世界有 37 种。

（1）大孢干尸霉 *Tarichium megaspermum*

被大孢干尸霉侵染的鳞翅目（灯蛾科或毒蛾科）幼虫尸体头部朝上附着于植物的叶片或树干上，略呈 S 形弯曲或两端向上翘起呈舟状。刚死亡的尸体呈亮黑色，湿润，质软而膨胀。逐渐干缩后，尸体变为炭黑色并变脆，极易破碎，体内充满黑色休眠孢子和少量菌丝段，被侵染时间较长的尸体最后往往只在基物上留下少量黑色粉末（图 2.307～图 2.309）。

图 2.307　被大孢干尸霉侵染的鳞翅目幼虫残留物

图 2.308　树干上被大孢干尸霉侵染的鳞翅目幼虫

图 2.309　野外采集的被大孢干尸霉侵染的鳞翅目幼虫

大孢干尸霉菌丝段呈淡褐色，呈近球形，大小为（61.4±17.4）μm×（52.8±14.5）μm（*n*=10），外壁较厚，表面着生密集的长刺（图 2.310）。休眠孢子呈深褐色，不透明，呈球形，直径为 31.2～45.5（38.9±3.2）μm（*n*=32）（图 2.311），外壁具疣状突起和沟纹，一端具有 1 个明显的深褐色喇叭口状物（图 2.312），外壁经挤压后易破裂，露出无色、光滑的内壁（图 2.313）。

大孢干尸霉的主要寄主为鳞翅目毒蛾科 Lymantriidae 或灯蛾科 Arctiidae 昆虫幼虫。

该菌发生于森林、林缘等生境。

据王立臣（1981，1988）报道，在 20 世纪 80～90 年代，每年 3～5 月有一种干尸霉经常造成广州市的尘污灯蛾 *Spilarctia obliqua* 种群发生流行性黑粉病，其发生时间、染病症状及休眠孢子的形态特征和大小与本种基本相符，即同为大孢干尸霉，但该种在韶关市只是零星发生，未见引发害虫流行病。

图 2.310 大孢干尸霉菌丝段（200×）

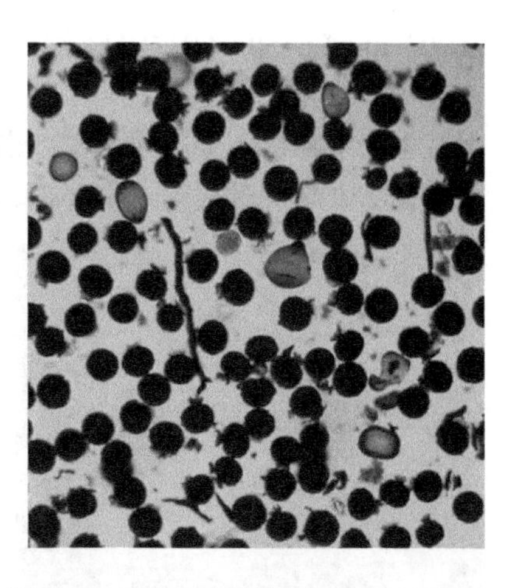

图 2.311 大孢干尸霉休眠孢子（200×）

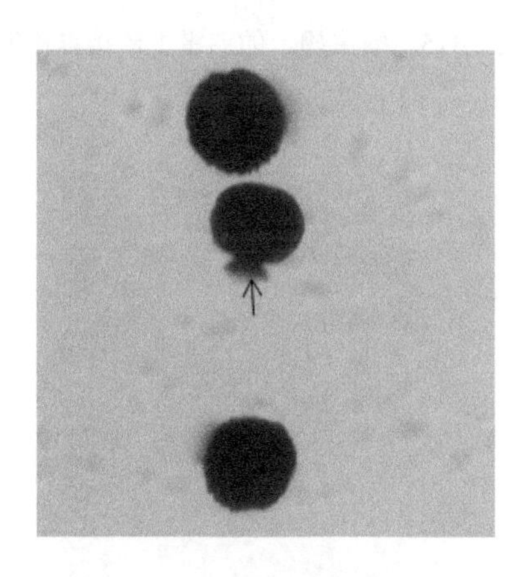

图 2.312 大孢干尸霉休眠孢子端部的喇叭状物（400×）

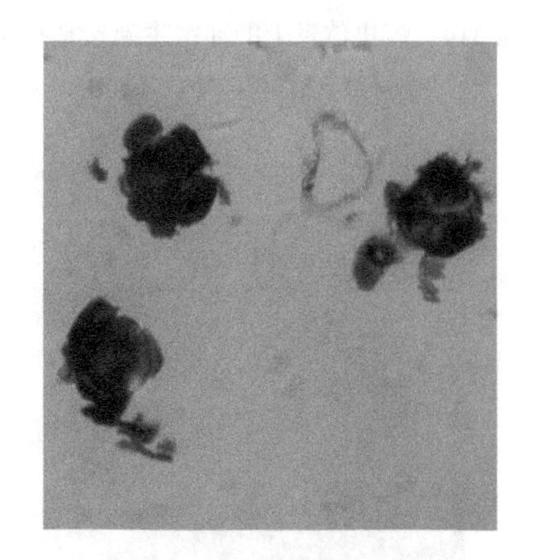

图 2.313 大孢干尸霉休眠孢子破裂（400×）

2.3 新接霉科 Neozygitaceae

2.3.1 新接霉属 *Neozygites*

新接霉属虫霉为昆虫和螨类的专性病原真菌，侵染同翅目、缨翅目和弹尾目昆虫及叶螨科、瘿螨科和寄螨科昆虫。

新接霉属虫霉在广东南岭有 1 种，在中国有 2 种，在世界有 21 种。

（1）弗雷生新接霉 *Neozygites fresenii*

被弗雷生新接霉侵染的蚜虫以喙附着于叶片上，虫体被黄褐色子实层覆盖。

弗雷生新接霉初生分生孢子呈球形，大小为 16.9～25.0（19.7±1.2）μm×11.2～20.7

（16.8±1.0）μm（n=50）（图 2.314 和图 2.315）。毛梗分生孢子呈杏仁形或卵形（图 2.316 和图 2.317）。未见休眠孢子。

弗雷生新接霉的主要寄主为菜蚜若虫和成虫。

该菌在冬春季有时与新蚜虫疠霉、普朗肯虫霉和暗孢耳霉等同时发生于蚜虫种群中。

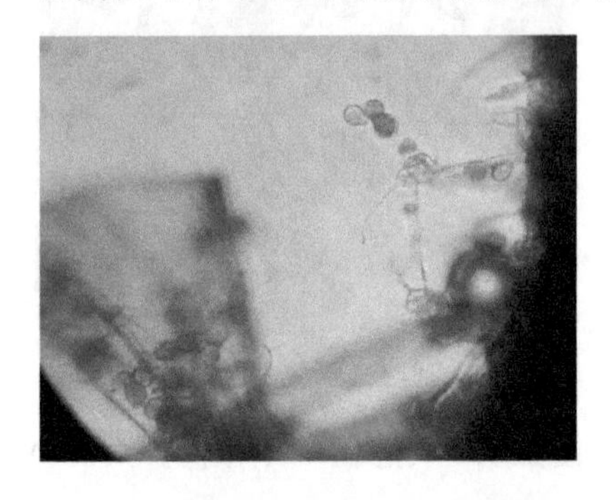

图 2.314　蚜虫体表上的弗雷生新接霉初生分生孢子和毛梗分生孢子（400×）

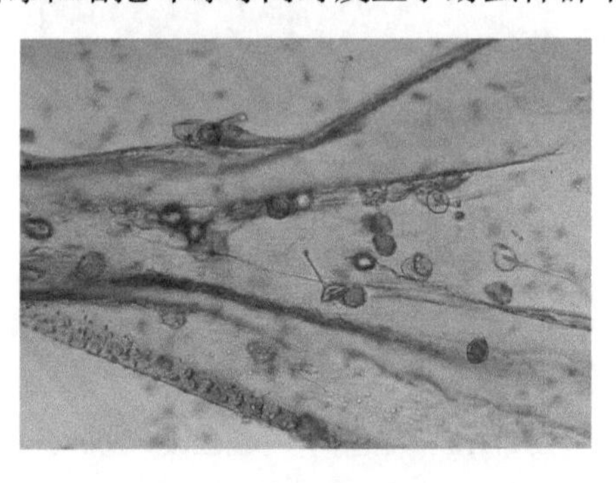

图 2.315　蚜虫翅上的弗雷生新接霉初生分生孢子和毛梗分生孢子（400×）

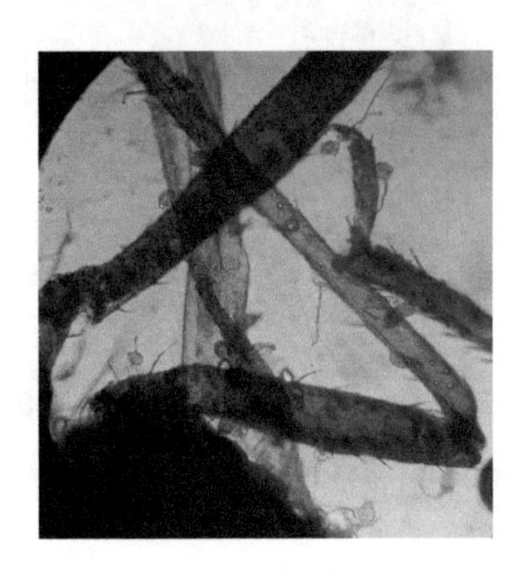

图 2.316　蚜虫足上的弗雷生新接霉毛梗分生孢子（400×）

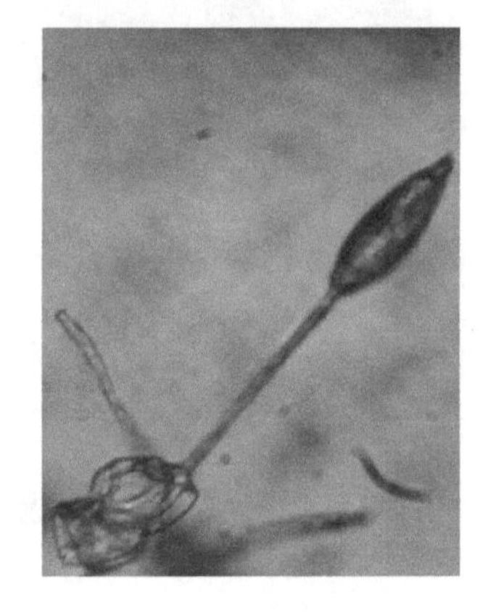

图 2.317　弗雷生新接霉正在形成毛梗分生孢子（1000×）

参考文献

陈春，冯明光，2002. 桃蚜迁飞性有翅蚜携带传播蚜虫病原真菌的证据[J]. 科学通报，47（17）：1332-1334.

陈春，冯明光，2003. 麦蚜虫霉流行病的初始侵染源及传播途径观察[J]. 中国科学（C 辑：生命科学），33（5）：414-420.

陈棣华，栗陶生，汪命龙，1990. 茶尺蠖病原真菌的分离鉴定及其特性[J]. 茶叶科学，10（1）：29-33.

贾春生，2010a. 感染丝光绿蝇的双翅目虫疠霉形态观察[J]. 中国媒介生物学及控制杂志，21（6）：546-548.

贾春生，2010b. 广东省发现小菜蛾根虫瘟霉[J]. 植物保护，36（3）：113-116.

贾春生，2010c. 小菜蛾布伦克虫疠霉研究初探[J]. 中国生物防治，26（3）：369-372.

贾春生，2010d. 致倦库蚊感染堆集噬虫霉的症状及其病原形态观察[J]. 中国媒介生物学及控制杂志，21（4）：343-345.

贾春生，2011a. 采自家蝇成虫的尖突巴科霉形态观察[J]. 中国媒介生物学及控制杂志，22（4）：352-354.

贾春生，2011b. 广东省白背飞虱病原真菌的分离鉴定和培养[J]. 植物保护，37（5）：92-96.

贾春生，2011c. 侵染黑肩绿盲蝽的突破虫霉新记录[J]. 中国生物防治学报，27（3）：338-343.

贾春生，2011d. 中国虫疫霉属 1 新记录种记述（虫霉目，虫霉科）[J]. 东北林业大学学报，39（5）：129-130.

贾春生，洪波，2011. 广东省侵染摇蚊的库蚊虫霉研究[J]. 应用昆虫学报，48（2）：442-446.

贾春生，洪波，2012. 稻纵卷叶螟根虫瘟霉的分离鉴定及其流行病研究[J]. 菌物学报，31（3）：322-330.

贾春生，洪波，2013. 广东虫疠霉：侵染黑肩绿盲蝽的虫疠霉属一新种[J]. 菌物学报，32（3）：785-790.

贾春生，刘发光，2010. 广东省森林昆虫病原真菌调查[J]. 西南林学院学报，30（1）：51-54.

李宏科，康霄文，1989. 长沙地区蔬菜蚜虫上虫霉菌研究初报[J]. 生物防治通报，5（2）：82-83.

李增智，2000. 中国真菌志 第十三卷 虫霉目[M]. 北京：科学出版社.

李增智，王建林，鲁绪祥，1989. 引起害虫大规模流行病的两种虫霉[J]. 真菌学报，8（2）：81-85.

李增智，杨健平，汪命龙，等，1988. 圆孢虫疫霉在茶尺蠖中的流行[J]. 茶业通报（2）：10-12.

刘青娥，徐均焕，冯明光，2004. 小菜蛾幼虫血淋巴中 β-1,3-葡聚糖结合蛋白的分离及其对根虫瘟霉侵染的免疫活性[J]. 生物化学与生物物理进展，31（5）：459-463.

王朝禹，谭远碧，1989. 球孢白僵菌和圆孢虫疫霉防治小绿叶蝉的研究[J]. 西南农业大学学报，11（1）：53-56.

王立臣，1981. 尘白灯蛾幼虫病原菌 *Tarichium* sp.观察简报[J]. 昆虫天敌，3（3）：56-57.

王立臣，1988. 尘白灯蛾黑粉病及其病原虫霉[M]//中国植物学会真菌学会虫生真菌专业组，《中国虫生真菌研究与应用》编委会. 中国虫生真菌研究与应用（第一卷）. 北京：学术期刊出版社.

徐梦晨，朱诚棋，徐桑尔，等，2015. 温度对蚜科专化菌暗孢耳霉休眠孢子形成的影响[J]. 生态学报，35（15）：5248-5253.

苑胜垒，管京敏，杨兵，等，2016. 昆虫免疫蛋白多酚氧化酶的研究进展[J]. 生命科学，28（1）：70-76.

臧穆，罗亨文，1976. 圆子虫霉抑制茶小绿叶蝉的初步观察[J]. 微生物学报，16（3）：256-257.

张胜利，蒲顺昌，栾丰刚，等，2021. 一株蝉花虫草菌重寄生真菌的分离鉴定[J]. 菌物研究，19（1）：29-35.

BETTERLEY D A，陈荣 1992. 虫霉菌 *Erynia montana* 防治苹果历眼菌蚊的研究[J]. 国外农学：国外食用菌（3）：20-21.

茅洪新，国見裕久，1991. 捕食寄生者と病原微生物によるチャハマキ蛹期の死亡[J]. 応動昆，35：241-245.

木曽雅昭，塩野輝雄，1987. 東京都の茶園におけるチャハマキの天敵[J]. 関東病虫研報，34：178-179.

青木襄児，1998. 虫を襲うかびの話：昆虫疫病菌のしたたかな生き残り戦略[Z]. 東京：全国農村教育協会.

石川巌，2010. 茶園のチャノキイロアザミウマに寄生する昆虫疫病菌 *Neozygites parvispora* の発生[J]. 茶業研究報告，110：29-36.

石川巌，2015. 茶園のチャノミドリヒメヨコバイに寄生する昆虫疫病菌 *Zoophthora radicans* の発生[J]. 茶業研究報告，111：15-22.

松田武彦，1999. ウンカ疫病菌 *Erynia delphaics* に対する殺菌剤の影響[J]. 応用動，43（1）：1-5.

ABDEL-MALLEK A Y, ABDEL-RAHMAN M A, OMAR S A, et al., 2004. A comparative abundance of entomopathogenic fungi of cereal aphids in Assit, Egypt[C]. Proceeding 2nd Saudi Science Conference (8): 167-174.

AGBOTON B V, HANNA R, HOUNTONDJI F C C, et al., 2009. Pathogenicity and host specificity of Brazilian and African isolates of the acaropathogenic fungus *Neozygites tanajoae* to mite species associated with cassava[J]. Journal of Applied Entomology, 133(9-10): 651-658.

AGBOTON B V, HANNA R, ONZO A, et al., 2013. Interactions between the predatory mite *Typhlodromalus aripo* and the entomopathogenic fungus *Neozygites tanajoae* and consequences for the suppression of their shared prey/host *Mononychellus tanajoa*[J]. Experimental and Applied Acarology, 60(2): 205-217.

AGBOTON B V, HANNA R, TIEDEMANN AV, 2011. Molecular detection of establishment and geographical distribution of Brazilian isolates of *Neozygites tanajoae*, a fungus pathogenic to cassava green mite, in Benin (West Africa)[J]. Experimental and Applied Acarology, 53(3): 235-244.

ALVES L F A, LEITE L G, OLIVEIRA D. G. P, 2009. Primeiro registro de *Zoophthora radicans* (Entomophthorales: Entomophthoraceae) em adultos da ampola-da-erva-mate, *Gyropsylla spegazziniana* Lizer & Trelles (Hemiptera: Psyllidae), no Brasil[J]. Neotropical Entomology, 38(5): 697-698.

AMBETHGAR V, 1996. First record of the entomogenous fungus, *Zoophthora radicans* (Brefeld) Batko on the rice leaf folder, *Cnaphalocrocis medinalis* Guenee from India[J]. Entomon, 21(3): 283-284.

AMBETHGAR V, 2002. Record of entomopathogenic fungi from Tamil Nadu and Pondicherry[J]. Journal of the Entomological Research Society, 26(2): 161-167.

AMBETHGAR V, SWAMIAPPAN M, RABINDRA R J, et al., 2007. Pathogenicity of certain indigenous isolates of entomopathogenic fungi against rice leaf folder, *Cnaphalocrocis medinalis* (Guenee)[J]. Journal of Biological Control, 21(2): 223-234.

ANDREADIS T G, WESELOH R M, 1990. Discovery of *Entomophaga maimaiga* in north American gypsy moth, *Lymantria dispar*[J]. Proceedings of the National Academy of Sciences, 87(7): 2461-2465.

AOKI J, 1974. Mixed infection of the gypsy moth, *Lymantria dispar japonica* Motschulsky (Lepidoptera: Lymantriidae), in a larch forest by *Entomophthora aulicae* (Reich.) Sorok. and *Paecilomyces canadensis* (Vuill.) Brown et Smith[J]. Applied Entomology and Zoology, 9(3): 185-190.

AOKI J, 1981. Pattern of conidial discharge of an *Entomophthora* species ("grylli" type) (Entomophthorales: Entomophthoraceae) from infected cadavers of *Mamestra brassicae* L. (Lepidoptera: Noctuidae)[J]. Applied Entomology and Zoology, 16: 216-224.

AVERY M, POST E, 2013. Record of a *Zoophthora* sp. (Entomophthoromycota: Entomophthorales) pathogen of the irruptive noctuid moth *Eurois occulta* (Lepidoptera) in West Greenland[J]. Journal of Invertebrate Pathology, 114(3): 292-294.

BAISWAR P, FIRAKE D M, 2021. First record of *Pandora formicae* on ant, *Camponotus angusticollis* and *Batkoa amrascae* on white leaf hopper, *Cofana spectra* in rice agroecosystem of India[J]. Journal of Eco-friendly Agriculture, 16(1): 27-31.

BALAZY S, 1993. Flora of Poland. Fungi (Mycota), vol. 24, Entomophthorales. Krakow[M]. Poland: Polish Academy of Science.

BARKER C W, BAEKER G M, 1998. Generalist entomopathogens as biological indicators of deforestation and agricultural land use impacts on Waikato soils[J]. New Zealand Journal of Ecology, 22(2): 189-196.

BARTKOWSKI J, ODINDO M O, OTIENO W A, 1988. Some fungal pathogens of the cassava green spider mites *Mononychellus* spp. (Tetranychidae) in Kenya[J]. International Journal of Tropical Insect Science, 9(4): 457-459.

BATTA Y A, RAHMAN M, POWIS K, et al., 2011. Formulation and application of the entomopathogenic fungus: *Zoophthora radicans* (Brefeld) Batko (Zygomycetes: Entomophthorales)[J]. Journal of Applied Microbiology, 110(3): 831-839.

BAVERSTOCK J, CLARK S J, ALDERSON P G, et al., 2009. Intraguild interactions between the entomopathogenic fungus *Pandora neoaphidis* and an aphid predator and parasitoid at the population scale[J]. Journal of Invertebrate Pathology, 102(2): 167-172.

BECHER P G, JENSEN R E, NATSOPOULOU M E, et al., 2018. Infection of *Drosophila suzukii* with the obligate insect-pathogenic fungus *Entomophthora muscae*[J]. Journal of Pest Science, 91(2): 781-787.

BEN-ZE'EV I S, KELLER S, EWEN A B, 1985. *Entomophthora erupta* and *Entomophthora helvetica* sp. nov. (Zygomycetes: Entomophthorales), two pathogens of Miridae (Heteroptera) distinguished by pathobiological and nuclear features[J]. Canadian Journal of Botany-revue Canadienne de Botanique, 63(8): 1469-1475.

BEN-ZE'EV I S, KENNETH R G, 1981. *Zoophthora radicans* and *Zoophthora petchi* sp. nov. (Zygomycetes: Entomophthorales), two species of the "*Sphaerosperma* group" attacking leafhoppers and frog-hoppers (Hom.)[J]. Entomophaga, 26(2): 131-142.

BIDOCHKA M J, WALSH S R A, RAMOS M E, et al., 1996. Fate of biological control introductions: monitoring an Australian fungal pathogen of Grasshoppers in North America[J]. Proceedings of the National Academy of Sciences, 93(2): 918-921.

BLANCKENHORN W U, 2015. Investigating yellow dung fly body size evolution in the field: response to climate change?[J]. Evolution, 69(8): 2227-2234.

BLANCKENHORN W U, 2017. Selection on morphological traits and fluctuating asymmetry by a fungal parasite in the yellow dung fly[J]. Journal of Evolutionary Biology, 16(5): 903-913.

BLANCKENHORN W U, KRAUSHAAR U, REIM C, 2003. Sexual selection on morphological and and physiological traits and fluctuating asymmetry in the yellow dung fly[J]. Journal of Evolutionary Biology, 16(5): 903-913.

BOER P, 2008. Observations of summit disease in *Formica rufa* Linnaeus, 1761 (Hymenoptera: Formicidae)[J]. Myrmecological News, 11: 63-66.

BOJKEA A, TKACZUKB C, STEPNOWSKIC P, et al., 2018. Comparison of volatile compounds released by entomopathogenic fungi[J]. Microbiological Research, 214: 129-136.

BOYCE G R, GLUCK-THALER E, SLOT J C, et al., 2019. Psychoactive plant- and mushroom-associated alkaloids from two behavior modifying cicada pathogens[J]. Fungal Ecology, 41: 147-164.

BOYKIN L S, CAMPBELL W V, BEUTE M K, 1984. Effect of pesticides on *Neozygites floridana* (Entomophthorales: Entomophthoraceae) and arthropod predators attacking the twospotted spider mite (Acari: Tetranychidae) in North Carolina peanut fields[J]. Journal of Economic Entomology, 77(4): 969-975.

BRIDGE P D, WORLAND M R, 2004. First report of an entomophthoralean fungus on an arthropod host in Antarctica[J]. Polar Biology, 27(3): 190-192.

BROWN G C, HASIBUAN R, 1995. Conidial discharge and transmission efficiency of *Neozygites floridana*, an entomopathogenic fungus infecting two-spotted spider-mites under laboratory conditions[J]. Journal of Invertebrate Pathology, 65(1): 10-16.

BUTT T M, HAJEK A E, HUMBER R A, 1996. Gypsy moth immune defenses in response to hyphal bodies and natural protoplasts of entomophthoralean fungi[J]. Journal of Invertebrate Pathology, 68(3): 278-285.

CALLAGHAN A A, 1969. Light and spore discharge in Entomophthorales[J]. Transactions of the British Mycological Society, 53(1): 87-97.

CAMERON P J, MILNER R J, 1981. Incidence of *Entomophthora* spp. in sympatric populations of *Acyrthosiphon kondoi* and *A. pisum*[J]. New Zealand Journal of Ecology, 8: 441-446.

CARNER G R, CANERDAY T D, 1970. *Entomophthora* sp. as a factor in the regulation of the two-spotted spider mite on cotton[J]. Ecological Entomology, 63(2): 638-640.

CARRUTHERS R I, RAMOS M E, LARKIN T S, et al., 1997. The *Entomophaga grylli* (Fresenius) Batko species complex: its biology, ecology, and use for biological control of pest grasshoppers[J]. The Memoirs of the Entomological Society of Canada, 129(S171): 329-353.

CASTRILLO L A, HAJEK A E, 2015. Detection of presumptive mycoparasites associated with *Entomophaga maimaiga* resting spores in forest soils[J]. Journal of Invertebrate Pathology, 124: 87-89.

CASTRO T R D, ROGGIA S, WEKESA V W, et al., 2016. The effect of synthetic pesticides and sulfur used in conventional and organically grown strawberry and soybean on *Neozygites floridana*, a natural enemy of spider mites[J]. Pest Management Science, 72(9): 1752-1757.

CASTRO T R D, WEKESA V W, MORAL R, et al., 2013. The effects of photoperiod and light intensity on the sporulation of Brazilian and Norwegian isolates of *Neozygites floridana*[J]. Journal of Invertebrate Pathology, 114: 230-233.

CLIFTON E H, CASTRILLO L A, GRYGANSKYI A, et al., 2019. A pair of native fungal pathogens drives decline of a new invasive herbivore[J]. Proceedings of the National Academy of Sciences, 116(19): 9178-9180.

CONTARINI M, RUIU L, PILARSKA D, et al., 2016. Different susceptibility of indigenous populations of *Lymantria dispar* to the exotic entomopathogen *Entomophaga maimaiga*[J]. Journal of Applied Entomology, 140: 317- 321.

COOLEY J R, MARSHALL D C, HILL K B R, 2018. A specialized fungal parasite (*Massospora cicadina*) hijacks the sexual signals of periodical cicadas (Hemiptera: Cicadidae: Magicicada)[J]. Science Report, 8(1): 1-7.

COYLE M C, ELYA C N, BRONSKI M J, et al., 2018. Entomophthovirus: An insect-derived iflavirus that infects a behavior manipulating fungal pathogen of dipterans[J]. http: //dx.doi.org/10.1101/371526.

CUEBAS-INCLE E L, 1992. Infection of adult mosquitoes by the entomopathogenic fungus *Erynia conica* (Entomophthorales: Entomophthoraceae)[J]. Journal of the American Mosquito Control Association, 8(4): 367-371.

DARA S K, HOUNTONDJI F, 2001. Effects of formulated imidacloprid on two mite pathogens, *Neozygites floridana* (Zygomycotina: Zygomycetes) and *Hirsutella thompsonii* (Deuteromycotina: Hyphomycetes)[J]. International Journal of Tropical Insect Science, 21(2): 133-138.

DE FINE LICHT H H, JENSEN A B, EILENBERG J, 2017. Comparative transcriptomics reveal host-specific nucleotide variation in entomophthoralean fungi[J]. Molecular Ecology, 26(7): 2092-2110.

DEGOOYER T A, PEDIGO L P, GILES K L, 1995. Population dynamics of the alfalfa weevil (Coleoptera: Curculionidae) in central and southern Iowa[J]. Journal of the Kansas Entomological Society, 68(3): 268-278.

DELALIBERA JR I, DEMÉTRIO C G B, MANLY B F J, et al., 2006. Effect of relative humidity and origin of isolates of *Neozygites tanajoae* (Zygomycetes: Entomophthorales) on production of conidia from cassava green mite, *Mononychellus tanajoa* (Acari: Tetranychidae), cadavers[J]. Biological Control, 39(3): 489-496.

DELALIBERA JR I, HAJEK A E, HUMBER R A, 2004. *Neozygites tanajoae* sp. nov. a pathogen of the cassava green mite[J]. Mycologia, 96(5): 1002-1009.

DESCALS E, WEBSTER J, 1984. Branched aquatic conidia in *Erynia* and *Entomophthora sensu lato*[J]. Transactions of the British Mycological Society, 83(4): 669-682.

DESCALS E, WEBSTER J, LADLE M, et al., 1981. Variations in asexual reproduction in species of *Entomophthora* on aquatic insects[J]. Transactions of the British Mycological Society, 77(1): 85-102.

DICK G L, BUSCHMAN L L, 1995. Seasonal occurrence of a fungal pathogen, *Neozygites adjarica* (Entomophthorales: Neozygitaceae), infecting banks grass mites, *Oligonychus pratensis* and two spotted spider mites, *Tetranychus urticae* (Acari: Tetranychidae), in field corn[J]. Journal of the Kansas Entomological Society, 68(4): 425-436.

DROMPH K M, PELL J K, EILENBERG J, 2002. Influence of flight and colour morph on susceptibility of *Sitobion avenae* to infection by *Erynia neoaphidis*[J]. Biocontrol Science and Technology, 12(6): 753-756.

DUARTE V S, SILVA R A, WEKESA V W, et al., 2009. Impact of natural epizootics of the fungal pathogen *Neozygites floridana* (Zygomycetes: Entomophthorales) on population dynamics of *Tetranychus evansi* (Acari: Tetranychidae) in tomato and nightshade[J]. Biological Control, 51(1): 81-90.

DUETTING P S, DING H, NEUFELD J, et al., 2003. Plant waxy bloom on peas affects infection of pea aphids by *Pandora neoaphidis*[J]. Journal of Invertebrate Pathology, 84(3): 149-158.

DUSTAN A G, 1924. Studies on a new species of *Empusa parasitic* on the green apple bug (*Lygus communis* var. *novascotiensis* Knight) in the Annapolis Valley[J]. Proceeding of Acadian Entomological Society, 9: 14-36.

EILENBERG J, JENSEN A B, 2018. Strong host specialization in fungus genus *Strongwellsea* (Entomophthorales)[J]. Journal of Invertebrate Pathology, 157: 112-116.

EILENBERG J, MICHELSEN V, HUMBER R A, 2020. *Strongwellsea tigrinae* and *strongwellsea acerosa* (Entomophthorales: Entomophthoraceae), two new species infecting dipteran hosts from the genus *Coenosia* (Muscidae)[J]. Journal of Invertebrate Pathology, 175: 107444.

EILENBERG J, MICHELSEN V, JENSEN A B, et al., 2021. *Strongwellsea crypta* (Entomophthorales: Entomophthoraceae), a new species infecting *Botanophila fugax* Meigen (Diptera: Anthomyiidae)[J]. Journal of Invertebrate Pathology, 186: 107673.

EILENBERG J, THOMSEN L, JENSEN A B, et al., 2013. A third way for entomophthoralean fungi to survive the winter: slow disease transmission between individuals of the hibernating host[J]. Insects, 4(3): 392-403.

EKESI S, SHAH P A, CLARK S J, et al., 2005. Conservation biological control with the fungal pathogen, *Pandora neoaphidis*: implications of aphid species, host plant and predator foraging[J]. Agricultural and Forest Entomology, 7(1): 21-30.

ELKINTON J, BITTNER T D, PASQUARELLA V J, et al., 2019. Relating aerial aeposition of *Entomophaga maimaiga* conidia (Zoopagomycota: Entomophthorales) to mortality of gypsy moth (Lepidoptera: Erebidae) larvae and nearby defoliation[J]. Environmental Entomology, 48(5): 1214-1222.

ELKINTON J S, HAJEK A E, BOETTNER G H, et al., 1991. Distribution and apparent spread of *Entomophaga maimaiga* (Zygomycetes: Entomophthorales) in gypsy moth (Lepidoptera: Lymantriidae) populations in North America[J]. Environmental Entomology, 20(6): 1601-1605.

ELYA C, LOK T C, SPENCER Q E, et al., 2018. Robust manipulation of the behavior of *Drosophila melanogaster* by a fungal pathogen in the laboratory[J]. Microbiology and Infectious Disease, 7: e34414.

EWEN A B, 1966. Endocrine dysfunctions in *Adelphocoris lineolatus*(Goze) (Hemiptera: Miridae) caused by a fungus(*Entomophthora* sp.)[J]. Canadian Journal of Zoology, 44(5): 873-877.

FARGUES J, GOETTEL M S, SMITS N, et al., 1997. Effect of temperature on vegetative growth of *Beauveria bassiana* isolates

from different origins[J]. Mycologia, 89(3): 383-392.

FEKIH I B, JENSEN A B, BOUKHRIS-BOUHACHEM S, et al., 2019. Virulence of two entomophthoralean fungi, *Pandora neoaphidis* and *Entomophthora planchoniana*, to their conspecific (*Sitobion avenae*) and heterospecific (*Rhopalosiphum padi*) aphid hosts[J]. Insects, 10(2): 1-11.

FERRARI J, DARBY A C, DANIELL T J, et al., 2004. Linking the bacterial community in pea aphids with host-plant use and natural enemy resistance[J]. Ecological Entomology, 29(1): 60-65.

FERRARI J, GODFRAY H C J, 2003. Resistance to a fungal pathogen and host plant specialization in the pea aphid[J]. Ecology Letters, 6(2): 111-118.

FILOTAS M J, HAJEK A E, 2007. Variability in thermal responses among *Furia gastropachae* isolates from different geographic origins[J]. Journal of Invertebrate Pathology, 96(2): 109-117.

FILOTAS M J, HAJEK A E, HUMBER R A, 2003. Prevalence and biology of *Furia gastropachae* (Zygomycetes: Entomophthorales) in populations of forest tent caterpillar (Lepidoptera: Lasiocampidae)[J]. Canadian Entomologist, 135(3): 359-378.

FUENTES-CONTRERAS E, PELL J K, NIEMEYER H M, 1998. Influence of plant resistance at the third trophic level: interactions between parasitoids and entomopathogenic fungi of cereal aphids[J]. Oecologia, 117(3): 426-432.

FURLONG M J, PELL J K, 1996. Interactions between the fungal entomopathogen *Zoophthora radicans* Brefeld (Entomophthorales) and two hymenopteran parasitoids attacking the diamondback moth, *Plutella xylostella* L. [J]. Journal of Invertebrate Pathology, 68(1): 15-21.

FURLONG M J, PELL J K, 2000. Conflicts between a fungal entomopathogen, *Zoophthora radicans*, and two larval parasitoids of the diamondback moth[J]. Journal of Invertebrate Pathology, 76(2): 85-94.

FURLONG M J, PELL J K, ONG P C, et al., 1995. Field and laboratory evaluation of a sex pheromone trap for the autodissemination of the fungal entomopathogen *Zoophthora radicans* (Entomophthorales) by the diamondback moth, *Plutella xylostella* (Lepidoptera: Yponomeutidae)[J]. Bulletin of Entomological Research, 85: 331-337.

GEDEN C J, STEINKRAUS D C, RYTZ D A, 1993. Evaluation of two methods for release of *Entomophthora muscae* (Entomophthorales: Entomophthoraceae) to infect house flies (Diptera: Muscidae) on dairy farms[J]. Environmental Entomology, 22(5): 1201-1208.

GEORGE I O, YANINEK J S, DE MORAES G J, et al., 1997. The effect of pathogen dosage on the pathogenicity of *Neozygites floridana*(Zygomycetes: Entomophthorales) to *Mononychellus tanajoa*(Acari: Tetranychidae)[J]. Journal of Invertebrate Pathology, 70(2): 127-130.

GEORGIEV G, HUBENOV Z, GEORGIEVA M, et al., 2013. Interactions between the introduced fungal pathogen *Entomophaga maimaiga* and indigenous tachinid parasitoids of gypsy moth *Lymantria dispar* in Bulgaria[J]. Phytoparasitica, 41: 125-131.

GEORGIEV G, MIRCHEV P, ROSSNEV B, et al., 2013. Potential of *Entomophaga maimaiga* Humber, Shimazu and Soper (Entomophthorales) for suppressing *Lymantria dispar* (Linnaeus) outbreaks in Bulgaria[J]. Comptes Rendus de Lacademie Bulgare des Sciences, 66(7): 1025-1032.

GILES K L, OBRYCKI J J, DEGOOYER T A, et al., 1994. Seasonal occurrence and impact of natural enemies of *Hypera postica* (Coleoptera: Curculionidae) larvae in Iowa[J]. Environmental Entomology, 23(1): 167-176.

GLARE T R, MILNER R J, 1987. New records of entomophthoran fungi from insects in Australia[J]. Australian Journal of Botany, 35: 69-77.

GLARE T R, O'CALLAGHAN M, WIGLEY P J, 1993. Checklist of naturally occurring entomopathogenic microbes and nematodes in New Zealand[J]. New Zealand Journal of Ecology, 20: 95-120.

GRUNDSCHOBER A, TUOR U, AEBI M, 1998. *In vitro* cultivation and sporulation of *Neozygites parvispora* (Zygomycetes: Entomophthorales)[J]. Systematic and Applied Microbiology, 21(3): 461-469.

GRYGANSKYI A P, HUMBER R A, SMITH M E, et al., 2012. Molecular phylogeny of the Entomophthoromycota[J]. Molecular Phylogenetics and Evolution, 65(2): 682-694.

GRYGANSKYI A P, HUMBER R A, SMITH M E, et al., 2013. Phylogenetic lineages in Entomophthoromycota[J]. Persoonia, 30(1): 94-105.

GRYGANSKYI A P, HUMBER R A, STAJICH J E, et al., 2013. Sequential utilization of hosts from different fly families by genetically distinct, sympatric populations within the *Entomophthora muscae* species complex[J]. PloS One, 8(8): e71168.

GUPTA R K, TARONSKI S T, SRIVASTAVA K, et al., 2011. First record on epizotics of *Entomophthora grylli* on grasshopper in India subcontinent: pathogencity and biocontrol potential on *Oxya velox*[J]. Archives of Phytopathology and Plant Protection, 44(5): 475-483.

GUZMÁN-FRANCO A W, ATKINS S D, CLARK S J, et al., 2011. Use of quantitative PCR to understand within-host competition between two entomopathogenic fungi[J]. Journal of Invertebrate Pathology, 107(2): 155-158.

GUZMÁN-FRANCO A W, CLARK S J, ALDERSON P G, et al., 2008. Effect of temperature on the in vitro radial growth of *Zoophthora radicans* and *Pandora blunckii*, two co-occurring fungal pathogens of the diamondback moth *Plutella xylostella*[J]. Biocontrol, 53(3): 501-516.

GUZMÁN-FRANCO A W, CLARK S J, ALDERSON P G, et al., 2009. Competition and co-existence of *Zoophthora radicans* and *Pandora blunckii*, two co-occurring fungal pathogens of the diamondback moth *Plutella xylostella*[J]. Mycological Research, 113(11): 1312-1321.

HAJEK A E, 1999. Pathology and epizootiology of *Entomophaga maimaiga* infections in forest Lepidoptera[J]. Microbiology and Molecular Biology Reviews, 63(4): 814-835.

HAJEK A E, BUTLER L,WHEELER M M, 1995a. Laboratory bioassays testing the host range of the gypsy moth fungal pathogen *Entomophaga maimaiga*[J]. Biological Control, 5(4): 530-544.

HAJEK A E, CARRUTHERS R I, SOPER R S, 1990. Temperature and moisture relations of sporulation and germination by *Entomophaga maimaiga* (Zygomycetes: Entomophthoraceae), a fungal pathogen of *Lymantria dispar* (Lepidoptera: Lymantriidae)[J]. Environmental Entomology, 19(1): 85-90.

HAJEK A E, DISS-TORRANCE A L D T, SIEGERT N W, et al., 2021. Inoculative releases and natural spread of the fungal pathogen *Entomophaga maimaiga* (Entomophthorales: Entomophthoraceae) into U.S. populations of gypsy moth, *Lymantria dispar* (Lepidoptera: Erebidae)[J]. Environmental Entomology, 50(5): 1007-1015.

HAJEK A E, ELKINTON J S, WITCOSKY J J, 1996. Introduction and spread of the fungal pathogen *Entomophaga maimaiga* along the leading edge of gypsy moth spread[J]. Environmental Entomology, 25(5): 1235-1247.

HAJEK A E, GRYGANSKYI A, BITTNER T, et al., 2016. Phylogenetic placement of two species known only from resting spores: *Zoophthora independentia* sp. nov. and *Z. porteri* comb nov. (Entomophthorales: Entomophthoraceae)[J]. Journal of Invertebrate Pathology, 140: 68-74.

HAJEK A E, LARKIN T S, CARRUTHERS R I, et al., 1993. Modeling the dynamics of *Entomophaga maimaiga* (Zygomycetes: Entomophthorales) epizootics in gypsy moth (Lepidoptera: Lymantriidae) populations[J]. Environmental Entomology, 22(5): 1172-1187.

HAJEK A E, LONGCORE J E, SIMMONS D R, et al., 2013. Chytrid mycoparasitism of entomophthoralean azygospores[J]. Journal of Invertebrate Pathology, 114(3): 333-336.

HAJEK A E, NOUHUYS S V, 2016. Fatal diseases and parasitoids: from competition to facilitation in a shared host[J]. Proceedings of the Royal Society B: Biological Sciences, 283(1828): 1-9.

HAJEK A E, RENWICK J A A, ROBERTS D W, 1995b. Effects of larval host plant on the gypsy moth fungal pathogen, *Entomophaga maimaiga*[J]. Environmental Entomology, 24(5): 1307-1314.

HAJEK A E, SHIMAZU M, 1996. Types of spores produced by *Entomophaga maimaiga* infecting the gypsy moth *Lymantria dispar*[J]. Canadian Journal of Botany, 74(5): 708-715.

HAJEK A E, SOPER R S, 1992. Temporal dynamics of *Entomophaga maimaiga* after death of gypsy moth (Lepidoptera: Lymantriidae) larval hosts[J]. Environmental Entomology, 21(1): 129-135.

HAJEK A E, STEINKRAUS D C, CASTRILLO L A, 2018. Sleeping beauties: horizontal transmission via resting spores of species in the Entomophthoromycotina[J]. Insects, 9(3): 1-23.

HAJEK A E, STRAZANAC J S, WHEELER M M, et al., 2004. Persistence of the fungal pathogen *Entomophaga maimaiga* and its impact on native Lymantriidae[J]. Biological Control, 30(2): 466-473.

HAJEK A E, TOBIN P C, 2011. Introduced pathogens follow the invasion front of a spreading alien host[J]. Journal of Animal Ecology, 80(6): 1217-1226.

HAJEK A E, TOBIN P C, HAYNES K J, 2015. Replacement of a dominant viral pathogen by a fungal pathogen does not alter the collapse of a regional forest insect outbreak[J]. Oecologia, 177(3): 785-797.

HAJEK A E, WHEELER T, 1998. Location and persistence of cadavers of gypsy moth, *Lymantria dispar*, containing *Entomophaga maimaiga* azygospores[J]. Mycologia, 90(5): 754-760.

HALL M, LOWE A D, GIVEN B B, et al., 1979. Fungi attacking the blue-green aphid in New Zealand[J]. New Zealand Journal of Zoology, 6: 473-474.

HANSEN A N, DE FINE LICHT H H, 2017. Logistic growth of the host-specific obligate insect pathogenic fungus *Entomophthora muscae* in house flies (*Musca domestica*)[J]. Journal of Applied Entomology, 141(7): 583-586.

HARCOURT D G, GUPPY J C, BINNS M R, 1984. Analysis of numerical change in subeconomic populations of the alfalfa weevil, *Hypera postica* (Coleoptera: Curculionidae), in Eastern Ontario[J]. Environmental Entomology, 13(6): 1627-1633.

HARCOURT D G, GUPPY J C, TYRREL D, 1990. Phenology of the fungal pathogen *Zoophthora phytonomi* in southern Ontario populations of the alfalfa weevil (Coleoptera: Curculionidae)[J]. Environmental Entomology, 19(3): 612-617.

HATTING J L, HUMBER R A, POPRAWSKI T J, et al., 1999. A survey of fungal pathogens of aphids from south Africa, with special reference to cereal aphids[J]. Biological Control, 16(1): 1-12.

HEMMATI F, PELL J K, MCCARTNEY H A, et al., 2001. Conidial discharge in the aphid pathogen *Erynia neoaphidis*[J]. Mycological Research, 105(6): 715-722.

HIBBETT D S, BINDER M, BISCHOFF J F, et al., 2007. A higher-level phylogenetic classification of the fungi[J]. Mycological Research, 111(Pt5): 509-547.

HODGE K T, HAJEK A E, GRYGANSKYI A, 2017. The first entomophthoralean killing millipedes, *Arthrophaga myriapodina* n. gen. n. sp. causes climbing before host death[J]. Journal of Invertebrate Pathology, 149: 135-140.

HOLLINGSWORTH R G, STEINKRAUS D C, MCNEW R W, 1995. Sampling to predict fungal epizootics in cotton aphids (Homoptera: Aphididae)[J]. Environmental Entomology, 24(6): 1414-1421.

HONEK A, 1993. Instraspecific variation in body size and fecundity in insects: a general relationship[J]. Oikos, 66(3): 483-492.

HOSTETTER D L, PUTTLER B, HUGGANS J L, et al., 1983. Effect of the fungicide kocide on the entomopathogenic fungus *Erynia* (=*Zoophthora*) *phytonomi* (Zygomycetes: Entomophthoraceae) of the alfalfa weevil (Coleoptera: Curculionidae) in Missouri[J]. Journal of Economic Entomology, 76(3): 619-621.

HOUNTONDJI F, SABELIS M W, HANNA R, et al., 2005. Herbivore-induced plant volatiles trigger sporulation in entomopathogenic fungi: the case of *Neozygites tanajoae* infecting the cassava green mite[J]. Journal of Chemical Ecology, 31(5): 1003-1021.

HOUNTONDJI F C C, 2008. Lessons from interactions within the cassava green mite fungal pathogen *Neozygites tanajoae* system and prospects for microbial control using Entomophthorales[J]. Experimental and Applied Acarology, 46(1-4): 195-210.

HOUNTONDJI F C C, HANNA R, SABELIS M W, 2006. Does methyl salicylate, a component of herbivore-induced plant odour, promote sporulation of the mite-pathogenic fungus *Neozygites tanajoae*?[J]. Experimental and Applied Acarology, 39(1): 63-74.

HOUNTONDJI F C C, YANINEK J S, DE MORAES G J, et al., 2002. Host specificity of the cassava green mite pathogen *Neozygites floridana*[J]. BioControl, 47(1): 61-66.

HUANG Y J, ZHENG B N, LI Z Z, 1992. Natural and induced epizootics of *Erynia ithacensis* in mushroom hothouse populations of yellow-legged fungus gnats[J]. Journal of Invertebrate Pathology, 60(3): 254-258.

HUMBER R A, 1976. The systematics of the genus *Strongwellsea*[J]. Mycologia, 68(5): 1042-1060.

HUMBER R A, 1989. Synopsis of a revised classifification for the Entomophthorales (Zygomycotina)[J]. Mycotaxon, 34(2): 441-460.

HUMBER R A, 2012. Entomophthoromycota: a new phylum and reclassification for entomophthoroid fungi[J]. Mycotaxon, 120(2): 477-492.

HYWEL-JONES N L, LADLE M, 1986. Ovipositional behavior of *Simulium argyreatum* and *S. variegatum* and its relationship to infection by the fungus *Erynia conica* (Entomophthoraceae)[J]. Freshwater Biology, 16(3): 397- 403.

HYWEL-JONES N L, WEBSTER J, 1986. Mode of infection of *Simulium* by *Erynia conica*[J]. Transactions of the British Mycological Society, 87(3): 381-387.

JAMES T Y, KAUFF F, SCHOCH C L, et al., 2006. Reconstructing the early evolution of Fungi using a six-gene phylogeny[J]. Nature, 443(7113): 818-822.

JANN P, BLANCKENHORN W U, WARD P I, 2000. Temporal and microspatial variation in the intensities of natural and sexual selection in the yellow dung fly *Scathophaga stercoraria*[J]. Journal of Evolutionary Biology, 13: 927-938.

JENSEN A B, THOMSEN L, EILENBERG J, 2001. Intraspecific variation and host specificity of *Entomophthora muscae* sensu stricto isolates revealed by random amplified polymorphic DNA, universal primed PCR, PCR-restriction fragment length polymorphism, and conidial morphology[J]. Journal of Invertebrate Pathology, 78(4): 251-259.

JÙNIOR D I, 2009. Biological control of the cassava green mite in Africa with Brazilian isolates of the fungal pathogen *Neozygites tanajoae*[M]//HAJEK A E, GLARE T R, CALLAGHAN M. Use of microbes for control and eradication of invasive arthropods. vol. 6. New York: Springer: 259-269.

KALSBEEK V, MULLENS B A, JESPERSEN J B, 2001. Field studies of *Entomophthora* (Zygomycetes: Entomophthorales) induced behavioral fever in *Musca domestica* (Diptera: Muscidae) in Denmark[J]. Biological Control, 21(3): 264-273.

KELLER S, 1991. Arthropod-pathogenic Entomophthorales of Switzerland. Ⅱ. *Erynia*, *Eryniopsis*, *Neozygites*, *Zoophthora* and *Tarichium*[J]. Sydowia, 43: 39-122.

KELLER S, 1997. The genus *Neozygites* (Zygomycetes, Entomophthorales) with special reference to species found in tropical regions[J]. Sydowia, 49(2): 118-146.

KELLER S, 2007a. Arthropod-pathogenic Entomophthorales from Switzerland. Ⅲ. First additions [J]. Sydowia, 59(1): 75-113.

KELLER S, 2007b. Arthropod-pathogenic Entomophthorales: biology, ecology, identification[M]. Luxembourg: Office for official publication of the European communities.

KELLER S, 2008. The arthropod-pathogenic Entomophthorales from Switzerland is central Europe the centre of their global species richness?[J]. Mitteilungen Der Schweizerischen Entomologischen Gesellschaft, 81: 39-51.

KELLER S, 2012. Arthropod-pathogenic Entomophthorales from Switzerland. Ⅳ. Second addition[J]. Mitt Schweiz Entomol Ges, 85: 115-130.

KELLER S, EILENBERG J, 1993. Two new species of Entomophthoraceae (Zygomycetes, Entomophthorales) linking the genera *Entomophaga* and *Eryniopsis*[J]. Sydowia, 45(2): 264-274.

KELLER S, HÜLSEWIG T, 2018. Amended description and new combination for *Entomophthora nebriae* Raunkiaer, (1893), a little known entomopathogenic fungus attacking the ground beetle *Nebria brevicollis* (Fabricius, 1792)[J]. Alpine Entomology, 2: 1-5.

KELLER S, SUTER H, 1980. Epizootiologische untersuchungen über das Entomophthora-Auftreten bei feldaulich wichtigen Blattlausarten[J]. Acta Oecologica, 1: 63-81.

KELSEY J M, 1965. *Entomophthora sphaerosperma* (Fres.) and *Plutella maculipenis* (Curtis) control[J]. New Zealand Entomologist, 3(4): 47-49.

KISTNER E J, BELOVSKY G E, 2013. Susceptibility to disease across developmental stages: examining the effects of an entomopathogen on a grasshopper (Orthoptera: Acrididae) pest[J]. Journal of Orthoptera Research, 22: 73-77.

KISTNER E J, MARIELLE S, BELOVSKY G E, 2015. Mechanical vectors enhance fungal entomopathogen reduction of the grasshopper pest *Camnula pellucida* (Orthoptera: Acrididae)[J]. Environmental Entomology, 44(1): 144-152.

KLINGEN I, HOLTHE M P, WESTRUM K, et al., 2016. Effect of light quality and light-dark cycle on sporulation patterns of the mite pathogenic fungus *Neozygites floridana* (Neozygitales: Entomophthoromycota), a natural enemy of *Tetranychus urticae*[J]. Journal of Invertebrate Pathology, 137: 43-48.

KLINGEN I, WAERSTED G, WESTRUM K, 2008. Overwintering and prevalence of *Neozygites floridana* (Zygomycetes: Neozygitaceae) in hibernating females of *Tetranychus urticae* (Acari: Tetranychidae) under cold climatic conditions in strawberries[J]. Experimental and Applied Acarology, 46(1-4): 231-245.

KLINGEN I, WESTRUM K, 2007. The effect of pesticides used in strawberries on the phytophagous mite *Tetranychus urticae* (Acari: Tetranychidae) and its fungal natural enemy *Neozygites floridana* (Zygomycetes: Entomophthorales)[J]. Biological Control, 43(2): 222-230.

KLUBERTANZ T H, PEDIGO L P, CARLSON R E, 1991. Impact of fungal epizootics on the biology and management of the two spotted spider mite (Acari, Tetranychidae) in soybean[J]. Environmental Entomology, 20(2): 731-735.

KOCH K A, POTTER B D, RAGSDALE D W, 2010. Non-target impacts of soybean rust fungicides on the fungal entomopathogens of soybean aphid[J]. Journal of Invertebrate Pathology, 103(3): 156-164.

KRAMER J P, 1983. Pathogenicity of the fungus *Entomophthora culicis* for adult mosquitoes: *Anopheles stephensi* and *Culex pipiens quinquefasciatus*[J]. Journal of the New York Entomological Society, 91(2): 177-182.

KRAMER J P, STEINKRAUS D C, 1987. Experimental induction of the mycosis caused by *Entomophthora muscae* in a population of house flies (*Musca domestica*) within a poultry building[J]. Journal of the New York Entomological Society, 95(1): 114-117.

KUHAR T P, YOUNGMAN R R, LAUB C A, 1999. Alfalfa weevil (Coleoptera: Curculionidae) pest status and incidence of *Bathyplectes* spp. (Hymenoptera: Ichneumonidae) and *Zoophthora phytonomi* (Zygomycetes: Entomophthorales) in Virginia[J]. Journal of Economic Entomology, 92(5): 1184-1189.

KUMAR C M S, JEYARAM K, SINGH H B, 2011. First record of the entomopathogenic fungus *Entomophaga aulicae* on the Bihar hairy caterpillar *Spilarctia obliqua* in Manipur, India[J]. Phytoparasitica, 39(1): 67-71.

KURAMOTO H, SHIMAZU M, 1997. Control of house fly populations by *Entomophthora muscae* (Zygomycotina: Entomophthorales) in a poultry house[J]. Applied Entomology and Zoology, 32(2): 325-331.

LAGNAOUI A, RADCLIFFE E B, 1998. Potato fungicides interfere with entomopathogenic fungi impacting population dynamics of green peach aphid[J]. American Journal of Potato Research, 75(1): 19-25.

LAMB D J, FOSTER G N, 1986. Some observations on *Strongwellsea castrans* (Zygomycetes: Entomophthorales), a parasite of root flies (*Delia* spp.), in the south of Scotland[J]. Entomophaga, 31(1): 91-97.

LATCHININSKY A V, TEMRESHEV I I, CHILDEBAEV M K , et al., 2003. Host Range and recorded distribution of the fungal pathogen *Entomophaga grylli* (Entomophthoromycota: Entomophthorales) in Kazakhstan[J]. Journal of Orthoptera Research, 2(2): 83-89.

LATTEUR G, JANSEN L, 2002. Effects of 20 fungicides on the infectivity of conidia of the aphid entomopathogenic fungus *Erynia neoaphidis*[J]. BioControl, 47: 435-444.

LEE S, NAM S H A, 2000. Mycoparasitic ascomycete *Syspastospora parasitica* on the entomopathogenic fungus *Paecilomyces tenuipes* growing in *Bombyx mori*[J]. Mycobiology, 28(3): 130-132.

LEITE L G, 2002. Ocorrência, produção e preservação de micélio seco de *Batkoa* sp. e *Furia* sp. patógenos das cigarrinhas das pastagens[M]. São Paulo: Biracicaba.

LEONARD W M, MCPHERSON R M, RUBERSON J R, et al., 2000. Effect of fungicide application on activity of *Neozygites fresenii* (Entomophthorales: Neozygitacaea) and cotton aphid (Homoptera: Aphididae) suppression[J]. Journal of Economic Entomology, 93(4): 1118-1126.

LLOYD M, WHITE J A, STANTON N, 1982. Dispersal of fungus-infected periodical cicadas to new habitat[J]. Environmental Entomology, 11(4): 852-858.

LUKASIK P, ASCH M V, GUO H F, et al., 2013. Unrelated facultative endosymbionts protect aphids against a fungal pathogen[J]. Ecology Letters, 16(2): 214-218.

MAITLAND D P, 1994. A Parasitic fungus infecting yellow dungflies manipulates host perching behaviour[J]. Proceedings of the Royal Society B Biological Sciences, 258(1352): 187-193.

MALAGOCKA J, EILENBERG J, JENSEN A B, 2019. Social immunity behaviour among ants infected by specialist and generalist fungi[J]. Current Opinion in Insect Science, 33: 99-104.

MALAKAR R, ELKINTON J S, CARROLL S D, et al., 1999b. Interactions between two gypsy moth (Lepidoptera: Lymantriidae) pathogens: nucleopolyhedrovirus and *Entomophaga maimaiga* (Zygomycetes: Entomophthorales): field studies and a simulation model[J]. Biological Control, 16(2): 189-198.

MALAKAR R, ELKINTON J S, HAJEK A E, et al., 1999a. Within-host interactions of *Lymantria dispar* L. (Lepidoptera: Lymantriidae) nucleopolyhedrosis virus (LdNPV) and *Entomophaga maimaiga* (Zygomycetes: Entomophthorales)[J]. Journal of Invertebrate Pathology, 73(1): 91-100.

MALAGOCKA J, GRELL M N, LANGE L, et al., 2015. Transcriptome of an entomophthoralean fungus (*Pandora formicae*) shows molecular machinery adjusted for successful host exploitation and transmission[J]. Journal of Invertebrate Pathology, 128: 47-56.

MALAGOCKA J, JENSEN A B, EILENBERG J, 2017. *Pandora formicae*, a specialist ant pathogenic fungus: new insights into biology and taxonomy[J]. Journal of Invertebrate Pathology, 143: 108-114.

MANFRINO R G, CASTRILLO L A, LÓPEZ LASTRA C C, et al., 2020. Morphological and molecular characterization of Entomophthorales (Entomophthoromycota: Entomophthoromycotina) from Argentina[J]. Acta Mycologica, 55(2): 13.

MANFRINO R G, GUTIÉRREZ A C, STEINKRAUS D C, et al., 2014. Prevalence of entomophthoralean fungi (Entomophthoromycota) of aphids (Hemiptera: Aphididae) on solanaceous crops in Argentina[J]. Journal of Invertebrate Pathology, 121: 21-23.

MASCARIN G M, DUARTE V, BRANDÃO M M, et al. 2012. Natural occurrence of *Zoophthora radicans* (Entomophthorales: Entomophthoraceae) on *Thaumastocoris peregrinus* (Heteroptera: Thaumastocoridae), an invasive pest recently found in Brazil[J]. Journal of Invertebrate Pathology, 110(3): 401-404.

MATSUI T, SATO H, SHIMAZU M, 1998. Isolation of an entomogenous fungus, *Erynia delphacis* (Entomophthtorales: Entomophthoraceae), from migratory planthoppers collected over the Pacific Ocean[J]. Applied Entomology and Zoology, 33(4): 545-549.

MCLEOD P J, STEINKRAUS D C, 1999. Influence of irrigation and fungicide sprays on prevalence of *Erynia neoaphidis* (Entomophthorales: Entomophthoraceae) infections of green peach aphid (Homoptera: Aphididae) on spinach[J]. The Journal of Agricultural and Urban Entomology, 16(4): 279-284.

MÉNDEZ SÁNCHEZ S E, HUMBER R A, ROBERTS D W, et al., 2002. Prospección de hongos Entomophthorales para el control natural de insectos en Bahía, Brasil[J]. Manejo Integrado de Plagas y Agroecología (Costa Rica), 6: 20-30.

MIETKIEWSKI R, BALAZY S, 2003. *Neozygites abacarids* sp. nov. (Entomophthorales), a new pathogen of phytophagous mites (Acari, Eriophyidae)[J]. Journal of Invertebrate Pathology, 83(3): 223-229.

MIETKIEWSKI R, BALAZY S, TKACZUK C, 2000. Mycopathogens of mites in Poland-A review[J]. Biocontrol Science and Technology, 10(4): 459-465.

MIETKIEWSKI R, BALAZY S, VAN DER GEEST L P S, 1993. Observations on a mycosis of spider mites (Acari: Tetranychidae) caused by *Neozygites floridana* in Poland[J]. Journal of Invertebrate Pathology, 61(3): 317-319.

MILNER R J, 1978. On the occurrence of *Entomophfhora grylli*, a fungal pathogen of grasshoppers in Australia[J]. Australian Journal of Entomology, 17(4): 293-296.

MILNER R J, 1985. *Neozygites acaridis* (Petch) comb. nov.: an entomophthoran pathogen of the mite, *Macrocheles peregrinus,* in Australia[J]. Transactions of the British Mycological Society, 85(4): 641-647.

MILNER R J, HOLDOM D G, 1986. First records of *Neozygites fresenii* (Nowakowski) Batko, a fungal pathogen of aphids, in Australia[J]. Australian Journal of Entomology, 25(2): 85-86.

MILNER R J, HOLDOM D G, GLARE T R, 1984. Diurnal patterns of mortality in aphids infected by entomophthoran fungi[J]. Entomologia Experimentalis et Applicata, 36(1): 37-42.

MILNER R J, MAHON R J, BROWN W V, 1983. A taxonomic study of the *Erynia neoaphidis* Remaudiere & Hennebert (Zygomycetes: Entomophthoraceae) group of insect pathogenic fungi, together with a description of the new species *Erynia kondoiensis*[J]. Australian Journal of Botany, 31(2): 173-188.

MILNER R J, TEAKLE R E, LUTTON G G, et al., 1980. Pathogens (Phycomycetes: Entomophthoraceae) of the blue-green aphid *Acyrthosiphon kondoi* Shinji and other aphids in Australia[J]. Australian Journal of Botany, 28(6): 601.

MITSUYO H, MITSUAKI S, MAKI A, et al., 2018. A role of uroleuconaphins, polyketide red pigments in aphid, as a chemopreventor in the host defense system against infection with entomopathogenic fungi[J]. Journal of Antibiotics, 71(12): 992-999.

MØLLER A P, 1993. A fungus infecting domestic flies manipulates sexual behaviour of its hosts[J]. Behavioral Ecology and Sociobiology, 33(6): 403-407.

MONTALVA C, BARTA M, ROJAS E, et al., 2012. *Neozygites osornensis* sp. nov., a new fungal species causing mortality to the cypress aphid *Cinara cupressi* in Chile[J]. Mycologia, 105: 661-669.

MONTALVA C, BARTA M, ROJAS E, et al., 2014. *Neozygites* species associated with aphids in Chile: current status and new reports[J]. Mycotaxon, 129(2): 233-245.

MONTALVA C, COLLIER K, LUZ C, et al., 2016a. *Pandora bullata* (Entomophthoromycota: Entomophthorales) affecting calliphorid flies in central Brazil[J]. Acta Tropica, 158: 177-180.

MONTALVA C, GONZÁLEZ A, VALENZUELA E, et al., 2018. First report of *Neozygites* sp. (Entomophthoromycota:

Neozygitales) affecting the woolly poplar aphid[J]. Forest Science, 64(2): 117-120.

MONTALVA C, LUZ C, HUMBER R A, 2016b. *Neozygites osornensis* (Neozygitales: Neozygitaceae) infecting *Cinara* sp. (Hemiptera: Aphididae) in Brazil[J]. Neotropical Entomology, 45(2): 227-230.

MONTALVA C, ROCHA L F N, FERNANDES E K K, et al., 2016c. *Conidiobolus macrosporus* (Entomophthorales), a mosquito pathogen in central Brazil[J]. Journal of Invertebrate Pathology, 139: 102-108.

MORALES-VIDAL S, ALATORRE-ROSAS R, SUZANNE J C, et al., 2013. Competition between isolates of *Zoophthora radicans* co-infecting *Plutella xylostella* populations[J]. Journal of Invertebrate Pathology, 113(2): 137-145.

MORRIS M J, ROBERTS S J, MADDOX J V, et al., 1996. Epizootiology of the fungal pathogen, *Zoophthora phytonomi* (Zygomycetes: Entomophthorales) in field populations of alfalfa weevil (Coleoptera: Curculionidae) larvae in Illinois[J]. The Great Lakes Entomologist, 29(3): 129-140.

MOTT M, SMITLEY D, 2000. Impact of *Bacillus thuringiensis* application on *Entomophaga maimaiga* (Entomophthorales: Entomophthoraceae) and LdNPV-induced mortality of gypsy moth (Lepidoptera: Lymantriidae)[J]. Environmental Entomology, 29(6): 1312-1322.

NADEAU M P, DUNPHY G B, BOISVERT J L, 1994. Entomopathogenic fungi of the order Entomophthorales (Zygomycotina) in adult black fly populations (Diptera: Simuliidae) in Quebec[J]. Canadian Journal of Microbiology, 40(8): 682-686.

NADEAU M P, DUNPHY G B, BOISVERT J L, 1995. Effects of physical factors on the development of secondary conidia of *Erynia conica* (Zygomycetes: Entomophthorales), a pathogen of adult black flies (Diptera: Simuliidae)[J]. Experimental Mycology, 19(4): 324-329.

NADEAU M P, DUNPHY G B, BOISVERT J L, 1996. Development of *Erynia conica* (Zygomycetes: Entomophthorales) on the Cuticle of the adult black flies *Simulium rostratum* and *Simulium decorum* (Diptera: Simuliidae)[J]. Journal of Invertebrate Pathology, 68(1): 50-58.

NEWMAN G G, CARNER G R, 1974. Diel periodicity of *Entomophthora gammae* in the soybean looper[J]. Environmental Entomology, 3: 888-890.

NIBERT M L, DEBAT H J, MANNY A R, et al., 2019. Mitovirus and mitochondrial coding sequences from basal fungus *Entomophthora muscae*[J]. Viruses, 11(4): 351.

NIELSEN C, EILENBERG J, HARDING S, et al., 2001. Geographical distribution and host range of entomophthorales infecting the green spruce aphid *Elatobium abietinum* Walker in Iceland[J]. Journal of Invertebrate Pathology, 78(2): 72-80.

NIELSEN C, HAJEK A E, 2010. Diurnal pattern of death and sporulation in *Entomophaga maimaiga*-infected *Lymantria dispar*[J]. Entomologia Experimentalis et Applicata, 118(3): 237-243.

NIELSEN C, KEENA M, HAJEK A E, 2005. Virulence and fitness of the fungal pathogen *Entomophaga maimaiga* in its host *Lymantria dispar*, for pathogen and host strains originating from Asia, Europe, and North America[J]. Journal of Invertebrate Pathology, 89(3): 232-242.

NORDENGEN I, KLINGEN I, 2006. Comparison of methods for estimating the infection level of *Neozygites floridana* in *Tetranychus urticae* in strawberries[J]. Journal of Invertebrate Pathology, 92(1): 1-6.

ODUOR G I, YANINEK J S, VAN DER GEEST L P S, et al., 1996. Germination and viability of capilliconidia of *Neozygites floridana* (Zygomycetes: Entomophthorales) under constant temperature, humidity, and light conditions[J]. Journal of Invertebrate Pathology, 67(3): 267-278.

PAPIEROK B, DEDRYVER C A, HULLÉ M, 2017. First records of aphid-pathogenic entomophthorales in the sub-Antarctic archipelagos of Crozet and Kerguelen[J]. Polar Research, 35(1): 1, 28765.

PAPIEROK B, ZIAT N, 1993. Nouvelles données sur l'écologie et le comportement entomopathogène expérimental de l'entomophthorale *Conidiobolus coronatus* (Zygomycètes)[J]. Entomophaga, 38(3): 299-312.

PELL J K, HANNAM J J, STEINKRAUS D C, 2010. Conservation biological control using fungal entomopathogens[J]. BioControl, 55(1): 187-198.

PELL J K, MACAULAY E D M, WILDING N, 1993. A pheromone trap for dispersal of the pathogen *Zoophthora radicans* brefeld. (Zygomycetes: Entomophthrales) amongst population of the diamondback moth, *plutella xylostella* l. (Lepidoptera: Yponomeutidae)[J]. Biocontrol Science and Technology, 3(3): 315-320.

PELL J K, PLUKE R, CLARK S J, et al., 1997. Interactions between two aphid natural enemies, the entomopathogenic fungus

Erynia neoaphidis Remaudiere and Hennebert (Zygomycetes: Entomophthorales) and the predatory beetle *Coccinella septempunctata* L. (Coleoptera: Coccinellidae)[J]. Journal of Invertebrate Pathology, 69(3): 261-268.

PELL J K, WILDING N, 1994. Preliminary caged-field trial, using the fungal pathogen *Zoophthora radicans* Brefeld (Zygomycetes: Entomophthorales) against the diamondback moth *Plutella xylostella* L. (Lepidoptera: Yponomeutidae) in the UK[J]. Biocontrol Science and Technology, 4(1): 71-75.

PELL J K, WILDING N, PLAYER A L, et al., 1993. Selection of an isolate of *Zoophthora radicans* (Zygomycetes: Entomophthorales) for biocontrol of the diamondback moth *Plutella xylostella*[J]. Journal of Invertebrate Pathology, 61(1): 75-80.

PILARSKA D, GEORGIEV G, GOLEMANSKY V, et al., 2016. *Entomophaga maimaiga* (Entomophthorales: Entomophthoraceae) in Balkan Peninsula-An overview[J]. Silva Balcanica, 17(1): 31-40.

POSADA F, VEGA F E, REHNER S A, et al., 2004. *Syspastospora parasitica*, a mycoparasite of the fungus *Beauveria bassiana* attacking the Colorado potato beetle *Leptinotarsa decemlineata*: a tritrophic association[J]. Journal of Insect Science, 4(24): 1-3.

POWELL W, DEAN D J, WILDING N, 1986. Influence of weeds on aphid-specific natural enemies in winter wheat[J]. Crop Protection, 5(3): 182-189.

RADCLIFFE E B, FLANDERS K L, 1998. Biological control of alfalfa weevil in North America[J]. Integrated Pest Management Reviews, 3(4): 225-242.

REDDY G V P, FURLONG M J, PELL J K, et al., 1998. *Zoophthora radicans* infection inhibits the response to and production of sex pheromone in the diamondback moth[J]. Journal of Invertebrate Pathology, 72(2): 167-169.

REILLY J R, HAJEK A E, LIEBHOLD A M, et al., 2014. Impact of *Entomophaga maimaiga* (Entomophthorales: Entomophthoraceae) on outbreak gypsy moth populations (Lepidoptera: Erebidae): the role of weather[J]. Environmental Entomology, 43(3): 632-641.

REMAUDIERE G, LATGÉ J P, 1985. Importancia de los hongos patogenos de insectos (especialmente Aphididae y Cercopidae) en Mejico y perspectivas de uso[J]. Boletín de Sanidad Vegetal Plagas, 11: 217-225.

RIETHMACHER G W, KRANZ J, 1994. Development of disease incidence of Entomophthoraceae in field populations of *Plutella xylostella* in the Philippines[J]. Journal of Plant Diseases and Protection, 101: 357-367.

RIETHMACHER G W, ROMBACH M C, KRANZ J, 1992. Epizootics of *Pandora blunkii* and *Zoophthora radicans* (Entomophthoraceae: Zygomycotina) in diamondback moth populations in the Philippines[C]//TALEKAR N S. Diamondback moth and other crucifer pests. Taiwan: Asian Vegetable Research and Development Center: 193-199.

ROBERT J K, WEBBERLEY K M, 2004. Sexually transmitted diseases of insects: distribution, evolution, ecology and host behaviour[J]. Biological Reviews, 79(3): 557-581.

ROCHA L F N, TAI M H H, SANTOS AH, et al., 2009. Occurrence of invertebrate-pathogenic fungi in a Cerrado ecosystem in central Brazil[J]. Biocontrol Science and Technology, 19(5): 547-553.

ROERMUND H J W, PERRY D F, TYRRELL D, 1984. Influence of temperature, light, nutrients and pH in determination of the mode of conidial germination in *Zoophthora radicans*[J]. Transactions of the British Mycological Society, 82(1): 31-38.

ROY H E, BAVERSTOCK J, CHAMBERLAIN K, et al., 2007. Do aphids infected with entomopathogenic fungi continue to produce and respond to alarm pheromone?[J]. Biocontrol Science and Technology, 15(8): 859-866.

ROY H E, BAVERSTOCK J, WARE R L, et al., 2010. Intraguild predation of the aphid pathogenic fungus *Pandora neoaphidis* by the invasive coccinellid *Harmonia axyridis*[J]. Ecological Entomology, 33(2): 175-182.

ROY H E, PELL J K, ALDERSON P G, 1999. Effects of fungal infection on the alarm response of pea aphids[J]. Journal of Invertebrate Pathology, 74(1): 69-75.

ROY H E, PELL J K, ALDERSON P G, 2001. Targeted dispersal of the aphid pathogenic fungus *Erynia neoaphidis* by the aphid predator , *Coccinella septempunctata*[J]. Biocontrol Science and Technology, 11(1): 99-110.

ROY H E, PELL J K, CLARK S J, et al., 1998. Implications of predator foraging on aphid pathogen dynamics[J]. Journal of Invertebrate Pathology, 71(3): 236-247.

ROY H E, STEINKRAUS D C, EILENBERG J, et al., 2006. Bizarre interactions and endgames: Entomopathogenic fungi and their arthropod hosts[J]. Annual Review of Entomology, 51: 331-357.

RUITER J D, ARNBJERG-NIELSEN S F, HERREN P, et al., 2019. Fungal artillery of zombie flies: infectious spore dispersal

using a soft water cannon[J]. Journal of the Royal Society Interface, 16(159): 20190448.

SANCHEZ-PEÑA S R, 2000. Entomopathogens from two Chihuahuan desert localities in Mexico[J]. Biocontrol, 45(1): 63-78.

SANDOVAL-AGUILAR J A, GUZMÁN-FRANCO A W, PELL J K, et al., 2015. Dynamics of competition and co-infection between *Zoophthora radicans* and *Pandora blunckii* in *Plutella xylostella* larvae[J]. Fungal Ecology, 17: 1-9.

SCARBOROUGH C L, FERRARI J, GODFRAY H C J, 2005. Aphid protected from pathogen by endosymbiont[J]. Science, 310: 1781.

SCHOLTE E J, KNOLS B, SAMSON R A, et al., 2004. Entomopathogenic fungi for mosquito control: a review[J]. Journal of Insect Science, 4(19): 1-24.

SCORSETTI A C, HUMBER R A, GARCIA J J, et al., 2007. Natural occurrence of entomopathogenic fungi (Zygomycetes: Entomophthorales) of aphid (Hemiptera: Aphididae) pests of horticultural crops in Argentina[J]. BioControl, 52: 641-655.

SCORSETTI A C, MACIÁ A, STEINKRAUS D C, Et al., 2010. Prevalence of *Pandora neoaphidis* (Zygomycetes: Entomophthorales) infecting *Nasonovia ribisnigri* (Hemiptera: Aphididae) on lettuce crops in Argentina[J]. Biological Control, 52: 46-50.

SHAH P A, PELL J K, 2003. Entomopathogenic fungi as biological control agents[J]. Applied Microbiology and Biotechnology, 61: 413-423.

SIEGER N W, MCCULLOUGH D G, HAJEK A E, et al., 2008. Effect of microclimatic conditions on primary transmission of the gypsy moth fungal pathogen *Entomophaga maimaiga* (Zygomycetes: Entomophthorales) in Michigan[J]. The Great Lakes Entomologist, 41(182): 111-128.

SIMELANE D O, STEINKRAUS D C, KRING T J, 2008. Predation rate and development of *Coccinella septempunctata* L. influenced by *Neozygites fresenii*-infected cotton aphid prey[J]. Biological Control, 44(1): 128-135.

SIX D L, MULLENS B A, 1996. Distance of conidial discharge of *Entomophthora muscae* and *Entomophthora schizophorae* (Zygomycotina: Entomophthorales)[J]. Journal of Invertebrate Pathology, 67: 253-258.

SMITLEY D R, KENNEDY G G, BROOKS W M, 1986. Role of the entomogenous fungus, *Neozygites floridana*, in population declines of the two spotted spider mite, *Tetranychus urticae*, on field corn[J]. Entomologia Experimentalis et Applicata, 41: 255-264.

SOPER R S, 1963. *Massospora levispora,* a new species of fungus pathogenic to the cicada, *Okanagana rimosa*[J]. Canadian Journal of Botany, 41: 875-878.

SOPER R S, 1974. The genus *Massospora*, entomopathogenic for cicadas. Part Ⅰ. Taxonomy of the genus[J]. Mycotaxon, 1: 13-40.

SOPER R S,1981. New cicada pathogens: *Massospora cicadette* from Australia and *Massospora pahariae* from Afghanistan[J]. Mycotaxon, 13(1): 50-58.

SOPER R S, DELYZER A J, SMITH A F, 1976. The genus *Massospora* entomopathogen for cicadas. Part Ⅱ. Biology of *Massospora levispora* and its host *Okanagana rimosa*, with notes on *Massospora cicadina* on the periodical cicadas[J]. Annals of the Entomological Society of America, 69(1): 89-95.

SOPER R S, SHIMAZU M, HUMBER R A, et al., 1988. Isolation and characterization of *Entomophaga maimaiga* sp. nov., a fungal pathogen of gypsy moth, *Lymantria dispar*, from Japan[J]. Journal of Invertebrate Pathology, 51: 229-241.

SOSA-GÓMEZ D R, KITAJIMA E W, ROLON M E, 1994. First records of entomopathogenic diseases in the Paraguay tea agroecosystem in Argentina[J]. Florida Entomologist, 77(3): 378-382.

SOSA-GÓMEZ D R, LÓPEZ LASTRA C C, HUMBER R A, 2010. An overview of arthropod-associated fungi from Argentina and Brazil[J]. Mycopathologia, 170(1): 61-76.

SPATAFORA J W, CHANG Y BENNY G L, et al., 2016. A phylum-level phylogenetic classifification of zygomycete fungi based on genome-scale data[J]. Mycologia, 108(5): 1028-1046.

STEENBERG T, JESPERSEN J B, JENSEN K M V, et al., 2001. Entomopathogenic fungi in flies associated with pastured cattle in Denmark[J]. Journal of Invertebrate Pathology, 77: 186-197.

STEINKRAUS D C, 2007. Documentation of naturally occurring pathogens and their impact in agroecosystems [M]//LACEY L A, KAYA H K. Field manual of techniques in invertebrate pathology: application and evaluation of pathogens for control of insects and other invertebrate pests. Second ed. Dordrecht: Springer: 267-281.

STEINKRAUS D C, BOYS G O, ROSENHEIM J A, 2002. Classical biological control of *Aphis gossypii* (Homoptera: Aphididae) with *Neozygites fresenii* (Entomophthorales: Neozygitaceae) in California cotton[J]. Biological Control, 25(3): 297-304.

STEINKRAUS D C, BOYS G O, SLAYMAKER P H, 1993. Culture, storage, and incubation period of *Neozygites fresenii* (Entomophthorales: Neozygiteaceae) a pathogen of the cotton aphid[J]. Southwestern Entomology, 18(3): 197-202.

STEINKRAUS D C, HAJEK A E, LIEBHERR J K, 2017. Zombie soldier beetles: epizootics in the goldenrod soldier beetle, *Chauliognathus pensylvanicus* (Coleoptera: Cantharidae) caused by *Eryniopsis lampyridarum* (Entomophthoromycotina: Entomophthoraceae)[J]. Journal of Invertebrate Pathology, 148: 51-59.

STEINKRAUS D C, HOLLINGSWORTH R G, BOYS G O, 1996. Aerial spores of *Neozygites fresenii* (Entomophthorales: Neozygitaceae): density, periodicity, and potential role in cotton aphid (Homoptera: Aphididae) epizootics[J]. Environmental Entomology, 25(1): 48-57.

STEINKRAUS D C, HOLLINGSWORTH R G, SLAYMAKER P H, 1995. Prevalence of *Neozygites fresenii* (Entomophthorales: Neozygitaceae) on cotton aphids (Homoptera: Aphididae) in Arkansas cotton[J]. Environmental Entomology, 24(2): 465-474.

STEINKRAUS D C, HOWARD M N, HOLLINGSWORTH R G, et al., 1999. Infection of sentinel cotton aphids (Homoptera: Aphididae) by aerial conidia of *Neozygites fresenii* (Entomophthorales: Neozygitaceae)[J]. Biological Control, 14(3): 181-185.

STEINKRAUS D C, KRING T J, TUGWELL N P, 1991. *Neozygites fresenii* in *Aphis gossypii* on cotton[J]. Southwestern Entomologis, 16: 118-122.

STEINKRAUS D C, OLIVER J B, HUMBER R A, et al., 1998. Mycosis of bandedwinged whitefly (*Trialeurodes abutilonea*) (Homoptera: Aleyrodidae) caused by *Orthomyces aleyrodis* gen. & sp. nov. (Entomophthorales: Entomophthoraceae)[J]. Journal of Invertebrate Pathology, 72: 1-8.

SUBERE C V, 2003. Conidial discharge of an entomopathogenic fungus infecting the cotton Leaf hopper[J]. Science and Humanities Journal, 31(2): 16-27.

SUGUNA K, SENTHILKUMAR M, 2015. Effect of common insecticides on the growth of entomopathogenic fungi, *Zoophthora radicans* (Brefeld) Batko[J]. International Journal of Biological Sciences, 2(6): 153-157.

TABAKOVIC-TOSIC M, MILOSAVLJEVIC M, GEORGIEV G, 2018. *Entomophaga aulicae* (Reichardt in Bail) Humber (Entomophthorales: Entomophthoraceae), a new entomopathogenic fungus in the Republic of Serbia[J]. Acta Zoologica Bulgarica, 70(1): 133-137.

TANABE Y, SAIKAWA M, WATANABE M M, et al., 2004. Molecular phylogeny of Zygomycota based on EF-1 and RPB1 sequences: limitations and utility of alternative markers to rDNA[J]. Molecular Phylogenetics and Evolution, 30(2): 438-449.

TANABE Y, WATANABE M M, SUGIYAMA J, 2005. Evolutionary relationships among basal fungi (Chytridiomycota and Zygomycota): Insights from molecular phylogenetics[J]. Journal of General and Applied Microbiology, 51(5): 267-276.

THAXTER R, 1888. The Entomophthoreae of the United States[J]. Memoirs of Boston Society of Nature History, 4: 133-201.

THIAGO C, RAFAEL M, DEMÉTRIO C, et al., 2018. Prediction of sporulation and germination by the spider mite pathogenic fungus *Neozygites floridana* (Neozygitomycetes: Neozygitales: Neozygitaceae) based on temperature, humidity and time[J]. Insects, 9(2): 69-80.

THOMAS M B, BLANFORD S, 2003. Thermal biology in insect-parasite interactions[J]. Trends in Ecology and Evolution, 18(7): 344-350.

TOLEDO A V, HUMBER R A, LÓPEZ LASTRA C C, 2008. First and southernmost records of *Hirsutella* (Ascomycota: Hypocreales) and *Pandora* (Zygomycota: Entomophthorales) species infecting Dermaptera and Psocodea[J]. Journal of Invertebrate Pathology, 97: 193-196.

TOLEDO A V, REMES LENICOV A M M, LÓPEZ LASTRA C C, 2007. First record of *Conidiobolus coronatus* (Zygomycetes: Entomophthorales) in experimental breeding of two pest species of corn: *Delphacodes kuscheli* and *D. haywardi* Muir in Argentine[J]. Boletín de la Sociedad Argentina de Botánica, 42(3-4): 169-174.

TOMPSON V, 2004. Associative nitrogen fixation, C_4 photosynthesis, and the evolution of spittlebugs (Hemiptera: Cercopidae) as major pests of neotropical sugarcane and forage grasses[J]. Bulletin of Entomological Research, 94(3): 189-200.

TRANDEM N, BERDINESEN R, PELL J K, et al., 2016. Interactions between natural enemies: effect of a predatory mite on transmission of the fungus *Neozygites floridana* in two-spotted spider mite populations[J]. Journal of Invertebrate Pathology, 134: 35-37.

TRANDEM N, BHATTARAI U R, WESTRUM K, et al., 2015. Fatal attraction: male spider mites prefer females killed by the

mite-pathogenic fungus *Neozygites floridana*[J]. Journal of Invertebrate Pathology, 128: 6-13.

VALOVAGE W D, KOSARAJU R S, 1992. Effects of pH and buffer systems on resting spore germination of the grasshopper (Orthoptera: Acrididae) pathogen, *Entomophaga calopteni* (=*Entomophaga grylli*, pathotype 2) (Entomophthorales: Entomophthoraceae) [J]. Environmental Entomology, 21(5): 1202-1211.

VANDENBERG J D, 1990. Safety of four entomopathogens for caged adult honey bees (Hymenoptera: Apidae)[J]. Journal of Economic Entomology, 83(3): 755-759.

VICKERS R A, FURLONG M J, WHITE A, et al., 2004. Initiation of fungal epizootics in diamondback moth populations within a large field cage: proof of concept for auto-dissemination[J]. Entomologia Experimentalis et Applicata, 111(1): 7-17.

VIÉGAS A P, 1939. *Empusa dysderci* n.sp, um novo parasita de *Dysdercus*[J]. Journal of Agronomy, 2: 229-258.

VILLACARLOS L T, 1997. *Batkoa amrascae* Keller & Villacarlos, a new species of Entomophthorales (Zygomycetes) infecting the cotton leafhopper, *Amrasca biguttula* (Ishida) (Homoptera: Cicadellidae) in the Philippines[J]. Philippine Entomologist, 11: 81-86.

VILLACARLOS L T, 2008. Update recordes of Philippine Entomophthorales[J]. Philippine Entomologist, 22(1): 22-52.

VILLACARLOS L T, MEJIA B S, 2004. Philippine entomopathogenic fungi Ⅰ.occurrence and diversity[J]. Philippine Agricultural Scientist, 87(3): 249-265.

VILLACARLOS L T, MEJIA B S, KELLER S, 2003. *Entomophthora leyteensis* Villacarlos & Keller sp. nov. infecting *Tetraleurodes acaciae* (Quaintance), a recently introduced whitefly on *Gliricidia sepium* (Jaq.) Walp. (Fabaceae) in the Philippines[J]. Journal of Invertebrate Pathology, 83: 16-22.

WANG J B, ELYA C, LEGER R, 2020. Genetic variation for resistance to the specific fly pathogen *Entomophthora muscae*[J]. Science Report, 10(1): 1-6.

WATSON D W, MULLENS B A, PETERSEN J J, 1993. Behavioral fever response of *Musca domestica* (Diptera: Muscidae) to infection by *Entomophthora muscae* (Zygomycetes: Entomophthorales)[J]. Journal of Invertebrate Pathology, 61(1): 10-16.

WEKESA V W, KNAPP M, DELALIBERA I JR, 2008. Side-effects of pesticides on the life cycle of the mite pathogenic fungus *Neozygites floridana*[J]. Experimental and Applied Acarology, 46(1-4): 287-297.

WEKESA V W, MORAES G J, ORTEGA E, et al., 2010. Effect of temperature on sporulation of *Neozygites floridana* isolates from different climates and their virulence against the tomato red spider mite, *Tetranychus evansi*[J]. Journal of Invertebrate Pathology, 103(1): 36-42.

WEKESA V W, VITAL S, SILVA R A, et al., 2011. The effect of host plants on *Tetranychus evansi*, *Tetranychus urticae* (Acari: Tetranychidae) and on their fungal pathogen *Neozygites floridana* (Entomophthorales: Neozygitaceae)[J]. Journal of Invertebrate Pathology, 107(2): 139-145.

WELLS P M, BAVERSTOCK J, MAJERUS M E N, et al., 2011. The effect of the coccinellid *Harmonia axyridis* (Coleoptera: Coccinellidae) on transmission of the fungal pathogen *Pandora neoaphidis* (Entomophthorales: Entomophthoraceae)[J]. European Journal of Entomology, 108(1): 87-90.

WHITE J, LLOYD M, 1983. A pathogenic fungus, *Massospora cicadina* Peck (Entomophthorales), in emerging nymphs of periodical cicadas (Homoptera: Cicadidae)[J]. Environmental Entomology, 12(4): 1245-1252.

WILDING N, 1969. Effect of humidity on the sporulation of *Entomophthora aphidis* and *E. thaxteriana*[J]. Transactions of the British Mycological Society, 53(1): 126-130.

WILDING N, 1970. *Entomophthora conidia* in the air-spora[J]. Journal of General Microbiology, 62(2): 149-157.

WULFF J A, BUCKMAN K A, KONGMING W, et al., 2013. The Endosymbiont *Arsenophonus* is widespread in soybean aphid, *Aphis glycines*, but does not provide protection from parasitoids or a fungal pathogen[J]. Plos One, 8(4): 1-7.

YAMAZAKI K, SUGIURA S, FUKASAWA Y, 2004. Epizootics and behavioral alteration in the arctiid caterpillar *Chionarctia nivea* (Lepidoptera: Arctiidae) caused by an entomopathogenic fungus, *Entomophaga aulicae* (Zygomycetes: Entomophthorales)[J]. Entomological Science, 7(3): 219-223.

YANINEK J S, SAIZONOU S, ONZO A, et al., 1996. Seasonal and habitat variability in the fungal pathogens, *Neozygites* cf. *floridana* and *Hirsutella thompsonii,* associated with cassava green mites in Benin, West Africa[J]. Biocontrol Science and Technology, 6(1): 23-24.

ZAMORA-MACORRA E J, GUZMÁN-FRANCO A W, PELL J K, et al., 2012. Order of inoculation affects the success of co-invading entomopathogenic fungi[J]. Neotropical Entomology, 41(6): 521-523.

ZHANG L W, ZHANG P F, ZHANG L, 2018. Epizootics of the entomopathogenic fungus, *Entomophaga grylli* (Entomophthorales: Entomophthoraceae), in a grasshopper population in Northwest China[J]. Biocontrol Science and Technology, 28(9a10): 848-857.

ZHOU X, CRISTIAN M, NOLBERTO A, et al., 2017. *Neozygites linanensis* sp. nov. a fungal pathogen infecting bamboo aphids in southeast China[J]. Mycotaxon, 132(2): 305-315.

ZUREK L, WATSON D W, KRASNOFF S B, et al., 2002. Effect of the entomopathogenic fungus, *Entomophthora muscae* (Zygomycetes: Entomophthoraceae), on sex pheromone and other cuticular hydrocarbons of the house fly, *Musca domestica*[J]. Journal of Invertebrate Pathology, 80(3): 171-176.